"十三五"高等教育能源类专业规划教材

# 晶体硅太阳能电池制备技术

主　编　潘红娜　李小林　黄海军
副主编　张忠山　袁　英　代术华　张建生

U0291004

北京邮电大学出版社
www.buptpress.com

# 内 容 简 介

本书全面且深入地介绍了晶体硅太阳能电池的基础知识、工作原理及制造工艺等,并对蓬勃发展的硅原材料相关知识及制备、晶体硅太阳能电池制备工艺等做了简要介绍。

全书分为 8 章,具体内容包括绪论、硅材料基础知识、晶体学基础、多晶硅的制备、单晶硅的制备、硅材料的加工、硅电池片的制备工艺、分析与测试技术。

本书可作为高等院校(本科院校、高职院校)新能源技术及应用、光伏发电技术及应用新能源科学与工程等专业的教学用书,也可供太阳能电池企业的技术人员和管理人员以及广大太阳能电池发电爱好者参考使用。

**图书在版编目 (CIP) 数据**

晶体硅太阳能电池制备技术 / 潘红娜,李小林,黄海军主编 . - - 北京:北京邮电大学出版社,2017.10
ISBN 978-7-5635-5246-7

Ⅰ.①晶… Ⅱ.①潘… ②李… ③黄… Ⅲ.①硅太阳能电池—制造 Ⅳ.①TM914.4

中国版本图书馆 CIP 数据核字 (2017) 第 197202 号

书　　　名:晶体硅太阳能电池制备技术
著作责任者:潘红娜　李小林　黄海军　主编
责 任 编 辑:满志文　王　鹏
出 版 发 行:北京邮电大学出版社
社　　　址:北京市海淀区西土城路 10 号(邮编:100876)
发 行 部:电话:010-62282185　传真:010-62283578
E-mail:publish@bupt.edu.cn
经　　　销:各地新华书店
印　　　刷:北京鑫丰华彩印有限公司
开　　　本:787 mm×1 092 mm　1/16
印　　　张:11.25
字　　　数:290 千字
版　　　次:2017 年 10 月第 1 版　2017 年 10 月第 1 次印刷

ISBN 978-7-5635-5246-7　　　　　　　　　　　　　　　　　　　定　价:32.00 元

# 前　　言

　　能源是人类社会赖以生存发展的重要资源。21世纪,随着社会的快速发展,常规能源消耗迅猛,一方面能源问题越来越严重,另一方面常规能源使用过程中排放出来的物质给环境带来了严重危害。为了解决能源与环境的压力,人类不得不寻找一种新型能源来替代目前使用的常规能源。

　　太阳是地球生命发展的源泉,太阳能是取之不尽、用之不竭的。将太阳能转化为电能,一直是人类美好的理想。近几十年来,随着科学技术的不断发展,使用太阳能代替传统化石能源已经不再是遥不可及的梦想。预计到2050年,太阳能光伏发电将占世界总电力的50%以上。由此可见,光伏发电是世界未来能源发展的主要方向,其前景十分广阔。

　　清洁能源主要有风能、水能、太阳能等,由于风力和水力的利用受地理环境和天气情况的制约比较大,而太阳能是一种干净、清洁、无污染、取之不尽、用之不竭的自然能源,因此,大规模开发、利用太阳能成为人类的首选。而将太阳能直接转换为电能是大规模利用太阳能的一项重要技术基础——光伏产业。在我国,近几年光伏产业发展迅速,由下游向上游迅猛发展,许多上游原料制备企业也纷纷上马光伏项目。太阳能电池是将太阳能转换成电能的基础器件,在制造太阳能电池的半导体材料中,硅是最丰富最便宜的,其制造工艺也最为先进,因此,硅太阳能电池是目前人们普遍使用的太阳能电池。目前,国际上98%以上的太阳能电池是利用硅材料制备的,显然,硅已成为太阳电池的基础材料。

　　本书以晶硅太阳能电池的生产流程为主线,介绍一些晶体材料及半导体相关知识,从硅料到硅片再到电池片各个环节的生产原理、工艺、设备及质量管控,重点讲述了单晶硅、多晶硅制备工艺,硅片的加工过程以及电池片的制备过程。本书可作为本科和高职院校光伏专业学生的教材,同时也可作为企业对员工的岗位培训教材,还可供相关专业的工程技术人员参考学习。

　　本书由潘红娜、李小林、黄海军担任主编,张忠山、袁英、梅强、张常友担任副主编。具体编写分工如下:潘红娜编写第五、六章,李小林编写第一章,黄海军编写第三章,张忠山编写第二章,袁英编写第四章,梅强编写第七章,张常友编写第八章。全书由潘红娜统稿。

　　由于编者水平有限,经验不足,又加上时间仓促,书中难免会有些错误和疏漏,真诚地希望广大师生和读者批评指正,使本书不断改进、不断完善。

编　者

# 目　　录

# 第一章　绪　论

能源是人类社会赖以生存的物质基础,是经济和社会发展的重要资源。长期以来,化石能源的大规模开发利用,不但迅速消耗着地球亿万年积存下的宝贵资源,同时也带来了气候变化、生态破坏等严重的环境问题,直接威胁着人类的可持续发展。随着科学技术的进步,人类对可再生能源尤其是风能、太阳能、水能等新型能源的认识不断深化。太阳能作为取之不尽的可再生能源,其开发利用日益受到世界各国尤其是发达国家的高度重视,太阳能光伏产业的规模持续扩大,技术水平逐步提高,成为世界能源领域的一大亮点,呈现出良好的发展前景。

## 第一节　太阳能电池种类

太阳能电池按材料可分为晶体硅太阳能电池、硅基薄膜太阳能电池、化合物半导体薄膜太阳能电池和染料敏化 $TiO_2$ 纳米薄膜太阳能电池等几大类。开发太阳能电池的两个关键问题就是提高效率和降低成本。

### 一、晶体硅太阳能电池

晶体硅太阳能电池是 PV(Photovoltaic)市场上的主导产品,优点是技术、工艺最成熟,电池转换效率高,性能稳定,是过去 20 多年太阳能电池研究、开发和生产的主体材料;缺点是生产成本高。在硅电池研究中人们探索各种各样的电池结构和技术来改进电池性能,希望进一步提高效率,如发射极钝化、背面局部扩散、激光刻槽埋栅和双层减反射膜等,而高效电池正是在这些实验和理论基础上发展起来的。

### 二、硅基薄膜太阳能电池

多晶硅(ploy-Si)薄膜和非晶硅(a-Si)薄膜太阳能电池可以大幅度降低太阳能电池价格。多晶硅薄膜电池优点是可在廉价的衬底材料上制备,其成本远低于晶体硅电池,效率相对较高,不久将会在 PV 市场上占据主导地位。非晶硅是硅和氢(约 10%)的一种合金,具有以下优点:它对阳光的吸收系数高,活性层只有 1 μm 厚,材料的需求量大大减少,沉积温度低(约 200 ℃),可直接沉积在玻璃、不锈钢和塑料薄膜等廉价的衬底材料上,生产成本低,单片电池面积大,便于工业化大规模生产。缺点是由于非晶硅材料光学禁带宽度为 1.7 eV,对太阳辐射光谱的长波区域不敏感,限制了非晶硅电池的效率,且其效率会随着光照时间的延续而衰减(即光致衰退),使电池性能不稳定。

### 三、化合物半导体薄膜太阳能电池

化合物半导体薄膜太阳能电池主要由铜铟硒(CIS)和铜铟镓硒(CIGS)、锑化镉(CdTe)、砷化镓(GaAs)等制作而成,它们都是直接带隙材料,带隙宽度 $E_g$ 在 $1\sim1.6$ eV 之间,具有很好的大范围太阳光谱响应特性,所需材料只要几个微米厚就能吸收阳光的绝大部分,是制作薄膜太阳能电池的优选活性材料。GaAs 带隙宽度 1.45 eV,是非常理想的直接迁移型半导体 PV 材料,在 GaAs 单晶衬底上生长单结电池效率超过 25%,但价格也高,主要用于太空科学领域。CIS 和 CIGS 电池中所需 CIS、CIGS 薄膜厚度很小(约 $2\ \mu m$),吸收率高达 $10^5/cm$。CIS 电池的带隙宽度 $E_g$ 为 1.04 eV,是间接迁移型半导体,只要用 Ga 替代 CIS 材料中的部分 In,形成 $CuIn_{1-x}Ga_xSe_2$(简称 CIGS)四元化合物,即可提高效率,可实现将带隙宽度 $E_g$ 调到 1.5 eV,因而 CIGS 电池效率高。CIS 和 CIGS 电池由于廉价、高效、性能稳定和较强的抗辐射能力得到各国 PV 界的重视,成为最有前途的新一代太阳能电池,非常有希望在未来十年中进行大规模应用。缺点是 Se、In 都是稀有元素,大规模生产材料来源受到一定限制。CdTe 电池的带隙 $E_g$ 为 1.5 eV,光谱响应与太阳光谱十分吻合,性能稳定,光吸收系数极大,厚度为 $1\ \mu m$ 的薄膜,足以吸收大于 CdTe 禁带能量的辐射能量的 99%,是理想化合物半导体材料,理论效率为 30%,是公认的高效廉价薄膜电池材料,一直被 PV 界看重。缺点是 CdTe 有毒,会对环境产生污染。因此 CdTe 电池用在空间等特殊环境。

### 四、染料敏化 $TiO_2$ 纳米薄膜太阳能电池

1991 年瑞士 Gratzel 教授以纳米多孔 $TiO_2$ 为半导体电极,以 Ru 络合物作敏化染料,并选用 $I_2/I_3$ 一氧化还原电解质,发展了一种新型的染料敏化 $TiO_2$ 纳米薄膜太阳能电池(简称 DSC)。DSC 具有理论转换效率高、透明性高、成本低廉和工艺简单等优点,实验室光电效率稳定在 10% 以上。缺点是液体电解质使用不便及会对环境造成污染。染料敏化 $TiO_2$ 纳米化学太阳能电池受到国内外科学家的重视,目前对它的研究尚处于起步阶段,具有不错的市场前景,近年来成为世界各国争相开发研究的热点。

### 五、其他新型太阳能电池

除了以上种类的太阳能电池,目前研究得比较多的新型太阳能电池有有机聚合物太阳能电池、有机无机杂化太阳能电池、钙钛矿太阳能电池等。有机太阳能电池以其材料来源广泛、制作成本低、耗能少、可弯曲、易于大规模生产等突出优势显示出其巨大的开发潜力,但目前的光电转换效率较低,仅为 5%~10%,存在着载流子迁移率比较低、高体电阻及耐久性差的问题,仍然需要科研人员进行深入研究。由于共轭聚合物内部存在着大量的电子陷阱,致使其电子迁移率很低,严重束缚着电池效率的提高,而无机半导体材料(如 $TiO_2$、ZnO)则显示了很高的电子迁移率。因此,将无机半导体材料与共轭聚合物进行复合而制备的太阳能电池——杂化太阳能电池,为太阳能电池效率的提高提供了新的可能性。特别是纳米级的无机半导体粒子与共轭聚合物间形成的体相异质结型结构显著提高了激子的分离效率,大大降低了载流子结合的概率,为太阳能电池效率的提高做出了巨大贡献。目前最热门的研究领域则是钙钛矿型甲胺铅碘薄膜太阳能电池(简称钙钛矿太阳能电池),从 2009 年到 2014 年的 5 年间,光电转换效率便从 3.8% 跃升至 19.3%,增长了 4 倍多。钙钛矿电池并不是用钙钛矿材料制成的,而是使用了与钙钛矿晶体结构相似的化合物。太阳能电池中用到的钙钛矿($CH_3NH_3$

$PbI_3$、$CH_3NH_3PbBr_3$ 和 $CH_3NH_3PbCl_3$ 等)属于半导体,有良好的吸光性。钙钛矿太阳能电池不仅转换效率有明显优势,制作工艺也相对简单。今后,它的发电成本甚至有可能比火力发电还低。

## 第二节 硅太阳能电池的发展现状

从 20 世纪 70 年代中期开始了地面用太阳能电池商品化以来,晶体硅就作为基本的电池材料占据着统治地位,而且可以确信这种状况在今后 20 年中不会发生根本的转变。以晶体硅材料制备的太阳能电池主要包括:单晶硅太阳能电池、铸造多晶硅太阳能电池、非晶硅太阳能电池和薄膜晶体硅太阳能电池。单晶硅电池具有电池转换效率高、稳定性好的特点,但是成本较高;非晶硅太阳能电池则具有生产效率高、成本低廉的优点,但是转换效率较低,而且效率衰减得比较厉害;铸造多晶硅电池则具有稳定的转换效率,而且性能价格比最高;薄膜晶体硅太阳能电池则现在还只处于研发阶段。目前,铸造多晶硅太阳能电池已经取代直拉单晶硅成为最主要的光伏电池。近年来各种太阳能电池的市场占有率如图 1-1 所示。

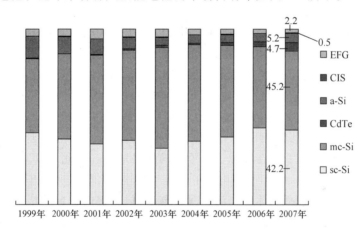

图 1-1 近年来各种太阳能电池的市场占有率

第一个晶体硅太阳能电池出现在 1954 年,恰宾和卡尔松等人在贝尔实验室用表面抛光的硅片制作 PN 结,然后分别在两侧蒸镀上金属电极,就制成了光伏转换效率达 6% 的世界上第一块实用性硅太阳能电池,标志着现代硅太阳能电池时代的开始。经过几十年的发展,晶体硅太阳能电池经历了几个快速发展期,效率不断攀升,从最初的 8% 提升至目前的 25%(实验室效率),如图 1-2 所示。

通常来讲,铸造多晶硅太阳能电池的转换效率略低于直拉单晶硅太阳能电池,具体原因包括:材料中的各种缺陷,如晶界、位错、微缺陷和材料中的杂质碳和氧,以及工艺过程中玷污的过渡族金属等,因此,关于铸造多晶硅中缺陷和杂质规律的研究,以及工艺中采用合适的吸杂、钝化工艺是进一步提高铸造多晶硅电池的关键。另外,寻找合适铸造多晶硅表面织构化的湿化学腐蚀方法也是目前低成本制备高效率电池的重要工艺。

目前,中国已成为全球主要的太阳能电池生产国。2007 年中国太阳能电池产量达到 1 188 MW,同比增长 293%。中国已经成功超越欧洲、日本等地区和国家成为世界太阳能电池生产第一大国。在产业布局上,中国太阳能电池产业已经形成了一定的集聚态势。在长三角、环渤海、珠三角、中西部地区,已经形成了各具特色的太阳能产业集群。

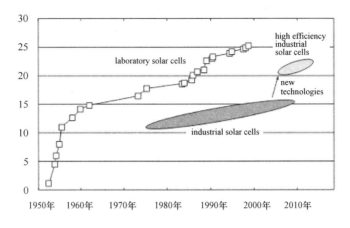

图 1-2　晶体硅电池实验室和产业化效率进展

中国的太阳能电池研究比国外晚了 20 年,尽管最近 10 年国家在这方面逐年加大了投入,但投入仍然不够,与国外相比差距还是很大。政府应加强政策引导和政策激励,尽快解决太阳能发电上网与合理定价等问题。同时可借鉴国外的成功经验,在公共设施、政府办公楼等领域强制推广使用太阳能,充分发挥政府的示范作用,推动中国市场尽快起步和良性发展。

太阳能光伏发电在不久的将来会占据世界能源消费的重要席位,不但会替代部分常规能源,而且将成为世界能源供应的主体。预计到 2030 年,可再生能源在总能源结构中将占到 30% 以上,而太阳能光伏发电在世界总电力供应中的占比也将达到 10% 以上;到 2040 年,可再生能源将占总能耗的 50% 以上,太阳能光伏发电将占总电力的 20% 以上;到 21 世纪末,可再生能源在能源结构中将占到 80% 以上,太阳能发电将占到 60% 以上。这些数字足以显示出太阳能光伏产业的发展前景及其在能源领域重要的战略地位。由此可以看出,太阳能电池市场前景广阔。

目前太阳能电池主要包括晶体硅电池和薄膜电池两种,它们各自的特点决定了它们在不同应用中拥有不可替代的地位。但是,未来 10 年晶体硅太阳能电池所占份额尽管会因薄膜太阳能电池的发展等原因而下降,但其主导地位仍不会发生根本性改变;而薄膜太阳能电池如果能够解决转换效率不高、制备薄膜电池所用设备价格昂贵等问题,则会有巨大的发展空间。

# 第二章　硅材料基础知识

硅,自 20 世纪 50 年代作为整流二极管元件以来,随着其纯度的不断提高,目前在电子工业和太阳能产业得到广泛应用。其丰富的储量、制备工艺的相对成熟性、合适的能带结构、洁净无污染性及高稳定性等,成为光伏市场太阳能电池的主要材料。据统计,各种形态的硅电池总的市场占有率已高达 99％以上。

## 第一节　硅元素及其性质

### 一、硅元素简介

硅元素处于元素周期表第三周期 IVA 族,原子序数为 14,相对原子量为 28.09。硅原子的电子排布为 $1s^2 2s^2 2p^4 3s^2 3p^2$,价电子数目与价电子轨道数相等,被称为等电子原子,原子半径为 117.2 pm,硅主要氧化数为＋4 和＋2,如图 2-1 所示,因而硅的化合物有二价化合物和四价化合物,四价化合物比较稳定。

硅,源自 Ilex,意为'打火石';发现于 1823 年,为世界上第二丰富的元素,占地壳 1/4。在自然界有三种同位素分别为 $^{28}Si$、$^{29}Si$、$^{30}Si$,所占比例分别为 9.23％、4.67％、10％,在地壳中的丰度为 27.7％,仅次于氧,地壳中含量最多的元素氧和硅经化合形成的二氧化硅占地壳总质量的 87％。硅以大量的硅酸盐矿和石英矿的形式存在于自然中,不存在单质。

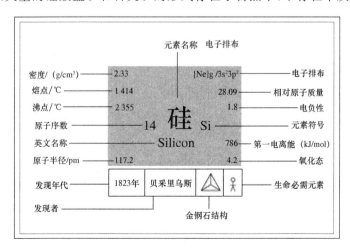

图 2-1　硅

硅的化合物在日常生活中比较常见，如泥土、石头和沙子，建筑上使用的砖、瓦、水泥、玻璃和陶瓷等，都是硅的化合物。纯硅则用在电子元件上，像人造卫星上的仪器所用的太阳能电池就是硅。如果说碳是组成生物世界的主要元素，那么硅就是构成地球上矿物世界的主要元素。

### 二、硅的物理性质

硅有晶态和无定形态两种同素异形体。硅晶体是原子晶体，硬而脆，是深灰色而带有金属光泽的晶体，熔点为 1 414 ℃，沸点为 2 355 ℃，密度为 32～34 g/cm³，比热为 0.7 J/(g·k)，莫氏硬度为 7。硅晶体形成过程是硅原子中的价电子进行杂化，形成 4 个 sp³ 杂化轨道，相邻硅原子的杂化轨道相互重叠，以共价键结合(见图 2-2)，形成硅晶体。

硅单质即本征态是半导体，它的电阻率达到 $2.3 \times 10^5 \Omega \cdot cm$ 以上，几乎不导电，然而硅对热、光、磁的作用很敏感，它的电阻率会迅速降低，而载流子浓度迅速增多，人们利用这个特点制成电子元件。硅晶体的共价键中电子在正常情况下是束缚在成键两原子周围，它们不会参与导电，因此在绝对温度零度($T=0$K)和无外界激发的条件下，硅晶体没有自由电子存在。

硅处于原子序数 14 号位置，属于Ⅳ族元素外层价电子数位 4 个，与其他元素化合时特征价态为 4 价。当在硅中加入Ⅴ族元素后(外层有 5 个价电子)，该原子会替代硅原子，并贡献出 4 个价电子与周围的硅原子形成共价键结合，剩余的 1 个价电子(带负电)因少受约束而成为自由电子，它会参与导电，称为电子导电；当在硅中加入Ⅲ族元素后(外层只有 3 个价电子)，该原子会替代硅原子并贡献出 3 个价电子与周围的硅原子形成共价键，因为少 1 个价电子，产生一个硅的悬挂键，形成一个空穴(带正电)，邻近的电子过来增补，又在邻近处形成一个新的空穴，相当于空穴在运动，参与导电，称为空穴导电，如图 2-3 所示。

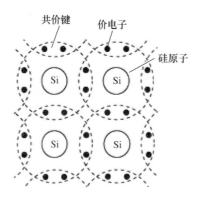

图 2-2 硅晶体的共价键

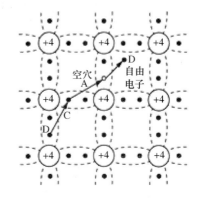

图 2-3 硅晶体中的自由电子和空穴

硅在室温下的禁带宽度为 1.11 eV，光吸收处于红外波段。人们利用超纯硅对 1～7 $\mu$m 红外光透过率高达 90%～95% 这一特点制作红外聚焦透镜。半导体硅材料是间接带隙材料，其发光效率极其低下，为 $10^{-3}$ 左右，不能做激光器和发光管；它又没有线性电光效应，不能做调制器和开关。因此，一般认为硅材料不是光电子材料，不能应用在光电子领域。但用分子束外延(MBE)、金属有机化学气相沉积(MOCVD)等技术在硅衬底上生长 SiGe/Si 应变超晶格量子阱材料，可形成准直接带隙材料，并具有线性电光效应。此外，在硅衬底上异质外延 GaAs 或 InP 单晶薄膜，可构成复合发光材料。

室温下硅无延展性，属脆性材料，但在温度高于 700 ℃ 时的硅具有热塑性，在应力作用下会呈现塑性形变,其内部存在的位错才开始移动或攀移。而常温时,在外力作用下,单晶硅中很难产生位错和进行位错的移动。硅的抗拉应力远大于抗剪应力,在切割、研磨和机械抛光等时因承受剪切应力而易于产生破碎。同样硅片也要经历不同的热处理过程,这必然会在硅片中产生热应力,使硅片产生翘曲,光刻图形套刻的精度下降;并加速位错滑移,产生各类结构缺陷,甚至使硅片破裂。而随着 IC 用硅片直径的不断增大,上述情况将更趋严重。同时,硅片背损伤吸杂也在生产中经常使用,由此产生的后果是硅片本身就具有微裂纹,易于脆断或自然解理断裂,影响下一步加工处理。再者,硅材料和器件的机械可靠性也是器件制造和使用中所关注的问题。微机械加工的硅器件可能会处于复杂的应力状态,从而使其断裂或性能失效。

尽管半导体材料的(事实上是任何固体的)理论解理强度从未被达到过,但计算理论解理强度的一个相当简单的模型,为我们了解影响断裂韧性的材料参数提供了机会。半导体材料的所有断裂特性中,最为我们了解的就是解理面和解理方向了,这在很大程度上归因于解理是快速有效地从硅片上划分电路的方法。单晶硅的断裂一般是沿着其解理面的,通常的断裂面为{111}面,但由于单晶表面的起始裂纹不同,断裂形式也不尽相同。同一单晶制成的硅片,由于加工方式不同,表面损伤程度不同,断裂强度不同,一般而言,表面损伤越小,断裂强度越大。杂质原子的存在会影响到半导体材料的断裂行为。在一定的直径下,硅片越厚,则越不容易产生变形。这是因为硅片厚度越大,它所具有的热容量也越大,从而使硅片上所产生的温度梯度变小,温度分布更趋于均匀一致。显而易见,如果是一个很厚的单晶锭,要使它产生翘曲,是很不容易也几乎是不可能的。所以在工业上,为了防止硅片翘曲,有时会采取增加硅片厚度的办法。但这种方法的缺点是会产生很大的浪费,使相同长度的硅单晶锭所切的硅片数量大大减少,这对生产来讲是不可取的。但是,随着硅片直径的不断增加,在硅片的机械强度不能大幅度提高的情况下,为了防止翘曲,只能采用增加硅片厚度的方法。

### 三、硅的化学性质

硅在常温下不活泼,但在高温下,硅几乎能与任何物质发生化学反应。

① 硅与非金属反应

硅容易同氧、氮物质发生作用,硅材料的一个重要优点就是硅表面很容易氧化,形成结构高度稳定的二氧化硅氧化层。它可以在 400 ℃ 与氧发生反应,在 1 000 ℃ 与氮进行反应:

$$Si + 2O_2 = SiO_2$$
$$3Si + 2N_2 = Si_3N_4$$

硅与卤素发生反应:

$$Si + 2X_2 = SiX_4$$

在 2 273~2 773 K 时硅能与碳反应:

$$Si + C = SiC$$

硅在高温下能与金属反应生成硅化物,如 $Mg_2Si$、$CaSi_2$、$NaSi$、$TiSi_2$、$WSi_2$、$MoSi_2$ 等。

在高温下硅单质能与氢化物发生反应,如在 280 ℃ 与 HCl 反应:

$$Si + 3HCl = SiHCl_3 + H_2$$

在 1 673 K 与氨反应:

$$3Si + 4NH_3 = Si_3N_4 + 6H_2$$

在高温下硅能与一些氧化物反应,如在 1 400 ℃ 以上能与二氧化硅反应:

$$Si + SiO_2 = 2SiO$$

在 1 000 ℃能与水蒸气反应：

$$Si + 2H_2O = SiO_2 + 2H_2$$

② 与酸作用

硅在含氧酸中被钝化，但与氢氟酸及其混合酸反应，生成 $SiF_4$ 或 $H_2SiF_6$：

$$Si + HF = SiF_4 + 2H_2$$

$$Si + 4HNO_3 + 6HF = H_2SiF_6 + 4NO_2 + 4H_2O（HNO_3 在反应中起氧化剂作用）$$

③ 与碱作用

在常温下硅能与稀碱溶液反应，硅和 NaOH 或 KOH 能直接作用生成相应的硅酸盐而溶于水，并放出氢气：

$$Si + 2NaOH + H_2O = Na_2SiO_3 + 2H_2 \uparrow$$

④ 与金属作用

硅还能与钙、镁、铜、铁、铂、铋等化合，生成相应的金属硅化物。

⑤ 硅能与 $Cu^{2+}$、$Pb^{2+}$、$Ag^+$、$Hg^+$ 等金属离子发生置换反应，从这些金属离子的盐溶液中置换出金属。

# 第二节　硅的化合物

## 一、二氧化硅（$SiO_2$）

二氧化硅是制造冶金硅的主要原料之一，$SiO_2$ 的同质多晶变体很多，其中最常见的、在地球上分布最广的是低温石英，即 β-石英，一般称为石英。而高温石英（α-石英）则少见，$SiO_2$ 的高温变体（鳞石英、方石英等）在自然界少见，而多存在于人造硅酸盐制品中。石英是分布很广的矿物。在地壳中石英成分占 12%，仅次于长石。纯净的石英又称为水晶，是一种坚硬、脆性、难溶的无色透明固体。石英在不同温度下的几种同质异构转变如图 2-4 所示。

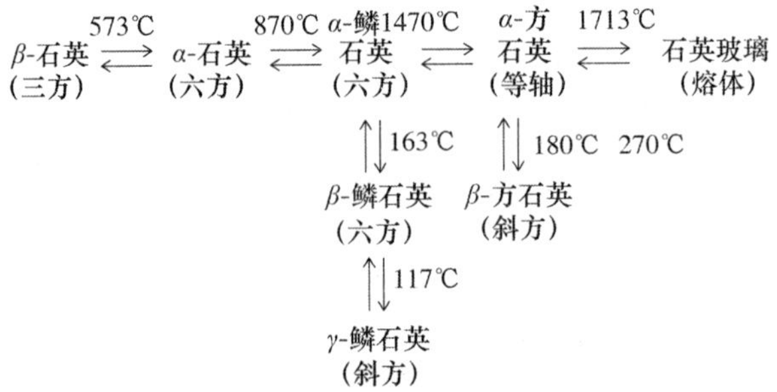

图 2-4　石英在不同温度下的几种同质异构转变

石英为原子晶体，其中每个硅原子以 $SP^3$ 杂化形式同 4 个氧原子结合，形成 $SiO_4$ 四面体结构单元。$SiO_4$ 四面体间通过共用顶角的氧原子而彼此相连，由此形成硅氧网格形式的二氧化硅晶体（图 2-5）。二氧化硅的最简式是 $SiO_2$，但它不代表一个简单分子。

石英砂即二氧化硅在高温下能与碳反应生成硅，其反应式为

$$SiO_2 + 3C = SiC + 2CO$$

$$2SiC + SiO_2 = 3Si + 2CO$$

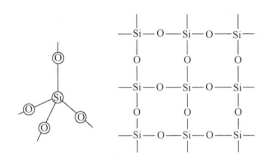

图 2-5　SiO₄ 四面体及 SiO₂ 的晶体结构示意图

这是制备冶金级硅的方法。在高温下,二氧化硅与焦炭反应,生成液相的硅沉入电弧炉底部,此时用铁做催化剂可有效阻止碳化硅的形成。在电弧炉底部开孔可将液相硅收集,凝固后可得冶金级硅。

制备冶金硅的石英要求纯度较高(98.5%以上)并且一定的粒度,所以适用的主要是脉石英和石英砂。脉石英是一种火成岩,是由酸性岩浆分异后,发育于其他岩石的缝隙之中而形成的矿脉。脉石英主要由 $SiO_2$ 结晶的集合体连生在一起而组成,具有平坦的或鳞纹状断口脉石英中有许多呈透明或乳白色,是制造硅的优良原料。我国的蕴藏量也相当丰富。石英砂,包括河砂、海砂、湖砂等,是一种沉积砂矿。它是由含石英的矿石经自然力破碎、冲击而成,如其中二氧化硅成分含量较高就可以作为冶炼硅的原料。石英砂的加工主要是用水洗掉黏土等杂质和进行筛分,一般不需进行破碎作业。所以,它的开采、加工成本较低,出矿价格只有脉石英加工砂的一半左右。我国广东省新会县就供应这种河砂。

二氧化硅能与 HF 反应:
$$SiO_2 + 4HF =\!\!= SiF_4(g) + 2H_2O$$

二氧化硅是酸性氧化物,它是硅酸的酸酐,$SiO_2$ 不溶于水,但能与热的浓碱溶液反应生成硅酸盐,反应较快。$SiO_2$ 和熔融的碱反应更快。如:
$$SiO_2 + 2NaOH =\!\!= Na_2SiO_3 + H_2O$$

二氧化硅也可以与某些碱性氧化物或某些含氧盐发生反应生成相应的硅酸盐。如:
$$SiO_2 + 2Na_2CO_3 =\!\!= Na_2SiO_3 + CO_2$$

二氧化硅除了石英外,还有其他的形态,如白炭黑是在特殊设计的炉子里在 1 370 K 下用四氯化硅在氧气流经过气相氧化制得的。这种白烟状硅石聚集在旋转的冷滚筒上,被刮刀刮下,成为密度很小(64 kg/m³)轻似绒毛的粉末。白炭黑通常是极纯的(99.8%)的二氧化硅,电子显微镜鉴定表示有极小硅石颗粒的链、环,这些极小颗粒的直径大约是 10 nm,并有 150～500 m³/g 的有效面积。白炭黑就是利用它的这种非常细小颗粒和极大的表面积。白炭黑是硅氧烷橡胶里的主要增强填料,跟炭黑填料相比,它具有化学惰性,不会与硫化而引入的过氧化物反应。

石英 1 600 ℃熔化成黏稠液体,其结构单元处于无规则状态,急剧冷却时,因不易结晶而形成石英玻璃。石英玻璃是无定形二氧化硅,原子排布是杂乱的。硅藻土和燧石也是无定形二氧化硅。

## 二、一氧化硅(SiO)

硅和二氧化硅的均匀混合物在低压下加热到 1 450 K 以上,生成挥发性物质一氧化硅。

但对一氧化硅的固态形式是否存在还有争论,实验资料表明,一氧化硅在 1 470 K 以下是热力学不稳定比,它按等摩尔比生成硅石和硅歧化。

## 三、硅的卤化物($SiX_4$)

硅的卤化物都是无色的,常温下 $SiF_4$ 是气体,$SiCl_4$ 和 $SiBr_4$ 是液体,$SiI_4$ 是固体。硅的卤化物都是共价化合物,熔点、沸点都比较低,氟化物、氯化物的挥发性更大,易于用蒸馏的方法提纯它们,常被用作制备其他含硅化合物的原料。

$SiF_4$ 是无色而有刺激性气味的气体,由于它在水中强烈水解,因而在潮湿的空气中会发烟,无水的 $SiF_4$ 很稳定。通常制备 $SiF_4$ 是用萤石粉和石英砂的混合物与浓硫酸加热,反应式如下:

$$CaF_2 + H_2SO_4 = CaSO_4 + 2HF$$
$$SiO_2 + 4HF = SiF_4 + 2H_2O$$

常温下,$SiCl_4$ 是无色而有刺鼻气味的液体。分子量 169.90,蒸汽压 55.99 kPa(37.8 ℃)。熔点 -70 ℃,沸点 57.6 ℃。可混溶于苯、氯仿、石油醚等多数有机溶剂。在相对密度为 1.48(水=1),298.15 K 时液体标准摩尔生成焓 -687.0 kJ·mol$^{-1}$,标准摩尔生成吉布斯自由能 -619.83 kJ·mol$^{-1}$,标准摩尔熵 240 J·mol$^{-1}$·K$^{-1}$。在沸点时的蒸发热为29.09 kJ·mol$^{-1}$。$SiCl_4$ 易水解,因而在潮湿空气中与水蒸气发生水解作用产生烟雾,其反应方程式如下:

$$SiCl_4 + 3H_2O = H_2SiO_3 + 4HCl$$

$SiCl_4$ 可以吸入、食入、经皮吸收,对眼睛及上呼吸道有强烈刺激作用。高浓度可引起角膜混浊,呼吸道炎症,甚至肺水肿,皮肤接触后可引起组织坏死。

在氯气气流内加热硅(或 $SiO_2$ 和焦炭的混合物)可生成 $SiCl_4$,反应式如下:

$$Si + 2Cl_2 = SiCl_4$$
$$SiO_2 + 2C + 2Cl_2 = SiCl_4 + 2CO$$

$SiBr_4$ 和 $SiI_4$ 在水中也易水解。

## 四、三氯氢硅($SiHCl_3$)

三氯氢硅是无色透明液体,熔点 -128 ℃,沸点 31.5 ℃。在沸点时的蒸发热为26.58 kJ·mol$^{-1}$。

三氯氢硅由硅粉与氯化氢合成而得,化学方程式为

$$Si + 3HCl = SiHCl_3 + H_2$$

上述反应要加热到所需温度才能进行,反应是放热反应。反应除了生成三氯氢硅外,还有四氯化硅或 $SiH_2Cl_2$ 等氯硅烷以及其他杂质氯化物;也可以在高温高压下用氢还原四氯化硅生成三氯氢硅:$SiCl_4 + H_2 \longrightarrow SiHCl_3 + HCl$。但该反应的一次转化率低。

三氯氢硅能在 1 100~1 200 ℃被氢还原为单质硅,其反应方程式为

$$SiHCl_3 + H_2 = Si + 3HCl$$

## 五、硅烷($SiH_4$)

硅和碳一样能和氢生成一系列氢化物,但硅与氢不能生成与烯烃及炔烃类似的不饱和化合物,所以硅的氢化物又称为硅烷。硅烷的通式可以写为 $Si_nH_{2n+2}$,硅烷的结构与烷烃相似。迄今为止,已制得的硅烷也只有二十几种。

最重要和最简单的硅烷是甲硅烷。由于硅和氢不能直接作用生成甲硅烷,所以只能用间接方法制备。常用的方法是用稀酸和硅化镁作用:

$$Mg_2Si + H^+ \longrightarrow 2Mg^{2+} + SiH_4$$

在所得产物中有不到一半的甲硅烷,其余为高级硅烷和氢气。也可以用 $LiAlH_4$ 还原 $SiCl_4$ 来制得:

$$SiCl_4 + LiAlH_4 \longrightarrow SiH_4 + LiCl + AlCl_3$$

20 世纪 80 年代美国联合碳化物公司成功采用催化剂,使氯硅烷产生歧化反应生成甲硅烷:

$$3SiH_2Cl_2 \longrightarrow 2SiHCl_3 + SiH_4$$

该法大大降低了甲硅烷的制备成本,已进行大规模生产。

甲硅烷是无色、无臭的气体,熔点 $-185\ ℃$,沸点 $-111.8\ ℃$。硅烷都是共价型化合物,能溶于有机溶剂。

甲硅烷比甲烷的化学性质更活泼。甲烷在常温下不会与氧气反应,而甲硅烷在空气中能自燃生成二氧化硅和水:

$$SiH_4 + 2O_2 \longrightarrow SiO_2 + 2H_2O$$

甲硅烷有强的还原性,可将高锰酸钾还原成二氧化锰:

$$SiH_4 + 2KMnO_4 \longrightarrow 2MnO_2 + K_2SiO_3 + H_2O + H_2$$

甲硅烷对碱十分敏感,溶液有微量的碱便可以引起甲硅烷迅速水解,生成硅酸和氢:

$$SiH_4 + (n+2)H_2O \xrightarrow{\text{碱催化}} SiO_2 \cdot nH_2O + 4H_2$$

甲硅烷的热稳定性差,在高温下会分解为硅和氢:

$$SiH_4(g) \xrightarrow{800K} Si(s) + 2H_2(g); \Delta rH_m^{\ominus} = -34.3\ kJ \cdot mol^{-1}$$

甲硅烷的标准摩尔生成焓为正值,反应是放热的。$SiH_4$ 被大量地用于制高纯硅。硅的纯度越高,大规模集成电路的性能就越好。

# 第三节　硅的分类

硅根据其杂质含量分为粗硅和高纯硅,高纯硅根据晶型的不同又分为单晶硅、多晶硅和无定形硅,多晶硅按纯度分类,可以分为冶金级(金属硅)、太阳能级、电子级;高纯硅根据用途不同可分为电子级硅和太阳能级硅,根据高纯硅掺入杂质不同又分为 P 型硅半导体和 N 型硅半导体。

① 冶金级硅(MG)是硅的氧化物在电弧炉中用碳还原而成,一般含硅为 $90\% \sim 95\%$ 以上,有的可高达 $99.8\%$ 以上。由于冶金级硅的技术含量较低,取材方便,因此产能一直处于过剩状态,国家对此类高耗能、高污染的资源性行业一直采取限制态度。利润不高,同时受电价影响较大,生产厂家时常停产观望或等待丰水期以小水电站供电。根据等级定价,普通金属硅售价在每吨 $8\ 000 \sim 12\ 000$ 元。随着多晶硅市场的大热,高纯金属硅逐步得到人们的青睐,目前比较引人注目的是 4N($99.99\%$)级金属硅,国内有能力生产的厂家不超过五家,而且对杂质控制能力有待提高。据《硅业在线》了解,4N 金属硅主要有 3 个用途:用于提炼多晶硅,客户大多在日本;掺纯度较高的硅料用于生产太阳能电池;直接用于太阳能电池。国内厂家对磷、硼这些影响电阻的杂质控制有待提高,目前售价依据杂质含量的不同每吨在 12 万~18 万元不等。

② 太阳能级硅(SG)一般认为含硅在 99.99%~99.999 9%,一般常说的多晶硅多是指太阳能级和 IC 级多晶硅。近来由于光伏发电领域发展迅速,目前 6N 多晶硅在国内价格甚至已经涨到 400 美元/千克(人民币 3 000 元/千克),单晶硅高达 450 美元/千克(人民币 3 300~3 500元/千克)。

1996 年美国太阳级硅股东集团把太阳能级硅确定为:B、P 低到掺杂时不必补偿;25 ℃时的电阻率大于 1 Ω·cm;O、C 含量不超过熔硅的饱和值;非掺杂杂质元素总浓度不超过 1 ppm。

③ 电子级硅(EG)一般要求含硅＞99.999 9%以上,超高纯的达到 99.999 999 9%~99.999 999 999%。其导电性介于 0.0004~100 000 Ω·cm。

晶态硅根据晶面取向不同又分为单晶硅和多晶硅。单晶硅和多晶硅的区别是:当熔融的单质硅凝固时,硅原子以金刚石晶格排列成许多晶核,如果这些晶核长成晶面取向相同的晶粒,则形成单晶硅;如果这些晶核长成晶面取向不同的晶粒,则形成多晶硅。多晶硅与单晶硅的差异主要表现在物理性质方面。例如,在力学性质、电学性质等方面,多晶硅均不如单晶硅。多晶硅可作为拉制单晶硅的原料,也是太阳能电池片以及光伏发电的基础材料。单晶硅可算得上是世界上最纯净的物质了,一般的半导体器件要求硅的纯度 6 个 9(6N)以上。大规模集成电路的要求更高,硅的纯度必须达到 9 个 9(9N)。目前,人们已经能制造出纯度为 12 个 9(12N)的单晶硅。单晶硅是电子计算机、自动控制系统及信息产业等现代科学技术中不可缺少的基本材料。单晶、非晶及多晶结构如图 2-6 所示。

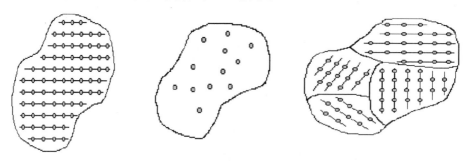

图 2-6　单晶、非晶、多晶结构示意图

无定形硅(α-Si)是一种黑灰色的粉末,实际是微晶体,是硅的一种同素异形体。无定形硅不存在延展开的晶格结构,原子间的晶格网络呈无序排列状态。换言之,并非所有的原子都与其他原子严格地按照正四面体排列。由于这种不稳定性,无定形硅中的部分原子含有悬空键。这些悬空键对硅作为导体的性质有很大的负面影响。然而,这些悬空键可以被氢原子所填充,经氢化以后,无定形硅的悬空键密度会显著减小,并足以达到半导体材料的标准,但很不如意的一点是在光的照射下,氢化无定形硅的导电性能将会显著衰退,这种特性被称为 SWE 效应,它们的成本较相应的晶体硅制成品要低很多。粗硅的纯度为 95%~99%,又称为冶金级硅,其中含有各种杂质,如 Fe、C、B、P 等,主要用于铝硅合金(如做汽车发动机)。用来制备硅氧烷和有机硅化学品的也是这种规格。"冶金硅"的其他用途还包括炼钢、高温合金、铜合金和电接触材料,还是高纯硅的原料。高纯硅一般要求纯度达到小数点后面 6 个"9"至 8 个"9"的范围,通常用于半导体和太阳能电池。

经研究发现,金属钽、钼、铌、钛、钒等即使在硅中含量极微,也会对电池的效率产生影响。但其他一些金属,即使含量超过 $10^{15}\text{cm}^{-3}$,也不会对电池的转换效率产生明显影响,这就比对半导体级硅的要求放宽了 100 倍,因而人们可以尝试用成本较低的方法来制造太阳能电池级硅材料。杂质浓度与 P-基器件的太阳能电池效率关系如图 2-7 所示。

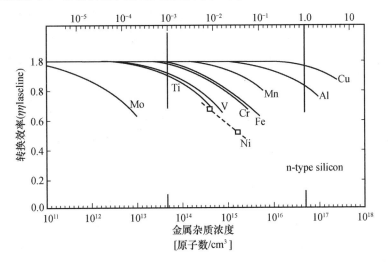

图 2-7　杂质浓度与 P-基器件的太阳能电池效率关系

表 2-1　2001 年国际上所使用的太阳能电池级硅材料性能状况

| 杂质 | 指标 |
| --- | --- |
| Fe,Al,Ca,Ti,金属杂质 | 各<0.1 ppm(w) |
| C | <4 ppm(w) |
| O | <5 ppm(w) |
| B | <0.3 ppm(w) |
| P | <0.1 ppm(w) |

表 2-2　购买的用于生产多晶硅片最低级硅的电学指标

| 性质 | 指标 |
| --- | --- |
| 电阻率 | >1 Ω·cm,P-型 |
| 少子寿命 | >25 μs |

硅材料科学与技术的卓有成效的发展在 20 世纪世界材料科学领域无可非议地占据了极为重要的地位。1948 年发明的半导体晶体管,实现了电子设备小型、轻量、节能、低成本的目标,并提高了设备可靠性及寿命。1958 年出现的集成电路,使计算机及各种电子设备发生了一次飞跃。进入 20 世纪 90 年代,集成电路的集成度进一步提高到微米、亚微米以及深亚微米水平。

# 第四节　硅半导体材料的基本知识

半导体的导电能力介于导体和绝缘体之间,电阻率为 $10^{-3} \sim 10^{12}$ Ω·cm,硅、锗、砷化镓和硫化镉等材料都是半导体。半导体材料的电阻率随着温度的升高和辐照强度的增大而减小;

在半导体中加入微量的杂质(称为掺杂),对其导电性质有决定性的影响。这是半导体材料的重要特性。

硅是最常见和应用最广的半导体材料,硅的原子序数为14,硅原子和其他元素的原子一样,由原子核和核外电子组成。在原子核物理理论中,有以下规律:一是能量的量子化,二是系统能量最低原理,三是泡利不相容原理。因此,硅原子中的电子分布是从能量最低的1s层开始,逐渐往上填充。电子只填充到3p层,且未填满,以上的能级是空着的,即硅原子中的14个电子的分布为 $1s^2 2s^2 2p^6 3s^2 3p^2$。第三层的3s和3p层各有两个电子,即为硅中的4个价电子,正是最外层中的4个价电子决定了硅位于元素周期表中的第ⅣA族,也决定了硅具有4价和2价。

## 一、能带理论

半导体中的电子能量状态和运动特点及其规律决定了半导体的性质容易受到外界温度、光照、电场、磁场和微量杂质含量的作用而发生变化。可以用能带理论来解释各种类型材料之间的导电差异。我们知道,原子的结构是以壳层形式按一定规律分布的。原子的中心是一个带正电荷的核,核外存在着一系列不连续的、由电子运动轨道构成的壳层,电子只能在壳层里绕核转动。在稳定状态,每个壳层里运动的电子具有一定的能量状态。所以一个壳层相当于一个能量等级,称为能级。一个能级也表示电子的一种运动状态。所以能态、状态和能级的含义相同。

为简明起见,在表示能量高低的图上,用一条条高低不同的水平线表示电子的能级,此图称为电子能级图。晶体中大量的原子集合在一起,而且原子之间距离很近,以硅为例,每立方厘米的体积内有 $5 \times 10^{22}$ 个原子,原子之间的最短距离为 0.235 nm,致使离原子核较远的壳层发生交叠,壳层交叠使电子不再局限于某个原子上,有可能转移到相邻原子的相似壳层上去,也可能从相邻原子运动到更远的原子壳层上去,这种现象称为电子的共有化。电子共有化使本来处于同一能量状态的电子产生微小的能量差异,与此相对应的能级扩展为能带。允许被电子占据的能带称为允许带,允许带之间的范围是不允许电子占据的,此范围称为禁带。原子壳层中的内层允许带总是被电子先占满,然后再占据能量更高的外面一层的允许带。被电子占满的允许带称为满带,每一个能级上都没有电子的能带称为空带。在 $T=0K$ 时,电子填通能带刚好填满至最上的能带称为价带,价带的电子不参与导电过程。价带之上第一个未被电子填满的能带称为导带。导带的底能级表示为 $E_c$,价带的顶能级表示为 $E_v$,$E_c$ 与 $E_v$ 之间的能量间隔为禁带 $E_g$。导体或半导体的导电作用是通过带电粒子的运动(形成电流)来实现的,这种电流的载体称为载流子。导体中的载流子是自由电子,半导体中的载流子则是带负电的电子和带正电的空穴。对于不同的材料,禁带宽度不同,导带中电子的数目也不同,进而导电性不同。例如,绝缘材料 $SiO_2$ 的 $E_g$ 约为 5.2 eV,导带中电子极少,所以导电性不好,电阻率大于 $10^{12} \Omega \cdot cm$。半导体 Si 的 $E_g$ 约为 1.1 eV,导带中有一定数目的电子,因而有一定的导电性,电阻率为 $10^{-3} \sim 10^{12} \Omega \cdot cm$。金属的导带与价带有一定程度的重合,$E_g = 0$,价电子可以在金属中自由运动,所以导电性好,电阻率为 $10^{-6} \sim 10^{-3} \Omega \cdot cm$。由图 2-8 可以看出金属、半导体和绝缘体的能带以不同的条件被隔开。

由固体物理知识可知,能带的宽窄由晶体的性质决定,与晶体中含的原子数目无关,但每个能带中所含的能级数目与晶体中的原子数目有关。因此,对于每种半导体,其能带结构是不同的,具体如图 2-9 所示。

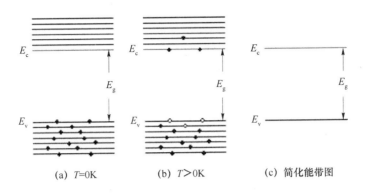

(a) $T$=0K　　　　(b) $T$>0K　　　　(c) 简化能带图

图 2-8　半导体的能级图

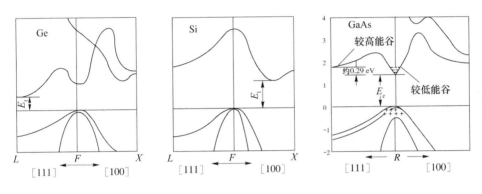

图 2-9　硅、锗、砷化镓的能带结构

## 二、本征半导体与杂质半导体

实际使用的半导体都掺有某种少量杂质,而这里所指的"杂质"是有选择的。如果在纯净的硅中掺入少量的五价元素磷,这些磷原子在晶格中取代硅原子,并用它的 4 个价电子与相邻的硅原子进行共价结合。磷有 5 个价电子,用去 4 个还剩 1 个,这个多余的价电子虽然没有被束缚在价键里面,但仍受到磷原子核的正电荷的吸引。不过,这种吸引力很弱,只要很少的能量就可以使它脱离磷原子到晶体内成为自由电子,从而产生电子导电运动。同时,磷原子缺少 1 个电子而变成带正电的磷离子。由于磷原子在晶体中起着施放电子的作用,所以把磷等五价元素称为施主型杂质(或称为 N 型杂质)。在掺有五价元素(即施主型杂质)的半导体中,电子的数目远远大于空穴的数目,半导体的导电主要是由电子决定的,导电方向与电场方向相反,这样的半导体称为电子型半导体或 N 型半导体。如果在纯净的硅中掺入少量的三价元素硼,它的原子只有 3 个价电子,当硼和相邻的 4 个硅原子作共价结合时,还缺少 1 个电子,要从其中 1 个硅原子的价键中获取 1 个电子填补,这样就在硅中产生了一个空穴,硼原子接受了一个电子而成为带负电的硼离子。硼原子在晶体中起着接受电子而产生空穴的作用,所以称为受主型杂质(或称为 P 型杂质)。在含有三价元素(即受主型杂质)的半导体中,空穴的数目远远超过电子的数目,半导体的导电主要是空穴决定的,导电方向与电场方向相同,这样的半导体称为空穴型半导体或 P 型半导体。如图 2-10所示是 N 型和 P 型硅晶体结构示意图。

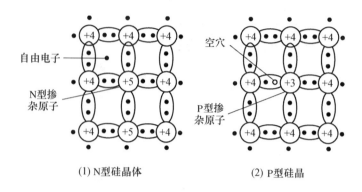

(1) N型硅晶体　　　　　(2) P型硅晶

图 2-10　N 型和 P 型硅晶体结构

由此可见,半导体材料在外加电压作用下出现的电流和其半导体导电的机理是由于自由电子和空穴两种载流子的运动形成的。并且半导体材料的导电能力在不同的条件下具有很大的差异,体现在:① 热敏性:温度越高,产生的自由电子和空穴对就越多,导电能力就越强。半导体的这种特性可作为热敏电阻。② 光敏性:一些半导体材料受到光照时,载流子数量会剧增,导电能力随之增强。可作为光敏电阻、光敏二极管、光敏晶体管、光电池等。③ 掺入微量杂质对半导体导电性能的影响。在纯净半导体中掺入某些微量杂质,其导电能力将大大增强。

没有掺杂的半导体称为本征半导体,其中电子和空穴的浓度是相等的。一定温度下的本征半导体,共价键上的电子可以获得能量挣脱共价键的束缚从而脱离共价键,成为参与共有化运动的"自由"电子。共价键上的电子脱离共价键的束缚所需要的最低能量就是禁带宽度。将共价键上的电子激发成为准自由电子,也就是价带电子激发成为导带电子的过程,称为本征激发。本征激发的一个重要特征是成对地产生导带电子和价带空穴。本征半导体的导带电子参与导电,同时价带空穴也参与导电,存在着两种荷载电流的粒子,统称为载流子。在单位体积(1 cm³)中,电子或空穴的数目称为"载流子浓度",它决定着半导体电导率的大小。一定温度下,价带顶附近的电子受激跃迁到导带底附近,此时导带底电子和价带中剩余的大量电子都处于半满带当中,在外电场的作用下,它们都要参与导电。对于价带中电子跃迁出现空态后所剩余的大量电子的导电作用,可以等效为少量空穴的导电作用。

而为了控制半导体的性质需要人为地在半导体中或多或少地掺入某些特定杂质的半导体,称为杂质半导体。在杂质半导体中,电子和空穴的浓度不相等。把数目较多的载流子称为"多数载流子",简称"多子";把数目较少的载流子称为"少数载流子",简称"少子"。例如,N型半导体中,电子是"多子",空穴是"少子";P 型半导体中则相反。

# 第五节　PN 结

## 一、PN 结的形成

一块本征半导体在两侧通过扩散不同的杂质,分别形成 N 型半导体和 P 型半导体,如图 2-11 所示。此时将在 N 型半导体和 P 型半导体的结合面上形成如图 2-12 所示的物理过程。

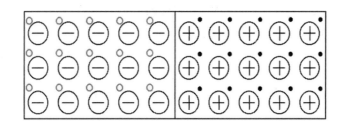

图 2-11 P 型半导体与 N 型半导体

图 2-12 在 N 型半导体和 P 型半导体结合面上形成的物理过程

扩散到对方的载流子在 P 区和 N 区的交界处附近被相互中和掉,使 P 区一侧因失去空穴而留下不能移动的负离子,N 区一侧因失去电子而留下不能移动的正离子。这样在两种半导体交界处逐渐形成由正、负离子组成的空间电荷区(耗尽层)。由于 P 区一侧带负电,N 区一侧带正电,所以出现了方向由 N 区指向 P 区的内电场。内电场是由多子的扩散运动引起的,伴随着它的建立将带来两种影响:一是内电场将阻碍多子的扩散,二是 P 区和 N 区的少子一旦靠近 PN 结,便在内电场的作用下漂移到对方,使空间电荷区变窄。因此,扩散运动使空间电荷区加宽,内电场增强,有利于少子的漂移而不利于多子的扩散;而漂移运动使空间电荷区变窄,内电场减弱,有利于多子的扩散而不利于少子的漂移。

当扩散和漂移运动达到平衡后,空间电荷区的宽度和内电场电位就相对稳定下来,交界面形成稳定的空间电荷区,即 PN 结处于动态平衡。此时,有多少个多子扩散到对方,就有多少个少子从对方漂移过来,二者产生的电流大小相等,方向相反。因此,在相对平衡时,流过 PN 结的电流为 0。

对于 P 型半导体和 N 型半导体结合面,离子薄层形成的空间电荷区称为 PN 结,如图 2-13 所示。在空间电荷区,由于缺少多子,所以也称耗尽层。由于耗尽层的存在,PN 结的电阻很大。

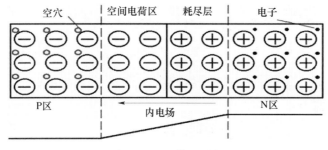

图 2-13 PN 结的形成

## 二、PN 结的单向导电

PN 结具有单向导电性,若外加电压使电流从 P 区流到 N 区,PN 结呈低阻性,电流大;反之是高阻性,电流小。

如果外加电压使 PN 结中:P 区的电位高于 N 区的电位,称为加正向电压,简称正偏;P 区的电位低于 N 区的电位,称为加反向电压,简称反偏。

(1) PN 结加正向电压时的导电情况

PN 结加正向电压时的导电情况如图 2-14 所示。外加的正向电压有一部分降落在 PN 结区,方向与 PN 结内电场方向相反,削弱了内电场。于是,内电场对多子扩散运动的阻碍减弱,扩散电流加大。扩散电流远大于漂移电流,可忽略漂移电流的影响,PN 结呈现低阻性。

(2) PN 结加反向电压时的导电情况

PN 结加反向电压时的导电情况如图 2-15 所示。外加的反向电压有一部分降落在 PN 结区,方向与 PN 结内电场方向相同,加强了内电场。内电场对多子扩散运动的阻碍增强,扩散电流大大减小。此时 PN 结区的少子在内电场的作用下形成的漂移电流大于扩散电流,可忽略扩散电流,PN 结呈现高阻性。在一定的温度条件下,由本征激发决定的少子浓度是一定的,故少子形成的漂移电流是恒定的,基本上与所加反向电压的大小无关,这个电流也称为反向饱和电流。

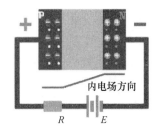

图 2-14　PN 结加正向电压时的导电情况

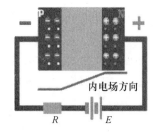

图 2-15　PN 结加反向电压时的导电情况

(3) PN 结的伏安特性

PN 结的伏安特性如图 2-16 所示。PN 结加正向电压时,呈现低电阻,具有较大的正向扩散电流;PN 结加反向电压时,呈现高电阻,具有很小的反向漂移电流。由此可以得出结论:PN 结具有单向导电性。

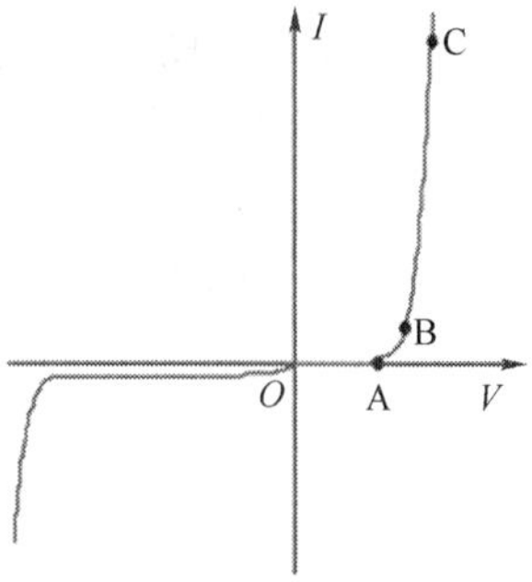

### 三、PN 结方程

根据理论分析,PN 结两端的电压 $V$ 与流过 PN 结的电流 $I$ 之间的关系为

$$I = I_S(e^{\frac{V}{V_T}} - 1)$$

图 2-16　PN 结的伏安特性

式中,$I_S$ 为 PN 结的反向饱和电流;$V_T$ 称为温度电压当量,在温度为 300 K(27 ℃)时,$V_T$ 约为 26 mV,所以上式常写为

$$I = I_S(e^{\frac{V}{26}} - 1)$$

PN 结正偏时,如果 $V$ 大于 $V_T$ 几倍以上,上式可改写为

$$I \approx I_S e^{\frac{V}{26}}$$

即 $I$ 随 $V$ 按指数规律变化。

PN 结反偏时,如果 $V$ 大于 $V_T$ 几倍以上,上式可改写为

$$I \approx -I_S$$

其中负号表示为反向。

# 第三章　晶体学基础

## 第一节　晶体结构

### 一、晶体分类

自然界的固体物质,按其内部结构,即晶体的排列形式分为晶体和非晶体两大类。

晶体的外表一般有整齐规则的几何形状,它的许多物理效应在不同方向上是不同的,即各向异性。此外,晶体具有最小的内能,固定的熔点、结构和化学的稳定性等。

非晶体在外表上不能形成规则的多面体,它的物理性质是各向同性的。非晶体没有固定的熔点,在结构和化学的稳定性方面也不如晶体。如图 3-1 所示为晶体与非晶体的熔化曲线。

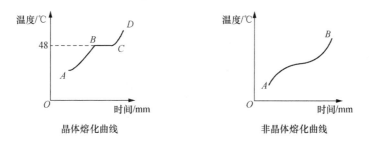

图 3-1　晶体与非晶体熔化曲线

所有晶体都是由原子、分子、离子或这些粒子集团在三维空间按一定规则排列而成。这种对称的、有规则的排列称为晶体的点阵或晶体格子,简称晶格。由于晶体结构的周期性,可选取某种单元结构,通过平移得到整个晶格。在固体物理中,通常选取最小的重复单元来反映晶格的周期性,称为原胞。原胞中格点仅位于各个顶角。结晶学中常选取原胞的几倍,称为晶胞。晶胞不仅反映晶格的周期性,也反映晶格的对称性,表征晶格的类型。此时格点不仅在顶角,在晶胞内部也有格点。晶胞的各向长度,称为晶格常数。晶体可分为单晶体和多晶体。

在晶体中,晶体的各个部分从上到下、从里到外,所有的原子、分子或离子都是有规则地排列,组成一个空间点阵。这种排列具有周期性、对称性,它们的结晶学方向都是相同的。根据这种周期性和对称性,总可以找到一个最小的结构单元,而它周围的结构,其实就是将它重复排列的结果,最终组成了整个整体,这个结构单元称为晶胞,它能体现晶体的基本性质,它是组成晶体的最小单元。也可以理解为,同一种晶胞在三维空间里不断地重复平移(当然必须是按照这种晶体的原子排列规则进行平移),就组成了晶体,这样的晶体称为单晶体,也可以说,该物体的质点按同一取向排列,由一个晶核生长而成的晶体就是单晶体。单晶体有大有小,小到一个晶胞、一个晶粒,大到几百千克。之所以将它称为单晶体,是因为组成它的物质是相同的,组成它的所有晶胞的晶向是相同的。因此,有的还具有规则的外表面和棱线。

一个物体包含了很多个晶体(晶粒),这些晶体杂乱无章地聚集组合在一起,具有多种晶向,晶体之间的原子排列发生了变异,从而产生了界限,称为晶界。从单独一个晶体看,具有单晶体的性质,但从整个物体看,却没有单晶体的性质,各向异性的特征消失,这个物体虽然是晶体,但不具备周期性和对称性,也不具备同一晶向,这种物体称为多晶体,它是由大量晶结学方向不相同的晶体组成的。

因为多晶体中各个晶粒的取向不同,在外力作用下,某些晶粒的滑移面处于有利的位向,当受到较大的切应力时,位错开始滑移。而相邻晶粒处于不利位向,不能开动滑移系时,则变形晶粒中的位错不能越过晶粒晶界,而是塞积在晶界附近,这个晶粒的变形便受到约束。所以,多晶的变形困难一些,单晶的塑性形变相对容易些,在外力作用下,容易沿着解理面剖开。

非晶体没有上述特征,组成它们的质点的排列是无规则的,至多只观察到一些"短程有序"的排列。这种"短程有序,长程无序"的非晶体称为无定形。一般的硅棒是单晶硅,粗制硅(冶金硅)和利用蒸发及气相沉积制成的硅薄膜可为多晶硅,也可为无定形硅。

## 二、晶体特征

如前所述,将晶格周期性地重复排列就可以得到整个晶体,因而晶体最基本的特征是周期性。另外,晶体的外观和内部的微观结构都具有特定的对称性,用晶胞来表征。在晶体内部,至少微米量级的范围是有序排列的,称为长程序。晶体的长程序解体时对应着一定的熔点,非晶体因为没有长程序,故也没有固定的熔点。

晶体常具有沿某些确定方位的晶面劈裂的性质,这种性质称为晶体的解理性,劈裂的晶面称为解理面。单晶体晶面的交线(称为晶棱)互相平行,这些晶面的组合称为晶带(图 3-1 中的 a-1-c-2 面形成一个带)。这些互相平行的晶棱的共同方向称为该晶带的带轴(图 3-1 中 O′O 表示带轴)。在不同的带轴方向上晶体的物理性质不同,这是晶体的各向异性。

由于生长条件不同,同一品种的晶体,其外形是不一样的,例如,氯化钠晶体的外形可以是立方体或八面体,也可能是立方和八面的混合体。另外,晶体生长时的外界条件同样可以影响晶面的大小和形状,因而它们均不是晶体品种的特征因素。

同一品种的晶体,尽管外界条件使其外形不同,但因内部结构相同,这种共同性就表现为晶面间夹角的守恒。晶面间的夹角就是晶体品种的特征因素。属于同一品种的晶体,两个对应晶面间的夹角恒定不变,这个规律被称为晶面角守恒定律。

## 三、晶向指数

晶格中,通过任意两格点连一直线,则这条直线上包含了无数个相同的格点,此直线称为晶列。通过其他格点可以做一组与此晶列平行且周期相同的晶列,互相平行的这些晶列称为晶列族(图 3-2)。由于每一族中的晶列互相平行,并且完全等同,一族晶列的特点是晶列的取向,称为晶向。晶向用晶向指数$[hkl]$表示。任一晶列的晶向指数按如下方法确定:

(1)建立坐标系,结点为原点,三棱为方向;

(2)通过原点作一与该晶列平行的晶列;

(3)求出通过原点的此晶列任一格点的坐标,将其化为互质整数 $hkl$;

（4）放在方括号中，不加逗号，负号记在上方，就得到晶向指数[$h\,k\,l$]。

同一晶列族有着相同的结点间距和质点分布，其等同晶向用〈$h\,k\,l$〉表示。以立方晶系为例，它的 3 个指数可以任意交换位置，也可以独立改变正负号，表示等同晶向。例如，〈100〉包含[100]、[$\bar{1}$00]、[0$\bar{1}$0]、[010]、[001]、[00$\bar{1}$]。晶响指数的表示方法如图 3-3 所示。

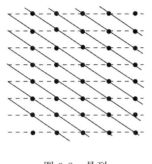

图 3-2　晶列　　　　　　图 3-3　晶向指数的表示方法

## 四、晶面指数

通过晶格的格点可作许多间距相同且互相平行的平面，称为晶面。有同一晶向的所有晶面都相似，属于同一晶面族。一块晶体可以划分出很多族晶面。晶面的方向用密勒指数（$u\,v\,w$）来标记，任一晶面的密勒指数按如下方法确定：

（1）建立坐标系，结点为原点，三棱为方向；

（2）求出晶面在三个坐标上的截距 $a_1$、$a_2$、$a_3$；

（3）计算截距的倒数 $b_1$、$b_2$、$b_3$；

（4）化成最小整数比 $u:v:w$；

（5）放在圆方括号（$u\,v\,w$），不加逗号，负号记在上方。

同一晶面族有着相同的面间距、面密度和质点分布，等同晶面用{$u\,v\,w$}表示。以立方晶系为例，它的 3 个指数可以任意交换位置，也可以独立改变正负号，表示等同晶面。例如，{100}包含（100）、（$\bar{1}$00）、（0$\bar{1}$0）、（010）、（001）、（00$\bar{1}$）。可以证明，简单立方晶格中一个晶面的密勒指数和晶面法线方向的晶向指数是完全等同的。这给确定晶面指数提供了一个简便的途径。晶面指数的表示方法如图 3-4 所示。

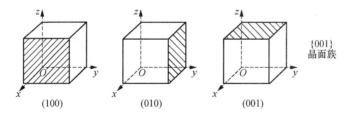

图 3-4　晶面指数的表示方法

## 五、立方晶体

半导体材料中，多数是立方晶体和六角晶体，而以立方晶体最多。下面对立方晶体的特性做一些介绍。

**1. 简单立方晶体**

立方晶系也称等轴晶系,其晶胞的 3 个边长相等(即 $a=b=c$),并且相互正交(即 $\alpha=\beta=\gamma=90°$)。原子位于立方体的顶角上,晶胞其他部分没有原子,这样的晶胞也是最小的重复单元,此时的晶胞即为原胞。其中,简单立方晶体的原子在立方体的顶角上,晶胞的其他部分没有原子。这样的晶胞自然也是最小的重复单元,即为初基。每个原子为 8 个晶胞所共有,它对一个晶胞的贡献只有 1/8,而每个晶胞有 8 个原子在其顶点上,所以这 8 个原子对 1 个晶胞的贡献恰好是 1 个原子,晶胞的体积也就是 1 个原子所占的空间体积。

**2. 面心立方晶体**

除了顶角上有原子外在立方体的 6 个面各有 1 个原子,故称面心立方。同体心立方的体心讨论相同,面心的原子和顶角的原子与周围的情况实际一样。面心立方实际上也是由简单立方套构而成的,如图 3-5 所示。

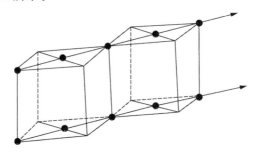

图 3-5 简单立方套构面心立方

面心立方的每个面为相邻的晶胞所共有,于是每个面心立方晶胞只有 1/2 是属于 1 个晶胞的,6 个面心原子只有 3 个是属于这个晶胞,因此每个面心立方具有 4 个原子。

**3. 体心立方晶体**

原子除了位于立方体的顶角上,还有一个原子位于立方体的中心,故称体心。除 8 个顶角都占有原子外,还有 1 个原子在立方体的中心,故称体心立方。显然体心立方的晶胞有 2 个原子,如 Li、Na、K 都是属于体心立方结构。

初看起来,顶角和体心上的原子周围的情况似乎不同。实际上从整个晶格的空间来看,完全可以把晶胞的顶点取在另一个晶胞的体心上。这样体心就变成顶点,顶点也就变成体心。所以在体心和顶角上原子周围的情况是一样的。事实上可以把体心立方看成是由简单立方体套构而成,一个立方晶格的顶点取在另一个相邻立方晶格的对角线的 1/2 处,如图 3-6 所示。

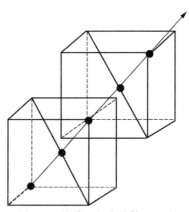

图 3-6 简单立方套构体心立方

### 六、几种典型半导体材料的结构

#### 1. 金刚石结构型材料

Si、Ge 等 Ⅳ 族元素有 4 个未配对的价电子,每个原子只能与周围 4 个原子共价键合,使每个原子的最外层都成为 8 个电子的闭合壳层,因此共价晶体的配位数(即晶体中一个原子最近邻的原子数)只能是 4。方向性是指原子间形成共价键时,电子云的重叠在空间一定方向上具有最高密度,这个方向就是共价键方向。共价键方向是四面体对称的,即共价键是从正四面体中心原子出发指向它的四个顶角原子,共价键之间的夹角为 $109°28'$,这种正四面体称为共价四面体,如图 3-7 所示。

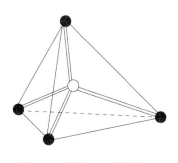

图 3-7  共价四面体结构

图 3-7 中原子间的双线表示共有一对价电子,双线的方向表示共价键方向。共价四面体中如果把原子粗略看成圆球并且最近邻的原子彼此相切,圆球半径就称为共价四面体半径。

单纯依靠图 3-7 那样的一个四面体还不能表示出各个四面体之间的相互关系,为充分展示共价晶体的结构特点,图 3-8(a)画出了由四个共价四面体所组成的一个 Si、Ge 晶体结构的晶胞,统称为金刚石结构晶胞,整个 Si、Ge 晶体就是由这样的晶胞周期性重复排列而成。它是一个正立方体,立方体的八个顶角和六个面心各有一个原子,内部四条空间对角线上距顶角原子 1/4 对角线长度处各有一个原子,金刚石结构晶胞中共有 8 个原子。金刚石结构晶胞也可以看作是两个面心立方沿空间对角线相互平移 1/4 对角线长度套构而成的。

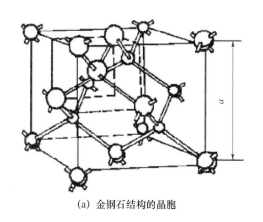

(a) 金钢石结构的晶胞

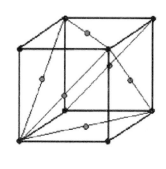

(b) 面心立方

图 3-8

#### 2. 闪锌矿结构(图 3-9)

该类型材料主要是 Ⅲ-Ⅴ 族和 Ⅱ-Ⅵ 族二元化合物半导体,例如 ZnS、ZnSe、GaAs、GaP。

GaAs 晶体中每个 Ga 原子和 As 原子共有一对价电子,形成四个共价键,组成共价四面体。图 3-10 为 GaAs 的晶胞,闪锌矿结构和金刚石结构的不同之处在于套构成晶胞的两个面心立方分别是由两种不同原子组成的。在金刚石结构和闪锌矿结构中,正立方体晶胞的边长称为晶格常数,通常用 $a$ 表示。

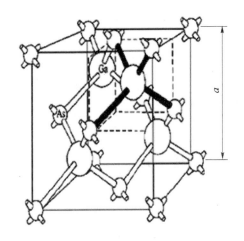

图 3-9  GaAs 的闪锌矿结构

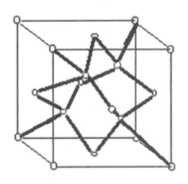

图 3-10  闪锌矿结构的结晶学原胞

### 3. 纤锌矿结构

纤锌矿结构如图 3-11 所示。该类型材料主要是 Ⅱ-Ⅵ 族二元化合物半导体，如 ZnS、ZnSe、CdS、CdSe。

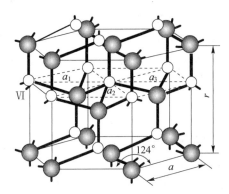

图 3-11  纤锌矿结构

### 4. 氯化钠结构

氯化钠结构如图 3-12 所示。该类型材料主要是 Ⅳ-Ⅵ 族二元化合物半导体，例如，硫化铅、硒化铅、碲化铅等。

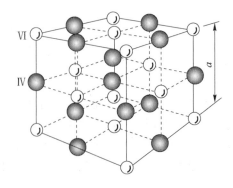

图 3-12  氯化钠结构

# 第二节 晶体缺陷

## 一、缺陷的种类

实际晶体中不是所有原子都严格地按周期性规律排列,因为晶体中存在着一些微小的区域或穿过这些区域时,原子排列的周期性受到破坏。这样的区域便称为晶体缺陷。按照缺陷相对于晶体的大小,可将晶体缺陷分为以下四类。

（1）点缺陷。如果在任何方向上缺陷区的尺寸都远小于晶体或晶粒的线度,因而可以忽略不计,那么这种缺陷就称为点缺陷。例如,溶解于晶体中的杂质原子就是点缺陷。晶体点阵结点上的原子进入点阵间隙中时便同时形成两个点缺陷——空位和间隙原子,等等。

（2）线缺陷。如果在某一方向上缺陷区的尺寸可以与晶体或晶粒的线度相比拟,而在其他方向上的尺寸相对于晶体或晶粒线度可以忽略不计,那么这种缺陷便称为线缺陷或位错。

（3）面缺陷。如果在共面的各方向上缺陷区的尺寸可与晶体或晶粒的线度相比拟,而在穿过该面的任何方向上缺陷区的尺寸都远小于晶体或晶粒的线度,那么这种缺陷便称为面缺陷。

（4）体缺陷。如果在任意方向上缺陷区的尺寸都可以与晶体或晶粒的线度相比拟,那么这种缺陷就是体缺陷。例如,亚结构(嵌镶块)、沉淀相、空洞、气泡、层错四面体等缺陷都是体缺陷。

由上可见,点缺陷、线缺陷、面缺陷和体缺陷可以近似地分别看成是零维、一维、二维、三维缺陷。不论哪种晶体缺陷,其浓度(或缺陷总体积与晶体体积之比)都是十分低的。虽然如此,缺陷对晶体性质的影响却非常大。例如,它影响到晶体的力学性质、物理性质(如电阻率、扩散系数等)、化学性质(如耐蚀性)以及冶金性能(如固态相变)等。

## 二、点缺陷

点缺陷有由本质原子产生的自间隙原子和空位,由杂质原子产生的间隙原子和替位原子。

### 1. 自间隙原子和空位

在晶体中总是有少部分原子会脱离正常的晶格点,而跑到晶格间隙中,成为自间隙原子。这种作用又使得原先的晶格点上没有任何原子占据,成为晶格的空位。这样一对自间隙原子与空位,称为弗兰克(Frankel)缺陷,如图3-13(a)所示。当晶格原子扩散到晶体最外层时,这使晶格中仅残留空位而没有自间隙原子,这种缺陷称为肖特基(Schottky)缺陷,如图3-13(b)所示。这类缺陷在晶体中的浓度,主要与晶体的热历史有关。它们会与其他缺陷相互作用,影响半导体的性质。

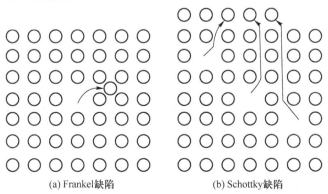

(a) Frankel缺陷        (b) Schottky缺陷

图 3-13 点缺陷

**2. 杂质原子产生的点缺陷**

杂质原子在硅中可能形成间隙原子,也可能形成替位原子。如氧原子,在硅中主要占据间隙位置;特意掺入的 B、Al、Ga、P、As 等杂质,则为替位原子,它们在硅中占据晶格格点位置。原子半径较硅原子半径大的原子使晶格膨胀,而原子半径比硅原子半径小的则使晶格收缩,造成晶格缺陷。

杂质在硅中能容纳的最大数目是特定的。能容纳的最大数目称为杂质在硅中的固溶度,它与杂质的种类及温度有关。杂质元素在晶体中的固溶度还与以下因素有关:原子大小、电化学效应、相对价位效应等。以原子大小而言,杂质原子半径与母体原子半径相差 15% 以上时,固溶度通常相当低。影响固溶度的主要原因,则是电化学与价位效应。如锗在硅中取代硅原子与临近的硅原子能形成很强的键连,所以,硅和锗可以能以任何比率互溶。Ⅲ、Ⅴ族元素,为一般影响电性能的杂质,它们是替位元素,肯定有相当大的固溶度。至于过渡金属(如 Fe、Co、Ni)及ⅠB族元素(如 Cu、Ag、Au),在硅中造成较大的应力与晶格畸变,固溶度就较小,固溶度随温度的变化情况示于图 3-14 可以看到,固浓度随温度的增加而增加,但当温度接近熔点时,固溶度急剧下降。

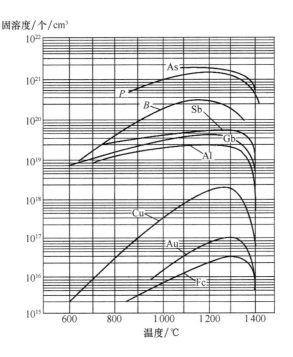

图 3-14　杂质在硅中的固溶度与温度的关系

## 三、线缺陷

当晶体中的晶格缺陷是沿着一条直线对称时,这种缺陷称为位错。当施加外力(如拉应力、压应力或剪应力)于晶体上时,依据外力的大小,晶体会产生弹性或塑性形变,在弹性形变范围内,当外力移去时,晶体会回到原来的状态。当外力超过晶体的弹性强度时,晶体就不会回到原有的状态,产生了塑性形变,导致位错发生。位错为线性缺陷,包括有刃位错、螺旋位错和位错环。

### 1. 刃位错

为了理解刃位错的几何形状,最简便的方法是先考滤它的形成机制。以一个简单的立方结构为例,沿着晶体的平面 ABCD 切开,接着施以剪应力 τ,那么平面 ABCD 上方的晶格会相对于下方的晶格向左滑移一原子间隔距离 b。这样的滑移过程,左半边表面的原子并没有往左滑移,因此平面 ABCD 上方的晶格会被挤出一个额外的半平面 EFGH,也就是说晶体的上半部比下半部多出一个平面的原子,如图 3-15 所示。而这种形式的晶格缺陷即为刃位错。

为了更好地了解晶体缺陷,下面介绍几个概念。

(1) 位错线。沿着终止于晶体中的额外半平面的边缘的直线为位错线,如图 3-15 中的 EH。

(2) 滑移面。这是由于位错线与滑移向量所定义的平面,假如位错的运动是沿着滑移向量的方向,称这种运动为滑移,如图 3-15 所示的 ABCD 面,即为滑移面。

(3) 符号。刃位错的符号一般以"⊥"表示。当符号朝上,原子额外的半平面位于滑移面的上方,这种刃位错称为负刃位错。当符号朝下,原子额外的半平面位于滑移面的下方,这种刃位错称为负刃位错。

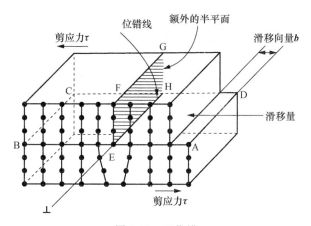

图 3-15　刃位错

(4) 滑移向量。滑移向量一般称为布格向量,这个向量的符号以 **b** 表示,这个向量可以表示位错的方向与滑移的大小。

(5) 滑移系统。在施加剪应力的情况下,位错在其本身的滑移面上是很容易滑移的,图 3-16 显示一刃位错的滑移过程。所谓滑移系统包含了滑移方向及滑移面。在晶体中优先的滑移方向具有最短的晶格向量,也就是说,滑移方向几乎完全由晶格结构所决定。最容易滑移的平面,通常为原子最密堆积的平面,对金刚石结构而言,滑移系统为{111}⟨110⟩。

(6) 爬升。前面提过位错沿着布格向量的运动称为滑移。而位错垂直于布格向量的运动则称为爬升。如图 3-17 所示不难理解到位错线垂直于滑移向量的运动,会引起额外半平面变小或变大。图 3-17 显示额外半平面变小的例子,晶格空位移到额外半平面原子的底部,使得位错线往上移动一个晶格向量的距离。当位错的运动需要借助原子及晶格空位运动时,称为非守衡运动,所以爬升是一种非守恒运动,而滑移是一种守恒运动。当爬升引起额外半平面尺寸减小时称为正爬升;当爬升引起额外半平面变大时称为负爬升。正爬升导致晶格空位消失,负爬升则致使晶格空位产生。由于爬升需借助晶格空位的运动,所以比滑移需要更多的能量,也就是说,爬升需要在高温或应力下产生,通常压应力导致正爬升的发生,而拉应力引起负爬升的发生。

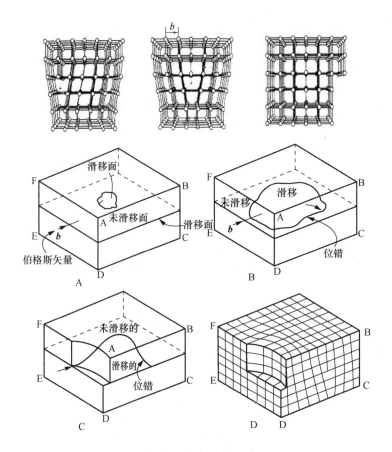

图 3-16　刃位错的滑移

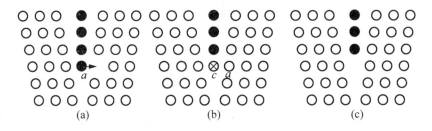

图 3-17　刃位错的爬升

**2. 螺旋位错**

位错的第二种基本形态，称为螺旋位错。假设施加剪应力在一简单立方晶体上，如图 3-18(a)所示。这种剪应力将引起晶格平面被撕裂，就如同一张纸被撕裂成一半，如图 3-18(b)所示。图中上半部的晶格相对于下半部的晶格在滑移平面上移动了固定的滑移向量，形成位错。从图 3-19 中不难了解为什么这种位错形态称为螺旋位错。螺旋位错线是位于晶格偏移部分的边界，而平行于滑移向量。图 3-19(a)显示一个具有螺旋位错的圆柱体，图中垂直于轴方向的平面在撕裂而移动距离 b 之后，就形成如螺纹的形状，所以称为螺旋位错。图 3-19(b)显示一俯视正向螺旋位错线时，布格向量 **b** 指向正方向，这样的位错定义为正螺旋位错，若布格向量 **b** 指向负方向，则为负螺旋位错。

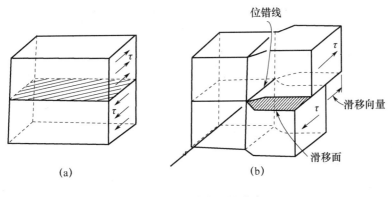

图 3-18　螺旋位错的形成

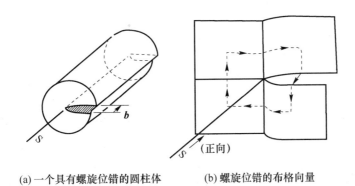

(a)一个具有螺旋位错的圆柱体　(b)螺旋位错的布格向量

图 3-19　螺旋位错

### 3. 位错环

因为位错线不会终止在晶体中,它们只可能终止在自由物体表面或晶界处或形成一封闭回路——位错环。图 3-20 显示一圆形位错环及其滑移面,这种位错线上除了平行于布格向量 $b$ 的两点(S 点)为螺旋位错,垂直于 $b$ 的两点(E 点)为刃位错之外,其余各点为一种混合工位错。所谓混合式位错是含有部分刃位错及部分螺旋位错向量的位错,也就是说布格向量 $b$ 与位错线成任意角度。

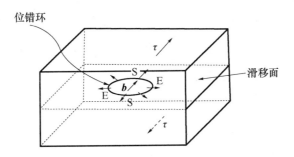

图 3-20　位错环的几何结构

在实际晶体中可能存在很多的本质点缺陷,这些点缺陷可能聚集在一起形成圆盘状。一圆盘直径足够大时,圆盘面的部分可能结合形成位错环。若位错环是由晶格空位形成的,则称为本质位错环,如图 3-21 所示。若位错环是由间隙原子聚集形成的,则称为外质位错环,如图 3-22 所示。

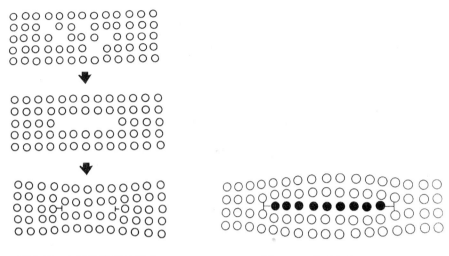

图 3-21　本质位错环的形成　　　　　　图 3-22　外质位错环的形成

### 四、面缺陷

面缺陷包括层错、双晶缺陷及晶界。其中,层错是晶体的另一大范围的缺陷,一般发生在外延工艺过程中,是晶体生长最常见的缺陷之一。

**1. 层错**

为了方便说明,利用面心立方晶格来说明层错的结构。面心立方最密堆积面为{111},以 A、B、C 代表不同的层,晶体的正常排列为 ABCABC⋯⋯在外应力的作用下,其中一层如 C 层原子移到了 A 层,这样晶格的结构就变成了 ABCABABC⋯⋯这就产生了层错。这种层错是整个面的错位,而另一种层错是局部错排,称为部分层错,如图 3-23 所示。若原子的堆积层按 ABCABC⋯⋯排列,而在中心部分插入了一 A 层原子,这种层错称为外质层错,如图 3-23(a)所示。若在中心部分少了一 C 层原子,这种层错称为内质层错,如图 3-23(b)所示。

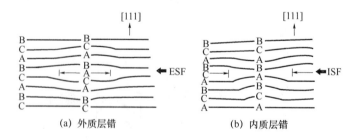

图 3-23　层错

**2. 双晶缺陷**

当部分晶格在特定方向产生塑性形变,而且形变区原子与未变形区原子在交界处仍是紧密接触时,这种缺陷称为双晶缺陷。图 3-24 显示双晶缺陷的二维结构,空心圆圈代表发生形变前的原子,实心圆代表发生形变后的原子,图形中也显示原子如何借剪应力,平行于双晶界面,移到了双晶的位置。

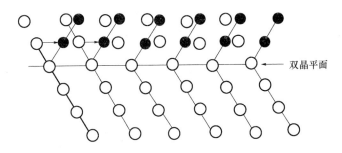

图 3-24 双晶缺陷的二维结构

（空心圆为形变前原子，实心为形变后原子）

### 3. 晶界

晶界是两个或多个不同结晶方向的单晶交界处，晶界可以是弯曲的，但在热平衡下，为了减少晶界面的能量，它通常是平面状的。图 3-25 显示一小角度晶界，它含有许多刃位错。这些刃位错可能是出现在晶体生长的某阶段中，刃位错借着滑移及爬升，而形成小角度晶界。当晶界的倾斜较大时（大于 10°或 15°），位错结构便失去其物理意义，单晶也就变成了多晶。

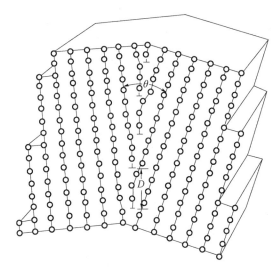

图 3-25 在小角度晶界内的刃位错

## 五、体缺陷

晶体中的体缺陷有空隙及不纯物聚合缺陷等。

### 1. 空隙

硅晶体中空隙的形成，主要是过饱和的晶格空位聚集在一起形成的，它的大小在 1 μm 以下。在硅晶体中也可能存在大于 100 μm 甚至于 1 000 μm 的空隙，这种较大的空隙可能是晶体生长过程中产生的气泡。空隙的发生与晶体生长速率、熔液的黏滞性及晶体的转速等因素有关。由于硅晶体的优先生长习性是以一个 [111] 面为边界面的八面体，所以由过饱和的晶格空位所形成的空隙就是一个八面体。

### 2. 析出物

当不纯物的浓度超过特定温度的溶解度时,不纯物即可能以硅化合物的形态析出。析出物发生的步骤包括成核、成长。成核发布借助其他缺陷(如点缺陷、位错等)而产生的称为异质成核,而成核是随机性均匀发生的称为同质成核。由于异质成核所需要的能量较低,所以,异质核较常见。在成核后析出物会由小渐渐增大,事实上析出物有一临界值大小。只有大于临界值的析出物才会稳定成长变大,小于临界值的析出物可能会逐渐消失。析出物的析出速率与温度、不纯物的浓度、不纯物的扩散系数有关。

## 第三节  硅晶体结构

### 一、硅中的化学键

硅晶体为典型的共价键结合。共价键结合有两个特点:饱和性和方向性。饱和性就是遵循泡利不相容原理,在每一个轨道上只能容纳两个自旋方向相反的电子,硅的最外层 $3S^2 3P^2$ 电子按饱和性特点,两个 S 电子已经配对,不能与其他原子的电子配对形成共价键,只有两个 P 电子才能与其他原子的电子配对形成共价键,硅的化合价应为 2 价(见图 3-28)。但事实上硅的化合价为 4 价,这可通过电子轨道杂化得到解释。根据杂化轨道理论,3S 轨道上的两个电子受到激迁可以跃迁到 3P 轨道上,形成 4 个新的 $SP^3$ 杂化轨道,1 个 $SP^3$ 杂化轨道中包含 1/4S 和 3/4P 成分即 $3S^1 3P^3$,如图 3-27 所示。硅原子轨道杂化以后,在 $SP^3$ 轨道上有 4 个未成对的价电子,这 4 个价电子分别与最邻近原子中的 1 个价电子配成自旋相反的电子对,形成 4 个共价键。对于方向性,轨道杂化后,每个电子都含有 1/4 的 S 成分和 3/4 的 P 成分,它们的性质是等同的,在结合 4 个硅原子分别处在正四面体的四个顶角上,它们之间的夹角为 $109°28'$,即每个原子周围都有 4 个最邻近的原子,组成一个正四面体结构。

图 3-26  轨道杂化前          图 3-27  轨道杂化后

硅晶体的半导体性质来源于它的共价键,如图 3-28 所示,它所有的价电子都束缚在共价键上,没有自由电子,不导电。只有受到激发后,部分价电子脱离共价键成为自由电子,才具有导电性能。激发脱离共价键束缚的电子越多,导电性越强。这就是半导体导电的特性。

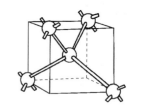

图 3-28  硅晶体中的化学键

### 二、硅的晶体结构

在晶体的同一族晶面中,相邻两晶面间的距离称为面间距。在晶面中单位面积中的原子数称为面密度。单位面积中的化学键数称为键密度。键密度越大,结合力越强。由于晶体中原子密度是一定的,所以面间距大的晶面,面密度就大。表 3-1 列出了硅晶体中几个主要晶面的面间距、面密度和键密度。

**表 3-1　硅晶体中几个主要晶面的面间距、面密度和键密度**

| 晶面 | (100) | (110) | (111) | |
|------|-------|-------|-------|---|
| 面间距（$\overset{\circ}{A}$） | $\frac{1}{4}a=1.36$ | $\frac{\sqrt{2}}{4}a=1.92$ | 大 $\frac{\sqrt{3}}{4}a=3.35$ 小 $\frac{\sqrt{3}}{12}a=0.78$（整合为 2.06） | |
| 面密度（$a^{-2}$） | 2 | 2.83 | 2.31（整合为 2.89） | |
| 键密度（$a^{-2}$） | 4 | 2.83 | 2.31 | |

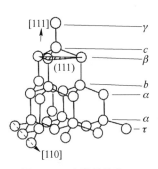

如图 3-29 所示是整个硅晶体结构，在［111］方向，从下向上原子层的排列是 $\gamma a \alpha b \beta c \gamma$，最上层的 $\gamma$ 层原子和最下层的 $\gamma$ 层原子完全重合，显示晶体结构的周期性。

从图 3-29 可看出硅晶体中(111)面是双原子层面。如果硅晶体结构投影到($1\bar{1}0$)面上（见图 3-30），则可以清楚地看出(111)面是具有两个面间距的双层结构。图中虚线是(111)面与($1\bar{1}0$)面的交线，代表(111)面在($1\bar{1}0$)面的露痕。(111)面中两原子面之间的距离为 $\sqrt{3}a/4 \approx 0.235$ nm。(111)面间的距离为 $\sqrt{3}a/12 \approx 0.078$ nm。因此(111)面的面间距有大小间距之分。

图 3-29　硅晶体结构

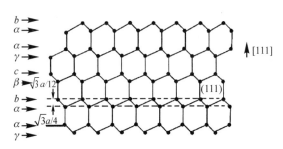

图 3-30　硅晶体结构在($1\bar{1}0$)面上的投影

从表 3-1 可以看到，{111}面间距最大，键密度最小；{100}面间距最小，键密度最大；{110}面居中。因此，硅晶体较容易沿{111}面断裂，其次是{110}面。{111}面和{110}面是硅晶体的解理面。

## 三、硅中的点缺陷

硅中的点缺陷包括空位和自间隙原子以及杂质原子。空位或自间隙原子的凝聚是形成硅晶格中一些缺陷的起源。缺少一个硅原子的晶格位置称为空位，自间隙原子是处在晶体中晶格位置外的任何位置。目前，点缺陷对太阳能电池性能的影响尚需进一步研究。

硅中的空位和自间隙原子是晶体中所固有的，因此通常又被称为本征点缺陷。本征点缺陷是在拉晶过程中在硅的固液界面形成的。硅片的中间区域多是空位富集区，而硅片的边缘区域多为自间隙原子富集区。

热作用使硅原子在晶格格点上振动，当振动能量超过一定值时，硅原子便脱离格点位置，到达晶格格点间隙位置，形成自间隙原子，同时晶格位置便留下一个空位，在这个过程中会产生相等数目的空位和间隙原子，这样成对产生的空位和间隙原子称为弗兰克缺陷。在具有表面的晶体中,硅自间隙原子可以通过热激发运动到硅表面,此时体内仅有空位存在;同理,空位也可以从晶体体内移动到硅表面并附着在表面上,此时体内仅有自间隙原子存在,这种点缺陷称为肖特基缺陷。在空位和自间隙原子扩散过程中,自间隙原子可能会跳入空位中,在这个过程中便产生了空位和自间隙原子的复合。空位通过扩散在晶格中会凝聚形成空位团和其他种类的缺陷,自间隙原子也会凝聚形成位错环、非本征层错等缺陷。由于原子的热运动,在绝对温度零度以外的任何温度,晶体中都会有空位和自间隙原子,因此,空位和自间隙原子又为热点缺陷。

硅中的主要点缺陷是空位还是硅自间隙原子有待进一步研究。研究表明,对于直拉(CZ)硅单晶,随着拉速和固液界面处轴向温度梯度的不同,空位和自间隙原子富集区大小会有所不同。当为高拉速或小的轴向温度梯度时,硅片中空位富集区扩大甚至使自间隙原子富集区消失,全部形成空位富集区;反之,硅片中空位富集区缩小甚至消失,全部形成自间隙原子富集区。

由于能量的原因,晶体中空位和自间隙原子在一定温度下的平衡浓度是一定的。温度越高,点缺陷的平衡浓度越高,当刚从熔炉中生长出来的硅单晶锭被提拉离开熔体并逐渐变冷时,在高温熔炉中形成的点缺陷浓度大多便超过了它们在相对较低温度下的平衡浓度,其中必有部分点缺陷通过其他途径而减少。这样,晶锭中过剩的点缺陷可以通过被位错吸收而减少,同种点缺陷可能凝聚形成扩展缺陷,空位和自间隙原子也可能湮没。

在有限大的晶体中,空位和自间隙原子可以在硅片表面独立产生和湮没,晶体表面对空位和自间隙原子的平衡和非平衡浓度起着很关键的作用。硅中的本征点缺陷的平衡浓度与温度有关。一般认为,晶体中点缺陷浓度是点缺陷的产生、扩散和点缺陷的复合三种效应共同作用的结果。

相对于本征点缺陷而言,硅中的杂质原子称为非本征点缺陷。硅中的杂质通常有两类:一类是在硅片加工和器件加工过程中不可避免地引入的杂质,如 C、O 和某些过渡金属等;另一类是为了控制硅的性质而人为加入的杂质,这一类杂质通常称为掺杂剂,如 P、Sb 等。硅的金刚石结构使得硅晶体中接受间隙位置的杂质原子相对较容易些,例如,硅中的氧和大部分的3d 金属占据的是硅单晶中的间隙位置。当然,间隙位置对杂质原子的大小也具有一定的限制。像这类占据晶格间隙位置的杂质原子称为间隙杂质原子,而位于晶格位置的杂质原子则为替位杂质原子。硅晶格中引入的杂质原子的大小会引起周围晶格的膨胀或收缩,从而对硅晶体中的空位和自间隙原子的平衡浓度产生一定的影响。

此外,硅中一些更微小的缺陷近年来也引起了人们的研究兴趣。如 LSTDs(Laser Scattering Tomography Defects)、FPDs(Flow Pattern Defects)、COPs(Crystal Originated Particles)。

红外散射缺陷(LSTDs)是硅中的原生缺陷,是通过激光扫描仪检测出来的一种光点形式的缺陷。拉制硅单晶时的拉速越慢,LSTDs 密度越低。

流水花样缺陷(FPDs)是在 secco 液(0.15mol/L $K_2Cr_2O_7$:HF=1:2)择优腐蚀后观察到的,观察到的腐蚀痕迹是呈流线状的。大多研究者认为流水花样缺陷是硅晶体中的过饱和空位凝聚而成的空位团。

晶体原生颗粒缺陷(COPs)是硅单晶中的原生缺陷。这种缺陷是用 SC-1($NH_4OH$:$H_2O_2$:$H_2O$=1:1:5)腐蚀后由激光计数器观察到的。COPs 缺陷的密度与晶体的拉速有关,缺陷密度随着拉速的增加而增加,这说明 COPs 缺陷的形成与晶体的生长过程紧密相关。

### 四、硅中的位错

目前,大多教科书中描述的刃位错和螺位错都是对简单的立方晶体结构而言的。硅的晶体结构属于金刚石结构,其位错模型与简单的立方晶体结构模型不同。与立方晶体结构相比,金刚石结构比较复杂,从晶体结构的特点分析,硅晶体中可以有多种位错。位错是太阳能电池用直拉单晶硅中的主要缺陷。

**1. 位错的滑移矢量(柏格斯矢量)和滑移面**

由热力学的原理我们知道,晶体中位错的稳定原子组态应该是能量最低的组态。一般来说,由于单位长度位错线的能量正比于柏格斯矢量长度的平方,位错的柏格斯矢量的最优先的方向应该是原子密度最大的方向,并且其长度等于最邻近原子的间距,而最优先的滑移面应该是原子的密排面(一般来说密排面之间的键合最弱)。在金刚石结构的晶体硅中,⟨110⟩晶向上的原子线密度最大,因此金刚石晶体硅中位错的最常见的柏格斯矢量为 $1/2a$⟨110⟩(其长度为沿晶胞的面对角线方向上的原子间距)。在金刚石结构的晶体中,原子面密度最大、面间键密度最小的面为⟨111⟩双层密排面。因此⟨111⟩面是金刚石结构的晶体中位错滑移最容易产生的滑移面。

**2. 位错线的方向**

硅这样的金刚石结构的晶体中位错线的优先方向为⟨110⟩晶向。这样的位错主要有两种:柏格斯矢量与位错线平行的纯螺型位错,以及柏格斯矢量与位错线方向成 60°角的 60°混合位错。其他可能有的位错有:滑移面也为⟨111⟩晶面、位错线方向为⟨211⟩晶向的 30°、90°的位错(纯刃型位错),滑移面为⟨100⟩晶面、位错线方向为⟨110⟩晶向的 90°位错(纯刃型位错),滑移面为⟨100⟩晶面、位错线方向为⟨100⟩晶向的 45°位错,等等。对于硅中位错的实验观察表明,硅中的位错强烈地趋向于⟨111⟩晶面上的纯螺型或 60°混合型。

**3. 金刚石结构晶体的位错模型**

Hornstra[2] 提出了金刚石结构晶体的位错模型,纯螺型位错的原子组态如图 3-31 所示。图中 a 是位错线,在⟨111⟩面上的⟨110⟩方向,与柏格斯矢量 b 平行。60°混合型位错的原子组态如图 3-32 所示。60°混合型位错虽然也有额外的半原子面,但是其位错线的方向与柏格斯矢量的方向之间成 60°角,区别于纯刃型位错,图 3-33 为纯刃型位错。

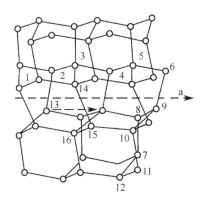

图 3-31　纯螺型位错的原子组态

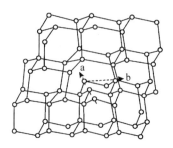

图 3-32　60°混合型位错的原子组态

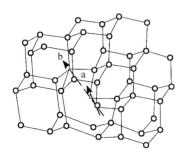

图 3-33　纯刃型位错

### 五、硅材料的掺杂

#### 1. 硅中杂质

对于硅材料而言,所有的非硅元素都是杂质。将富硅石(含量在 99% 以上的硅矿石)进行提炼,除去氧和许多金属杂质,得到含 Si 量为 98% 以上的冶金级多晶硅(工业硅),再用一些物理方法和化学方法进行进一步提纯,使多晶硅纯度达到 6 个“9”,即 99.999 9%～99.999 98%,也就是说在百万个原子中最多只有 1 个是杂质,其他都是硅原子,才能满足太阳能器件的起码要求。如果用作大规模集成电路,还要提纯到 7～9 个“9”以上。通过采用硅烷法制取,可以使多晶硅达到 13 个“9”的超高纯度。

值得说明的是,这里的纯度是根据材料中金属杂质总量来计算的,不包括氧、碳等杂质,多晶中的氧含量一般为 $10^{17}$ 个原子/cm³ 数量级,碳含量为 $10^{16}$ 个原子/cm³ 数量级,尽管金属杂质含量比氧、碳含量低很多个数量级,然而其危害却是致命的,因此,根据材料中金属杂质总量来计算纯度是科学且适用的。

为什么要一再去除多晶硅中的杂质呢? 这是因为有很多金属杂质(重金属、过渡金属),它们会形成多个杂质能级,起到复合中心的作用,导致少子寿命降低;一些非金属杂质,会在制造器件过程中产生沉淀或者和某些金属杂质结合在一起,形成新施主、电学中心等,给器件造成致命伤害。所以,要求多晶硅越纯越好,杂质越少越好。然而由于提纯技术上的难度和对提纯成本的考虑,因此在制取多晶硅时,可以选取不同的工艺条件,获取不同纯度级别的多晶硅产品,以满足不同器件的需要,只要在这个纯度内,少量杂质的存在不会对该器件造成影响,就是被允许的。

不是所有的杂质都有害,有的是有害的,有的是构成材料所需要的,有的具有两面性,要扬长避短地进行利用。当利用多晶硅生成单晶硅时,就会有意地加入需要的杂质,来决定单晶硅的导电类型;还要计算掺入的数量来控制材料的电阻率。在制作器件时,还会有意地引入一些杂质来做 PN 结,或者抑制某些缺陷,改善电学性能等。

在半导体材料硅中,掺入痕量的非晶硅元素、合金或化合物,获得预定的电学特性的过程,就称为掺杂。为了获得预定的导电类型和电阻率而痕量掺入半导体中的物质,称为“掺杂剂”,通常为元素周期表中的Ⅱ、Ⅲ族或Ⅴ、Ⅵ族中的某一种化学元素。

#### 2. 硅中的杂质能级

在实际应用的半导体材料晶格中,总是存在着偏离理想情况的各种复杂现象。首先,原子并不是静止在具有严格周期性的晶格的格点位置上,而是在其平衡位置附近振动;其次,半导体材料并不是纯净的,而是含有若干杂质,即在半导体晶格中存在着与组成半导体材料的元素不同的其他化学元素的原子;最后,实际的半导体晶格结构并不是完整无缺的,而是存在着各种形式的缺陷。这就是说,在半导体的某些区域,晶格中的原子周期性排列被破坏,形成了各种缺陷。一般将形成的缺陷分为三类：① 点缺陷，如空位，间隙原子；② 线缺陷，如位错；③ 面缺陷，如层错，多晶体中的晶粒间界等。

实践表明，极微量的杂质和缺陷，能够对半导体材料的物理性质和化学性质产生决定性的影响。当然，也严重地影响着半导体器件的质量。例如，在硅晶体中，若以 $10^5$ 个硅原子中掺入一个杂质原子的比例掺入硼原子，则纯硅晶体的电导率在室温下将增加 $10^3$ 倍。又如，目前用于产生一般硅平面器件的硅单晶，要求控制位错密度在 $10^3\,cm^{-2}$ 以下，若位错密度过高，则不可能生产出性能良好的器件。

存在于半导体中的杂质和缺陷，为什么会起着这么重要的作用呢？理论分析认为，由于杂质和缺陷的存在，会使严格按周期性排列的原子锁产生的周期性势场受到破坏，有可能在禁带中引入允许电子具有的能量状态（即能级）。正是由于杂质和缺陷能够在禁带中引入能级，才使它们对半导体的性质产生决定性的影响。

关于杂质和缺陷在半导体禁带中产生的能级问题，虽然已经进行了大量的实验研究和理论分析工作，使人们的认识日益完善，但是还没有达到能够用系统的理论进行与实验测量结构完全一致的定量计算。因此，本节将不涉及杂质和缺陷的有关理论，而主要介绍硅（Si）在禁带中引入杂质和缺陷能级的实验观测结果。

**1. 替位式杂质、间隙式杂质**

半导体中的杂质，主要由于制备半导体的原材料纯度不够，半导体单晶制备过程中及器件制造过程中的沾污，或是为了控制半导体的性质而人为地掺入某种化学元素的原子。那么杂质进入半导体以后，主要分布在什么位置呢？下面以硅中的杂质为例来进行说明。硅是化学元素周期表中的第 Ⅳ 族元素，每一个硅原子具有 4 个价电子，硅原子间以共价键的方式结合成晶体。其晶体结构属于金刚石型，其晶胞为一立方体。在一个晶胞中包含有 8 个硅原子占据晶胞空间的百分数如下：

位于立方体某顶角的圆球中心与距离此顶角为 1/4 体对角线长度处的圆球中心间的距离为两球的半径之和 $2r$，它应等于边长为 $a$ 的立方体的对角线长度 $\sqrt{3}a$ 的 1/4，因此，圆球的半径 $r=\sqrt{3}a/8$。8 个圆球的体积除以晶胞的体积为

$$\frac{8\times\frac{4}{3}\pi r^3}{a^3}=\frac{\sqrt{3}\pi}{16}\approx 0.34$$

这一结果说明，在金刚石型晶体中，一个晶胞内的 8 个原子只占有晶胞体积的 34%，还有 66% 是空隙。金刚石型晶体结构中的两种空隙如图 3-34 所示。这些空隙通常称为间隙位置。图 3-34(a) 为四面体间隙位置，它是由图中虚线连接的 4 个原子构成的正四面体中的空隙 $T$；图 3-34(b) 为六角形间隙位置，它是由图中虚线连接的 6 个原子所包围的空间 $H$。

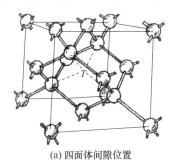
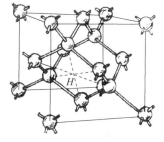

(a) 四面体间隙位置　　　　　　　　　　　(b) 六角形间隙位置

图 3-34　金刚石型晶体结构中的两种间隙位置

由上所述,杂质原子进入半导体硅以后,只可能以两种方式存在:一种方式是杂质原子位于晶格原子间的间隙位置,常称为间隙式杂质;另一种方式是杂质原子取代晶格原子而位于晶格带处,常称为替位式杂质。事实上,杂质进入其他半导体材料中,也是以这两种方式存在的。如图 3-35 所示为硅晶体平面晶格中间隙式杂质和替位式杂质的示意图。图中 A 为间隙式杂质,B 为替位式杂质。

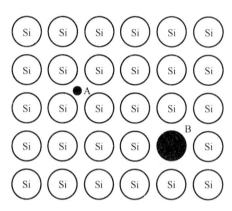

图 3-35　硅中的间隙式杂质和替位式杂质

间隙式杂质原子一般比较小,如离子锂($Li^+$)的半径为 0.068 nm,是很小的,所以离子锂在硅、锗、砷化镓中是间隙式杂质。

一般形成替位式杂质时,要求替位式杂质原子的大小与被取代的晶格原子的大小比较相近,还要求它们的价电子壳层结构比较相近。如硅、锗是Ⅳ族元素,与Ⅲ、Ⅴ族元素的情况比较相近,所以Ⅲ、Ⅴ族元素在硅、锗晶体中都是替位式杂质。

单位体积中的杂质原子数称为杂质浓度,通常用它表示半导体晶体中杂质含量的多少。

**2. 施主杂质,施主能级**

Ⅲ、Ⅴ族元素在硅、锗晶体中是替位式杂质。下面先以硅中掺磷(P)为例,讨论Ⅴ族杂质的作用。如图 3-36 所示,一个磷原子占据了硅原子的位置。磷原子有五个价电子,其中四个价电子与周围的四个硅原子形成共价键,还剩余一个价电子。同时磷原子所在处也多余一个正电荷+q(硅原子去掉价电子有正电荷 4q,磷原子去掉价电子有正电荷 5q),称这个正电荷为正电中心磷离子($P^+$)。所以磷原子替代硅原子后,其效果是形成一个正电中心 $P^+$ 和一个多余的价电子。这个多余的价电子就束缚在正电中心 $P^+$ 的周围。但是,这种束缚作用比共价键的束缚作用弱得多,只需很少的能量就可以使它挣脱束缚,成为导电电子在晶格中自由运动,这时磷原子就成为少了一个价电子的磷离子($P^+$),它是一个不能移动的正电中心。上述电子脱离杂质原子的束缚成为导电电子的过程称为杂质电离。使这个多余的价电子挣脱束缚成为导电电子所需的能量称为杂质电离能,用 $\Delta E_D$ 表示。实验测量表明,Ⅴ族杂质元素在硅、锗中的电离能很小,在硅为0.04~0.05 eV,在锗中约为 0.01 eV,比硅、锗的禁带宽度 $E_g$ 小得多,如表 3-2 所示。

表 3-2　硅、锗晶体中Ⅴ族杂质的电离能(单位:eV)

| 晶　　体 | 杂　　质 | | |
| --- | --- | --- | --- |
| | P | As | Sb |
| Si | 0.044 | 0.049 | 0.039 |
| Ge | 0.012 6 | 0.012 7 | 0.009 6 |

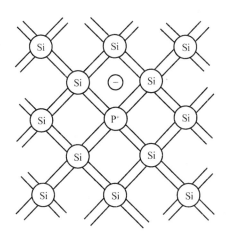

图 3-36 硅中的施主杂质

Ⅴ族杂质在硅、锗中电离时,能够施放电子而产生导电电子并形成正电中心,称它们为施主杂质或 N 型杂质。它释放电子的过程称为施主电离。施主杂质未电离时是中性的,称为束缚态或种形态,电离后成为正电中心,称为离化态。

施主杂质的电离过程,可以用能带图表示,如图 3-37 所示。当电子得到能量 $\Delta E_D$ 后,就从施主的束缚态跃迁到导带成为导电电子,所以电子被束缚时的能量比导带底 $E_c$ 低 $\Delta E_D$。将被施主杂质束缚的电子的能量状态称为施主能级,记为 $E_D$。因为 $\Delta E_D \ll E_g$,所以施主能级位于离导带底很近的禁带中。一般情况下,施主杂质是比较少的,杂质原子间的相互作用可以忽略。因此,某一种杂质的施主能级是一些具有相同能量的孤立能级,在能带图中,施主能级用离导带底 $E_D$ 上画一个小黑点,表示被施主杂质束缚的电子,这时施主杂质处于束缚态。图中的箭头表示被束缚的电子得到能量 $\Delta E_D$ 后,从施主能级跃迁到导带成为导电电子的电离过程。在导带中画的小黑点表示进入导带中的电子,施主能级处画的 $\oplus$ 号表示施主杂质电离以后带正电荷。

在纯净半导体中掺入施主杂质,杂质电离以后,导带中的导电电子增多,增强了半导体的导电能力。通常把主要依靠导带电子导电的半导体称为电子型或 N 型半导体。

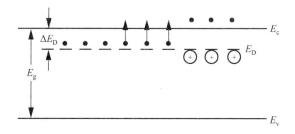

图 3-37 施主能级和施主电离

### 3. 受主杂质,受主能级

现在以硅晶体中掺入硼为例说明Ⅲ族杂质的作用。如图 3-38 所示,一个硼原子占据了硅原子的位置。硼原子有三个价电子,当它和周围的四个硅原子形成共价键时,还缺少一个电子,必须从别处的硅原子中夺取一个价电子,于是在硅晶体的共价键中产生了一个空穴。而硼原子接受一个电子后,成为带负电的硼离子(B⁻),称为负电中心。带负电的硼离子和带正电的空穴间有静电引力作用,所以这个空穴受到硼离子的束缚,在硼离子附近运动。不过,硼离子对这个空穴的束缚是很弱的,只需要很少的能量就可以使空穴挣脱束缚,成为在晶体的共价键中自由运动的导电空穴。而硼原子成为多了一个价电子的硼离子($B^-$),它是一个不能移动的负电中心。因为Ⅲ族杂质在硅、锗中能够接受电子而成为导电空穴,并形成负电中心,所以称它们为受主杂质或 P 型杂质。空穴挣脱受主杂质束缚的过程称为受主电离。受主杂质未电离时是中性的,称为束缚态或中性态。电离后成为负电中心,称为受主离化态。

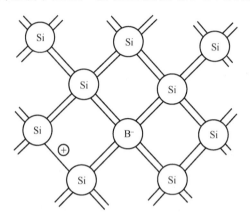

图 3-38  硅中的受主杂质

使空穴挣脱受主杂质束缚成为导电空穴所需要的能量,称为受主杂质的电离能,用 $\Delta E_A$ 表示。实验测量表明,Ⅲ族杂质元素在硅、锗中的电离能很小。在硅中为 $0.045 \sim 0.65$ eV[但铟(In)在硅中的电离能为 $0.16$ eV,是一个例外]。在锗中约为 $0.01$ eV,比硅、锗晶体的禁带宽度小得多。表 3-3 为Ⅲ族杂质在硅、锗中的电离能的测量值。

表 3-3  硅、锗晶体中Ⅲ族杂质的电离能(单位:eV)

| 晶　　体 | 杂　　质 | | | |
|---|---|---|---|---|
| | B | Al | Ga | In |
| Si | 0.045 | 0.057 | 0.065 | 0.16 |
| Ge | 0.01 | 0.01 | 0.011 | 0.011 |

受主杂质的电离过程也可以在能带图中表示出来,如图 3-39 所示。当空穴得到能量 $\Delta E_A$ 后,就从受主的束缚态跃迁到价带成为导电空穴,因为在能带图上表示空穴的能量是越向下越高,所以空穴被受主杂质束缚时的能量比价带顶 $E_v$ 低 $\Delta E_A$。把被受主杂质所束缚的空穴的能量状态称为受主能级,记为 $E_A$。因为 $\Delta E_A \ll E_g$,所以受主能级位于离价带顶很近的禁带中。一般情况下,受主能级也是孤立能级,在能带图中,受主能级用离价带顶 $E_v$ 为 $\Delta E_A$ 处的短线段表示,每一条短线段对应一个受主杂质原子。在受主能级 $E_A$ 上画一个小圆圈,表示进入价带的空穴,受主能级处画的 ⊖ 号表示受主杂质电离以后带负电荷。

当然,受主电离过程实际上是电子的运动,是价带中的电子得到能量 $\Delta E_A$ 后,跃迁到受主能级上,和束缚在受主能级上的空穴复合,并在价带中产生了一个可以自由运动的导电空穴,同时也就形成一个不可移动的受主离子。

纯净半导体中掺入受主杂质后,受主杂质电离使价带中的导电空穴增多,增强了半导体的导电能力,通常把主要依靠空穴导电的半导体称为空穴型或 P 型半导体。

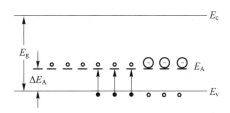

图 3-39 受主能级和受主电离

综上所述，Ⅲ、Ⅴ族元素在硅、锗晶体中分别是受主和施主杂质，它们在禁带中引入能级：受主能级比价带顶高 $\Delta E_A$，施主能级则比导带底低 $\Delta E_D$。这些杂质可以处于两种状态，即未电离的中性态或束缚态以及电离后的离化态。当它们处于离化态时，受主杂质向价带提供空穴而成为负电中心，施主杂质向导带提供电子而成为正电中心。实验表明，硅、锗中的Ⅲ、Ⅴ族杂质的电离能都很小，所以受主能级很接近于价带顶，施主能级很接近于导带底。通常将这些杂质能级称为浅能级，将产生浅能级的杂质称为浅能级杂质。在室温下，晶格原子热振动的能量会传递给电子，可使硅、锗中的Ⅲ、Ⅴ族杂质几乎全部离化。

# 第四章 多晶硅的制备

对于太阳能电池,多晶硅的纯度一般要求在 6N(99.999 9%)以上。到目前为止,都是利用化学提纯技术,将冶金级硅(95%～99%)进一步提纯,得到高纯多晶硅。其中,改良西门子法占全球产量的 80% 以上,以生产棒状多晶硅为主,粒状多晶硅为辅,其主要优点是节能降耗显著,成本低,质量高,具有明显的竞争优势。近年来,围绕太阳能级硅制备的新工艺、新技术及设备等方面的研究非常活跃,并出现了许多研究上的新成果和技术上的突破,相信今后廉价而质优的太阳能级硅制备新工艺将获得产业化大发展。

## 第一节 工业硅的制备

在自然界中,硅主要以氧化物和硅酸盐的形态存在。工业硅通常是指把含硅的矿物(硅石或石英等)在矿热炉内经碳物质(木炭、石油焦、煤等)还原而制得的产物,在我国也称为冶金级硅或金属硅。

### 一、工业硅的制备原理

工业硅生产中,在 1 820 ℃时硅石被还原,反应过程如下:

$$SiO_2 + 2C = Si + 2CO$$

在实际生产中,硅石的还原是比较复杂的。从冷状态下炉内情况出发,实际生产中炉内发生的反应是:炉料入炉后不断下降,受上升炉气的作用,温度在不断升高。上升的 SiO 有下列反应:

$$2SiO = Si + SiO_2$$

这些产物大部分沉积在还原剂的孔隙中,有些溢出炉外。炉料继续下降,当温度升到 1 820 ℃以上时,有下列反应:

$$SiO + 2C = SiC + CO$$
$$SiO + SiC = 2Si + CO$$
$$SiO_2 + C = SiO + CO$$

当温度再升高时,有以下反应:

$$2SiO_2 + SiC = 3SiO + CO$$

在电极下有如下反应:

$$SiO + 2SiC = 3Si + 2CO$$
$$3SiO_2 + 2SiC = Si + 4SiO + 2CO$$

炉料在下降的过程中有如下反应：

$$SiO+CO \Longrightarrow SiO_2+C$$

$$3SiO+CO \Longrightarrow 2SiO_2+SiC$$

在冶炼中,主要反应大部分是在熔池底部料层中完成的,如图 4-1 所示。碳化硅的生成、分解和一氧化硅的凝结又是以料层内各区维持温度分布不变为先决条件。碳化硅的生成很容易,而碳化硅还要求高温、快速反应,否则就会沉积在炉底;由此可知,必须保持中心反应区温度的稳定性。在冶炼操作中,炉料的下沉要合适,如过勤,炉内温度区稳定性差,对冶炼不利。在冶炼中要尽量把一氧化硅留在料层中,因为凝结过程对硅的生产有重要意义。

加入催化剂,可提高反应能力,加速硅的还原。$CaO$、$CaCl_2$、$BaSO_4$ 和 $NaCl$ 对碳和二氧化硅反应有明显的催化作用。钙、钡离子在反应中作用相同,而 $NaCl$ 的催化作用略小一些。在 1 953 K 时加入 1% 的 $CaO$ 和 2% 的 $CaCl_2$ 可提高 $SiC$ 和 $SiO_2$ 的反应速度一倍以上。在 1 893 K 时加入 2% 的 $CaCl_2$ 和在 1 953 K 是加入 3% 的 $CaCl_2$,催化效果最好,再升高温度,效果就不明显了。工业硅熔炼过程中熔炼炉内温度比较高,温度分布与物料结构是否合理,直接关系着生产的正常运行和产品能耗的高低。

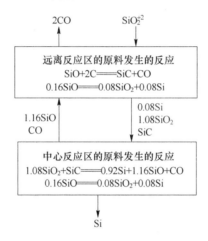

图 4-1 电炉内的各种化学反应

## 二、工业硅的生产工艺

### 1. 工业硅生产流程

目前国内外的工业硅生产,大多是以硅石为原料,碳质原料为还原剂,用电炉进行熔炼。不同规模的工业硅企业生产的机械自动化程度相差很大。大型企业大多采用大容量电炉,原料准备、配料、向炉内加料、电机压放等的机械自动化程度高,并具备独立的烟气净化系统。中小型企业的电炉容量较小,原料准备和配料等过程比较简单,除采用部分破碎筛分机械外,不少过程,如配料、运料和向炉内加料等都是靠手工作业完成。无论大型企业还是中小型企业,生产的工艺过程都可大体分为原料准备、配料、熔炼、出炉铸锭和产品包装等几个部分,如图 4-2 所示为工业硅的生产工艺流程。

工业硅生产过程中一般要做好以下几个方面:① 经常观察炉况,及时调整配料比,保持适宜的 $SiO_2$ 与碳的分子比,适宜的物料粒度和混匀程度,可防止过多的 $SiC$ 生成。② 通过选择合理的炉子结构参数和电气参数,可保证反应区有足够高的温度,分解生成的 $SiC$ 使反应向有利于生成硅的方向进行。③及时捣炉,帮助沉料,可避免炉内过热造成硅的挥发或再氧化生成 SiO,减少炉料损失,提高硅的回收率。④保持料层有良好的透气性,可及时排除反应生成的气体,有利于反应向生成硅的方向进行,同时又可以防止坩埚内的气体在较大压力下从内部冲出,造成热量损失和 SiO 的大量溢出。

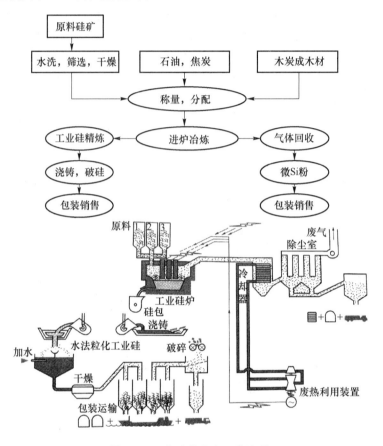

图 4-2　工业硅的生产工艺流程

**2. 影响因素**

工业硅炉的电气工作参数主要是二次电压。在具体选择的时候应考虑:电弧炉功率越大、反应温度越高,其二次电压越高;炉料电阻、电极极心圆直径较小时,二次电阻应低一点;考虑其他特殊要求,需要一系列的电压级供选择。最适宜的工作电压还是由生产实验确定。电流、功率、熔池电阻等电气工作参数也影响其生产。坩埚体积大小与电炉输入功率、电极直径、电极插入深度等都会影响反应区。

# 第二节　高纯多晶硅原料的制备

## 一、三氯氢硅还原法

三氯氢硅还原法最早由西门子公司研究成功,因此又称为西门子法。一般作为多晶硅生产的原始材料是冶金级硅。冶金级硅是由石英石($SiO_2$)加焦炭在高温下还原制成。三氯氢硅还原法以冶金级硅和氯化氢(HCl)为起点,将硅粉和氯化氢(HCl)在 300 ℃和 0.45 MPa 经催化合成反应后生成三氯氢硅还原法的中间原料——三氯氢硅,这个过程称为氯化粗硅。三氯氢硅又称为三氯硅烷或硅氯仿。在化工工业上,它是制取一系列有机硅材料的中间体;在半导体工业上,它是生产多晶硅最重要的原材料之一。闭环生产的晶硅流程如图 4-3 所示。

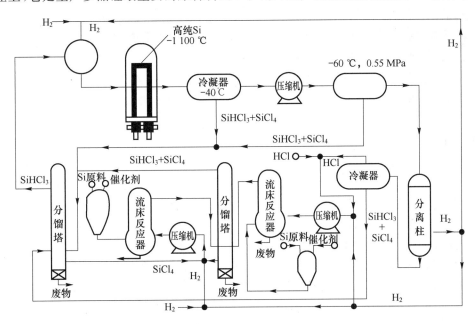

图 4-3 闭环生产多晶硅流程

三氯氢硅是无色透明、在空气中强烈发烟的液体,极易挥发和水解,易溶于有机溶剂,易燃易炸,有刺激性臭味,对人体有毒害。它的一些物理化学性质如表 4-1 所示。

表 4-1 三氯氢硅的一些化学物理性质

| 名称 | 数值 |
|---|---|
| 分子量 | 135.4 |
| 沸点(℃) | 31.5 |
| 液体密度(31.5 ℃),g/cm$^3$ | 1.318 |
| 蒸汽密度(31.5 ℃),g/cm$^3$ | 0.005 5 |
| 熔点(℃) | −128 |
| 黏度(20 ℃),厘泊 | 约 0.29 |
| 蒸发热(31.5 ℃)kcal/mol | 6.36 |
| 生产热在 $\Delta H^0$298 kcal/mol | −105.7 |
| 分解温度(℃) | 约 900 |

为了保证三氯氢硅氢的纯度,需要控制原始材料粗硅的杂质浓度,尤其是硼的含量。

本生产方法可以分为 3 个重要的过程:一是中间化合物三氯氢硅的合成,二是三氯氢硅的提纯,三是用氢还原三氯氢硅获得高纯多晶硅。

1) 三氯氢硅的合成

三氯氢硅($SiHCl_3$)由硅粉与氯化氢(HCl)合成而得,其化学反应为

$$Si + 3HCl \longrightarrow SiHCl_3 + H_2$$

上述反应要加热到所需温度才能进行。又因为是放热反应,反应开始后能自动持续进行。但能量如不能及时导出,温度升高后反而将影响产品收率。影响产品收率的重要因素是反应温度与氯化氢的含水量。此外,硅粉粗细对反应也有影响。

2)三氯氢硅的提纯

三氯氢硅的提纯是硅提纯技术的重要环节。在精馏技术成功地应用于三氯氢硅的提纯后,化学提纯所获得的高纯硅已经可以免除物理提纯(区域提纯)的步骤直接用于拉制硅单晶,符合器件制造的要求。目前工业上都是采用精馏技术提纯三氯氢硅。为达到不同纯度要求,一般使用 5～9 塔连续精馏。完善的精馏技术可将杂质总量降低到 $10^{-10}$～$10^{-7}$ 量级。

3)氢还原三氯氢硅

用氢作为还原剂还原已被提纯到高纯度的三氯氢硅,使高纯硅淀积在 1 100～1 200 ℃ 的热载体上。载体常用细的高纯硅棒(直径 5～10 mm,长度 1.5～2 m),通以大电流使其达到所需温度。生长的多晶硅棒,直径可达到 150～200 mm。其化学反应式为

$$SiHCl_3 + H_2 \longrightarrow Si + 3HCl$$

用于还原的氢必须提纯较高纯度以免污染产品。如氢与三氯氢硅的摩尔比值按理论配比则反应速度慢,硅的收率太低。氢与三氯氢硅的配比在生产上通常选在 20～30 之间。还原时氢通入 $SiHCl_3$ 液体中鼓泡,使其挥发并作为 $SiHCl_3$ 的携带气体。还原时 $SiHCl_3$ 反应仍不完全,因此必须回收尾气中的氢气以减少损失。

经过几十年的应用和发展,西门子法不断完善,先后出现了第一代、第二代和第三代,第三代多晶硅生产工艺即改良西门子法,它在第二代的基础上增加了还原尾气干法回收系统、$SiCl_4$ 回收氢化工艺,实现了完全闭环生产,是西门子法生产高纯多晶硅技术的最新技术,其具体工艺流程如图 4-4 所示。

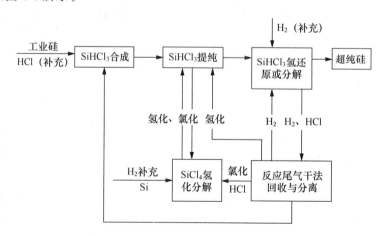

图 4-4　改良西门子法工艺流程

改良西门子法包括 5 个主要环节:即 $SiHCl_3$ 合成、$SiHCl_3$ 精馏提纯、$SiHCl_3$ 的氢还原、尾气的回收和 $SiCl_4$ 的氢化分离。该方法的显著特点是能耗低、成本低、产量高、质量稳定,采用综合利用技术,对环境不产生污染,具有明显的竞争优势。全世界生产多晶硅的工厂共有 10家,使用西门子技术的有 7 家,西门子法硅产量占生产总量的 76.7%。目前德、美、日等国都在研究及开发该技术。改良西门子法主要的生产工序有:

### 1. 氢气制备与净化工序

在电解槽内经电解脱盐水制得氢气。电解制得的氢气经过冷却、分离液体后,进入除氧器,在催化剂的作用下,氢气中的微量氧气与氢气反应生成水而被除去。除氧后的氢气通过一组吸附干燥器而被干燥。净化干燥后的氢气送入氢气储罐,然后送往氯化氢合成、三氯氢硅氢还原、四氯化硅氢化工序。

电解制得的氧气经冷却、分离液体后,送入氧气储罐。出氧气储罐的氧气送去装瓶。气液分离器排放废吸附剂,氢气脱氧器有废脱氧催化剂排放,干燥器有废吸附剂排放,均由供货商回收再利用。

### 2. 氯化氢合成工序

从氢气制备与净化工序来的氢气和从合成气干法分离工序返回的循环氢气分别进入本工序氢气缓冲罐并在罐内混合。出氢气缓冲罐的氢气引入氯化氢合成炉底部的燃烧枪。从液氯汽化工序来的氯气经氯气缓冲罐,也引入氯化氢合成炉底部的燃烧枪。氢气与氯气的混合气体在燃烧枪出口被点燃,经燃烧反应生成氯化氢气体。出合成炉的氯化氢气体流经空气冷却器、水冷却器、深冷却器、雾沫分离器后,被送往三氯氢硅合成工序。

为保证安全,本工序设置一套主要由废气处理塔、碱液循环槽、碱液循环泵和碱液循环冷却器组成的含氯废气处理系统。必要时,氯气缓冲罐及管道内的氯气可以送入废气处理塔内,用氢氧化钠水溶液洗涤除去。该废气处理系统保持连续运转,以保证可以随时接收并处理含氯气体。

### 3. 三氯氢硅合成工序

原料硅粉经吊运,通过硅粉下料斗而被卸入硅粉接收料斗。硅粉从接收料斗放入下方的中间料斗,经用热氯化氢气置换料斗内的气体并升压至与下方料斗压力平衡后,硅粉被放入下方的硅粉供应料斗内。供应料斗内的硅粉用安装于料斗底部的星形供料机送入三氯氢硅合成炉进料管。

从氯化氢合成工序来的氯化氢气,与从循环氯化氢缓冲罐送来的循环氯化氢气混合后,引入三氯氢硅合成炉进料管,将从硅粉供应料斗供入管内的硅粉挟带并输送,从底部进入三氯氢硅合成炉。

在三氯氢硅合成炉内,硅粉与氯化氢气体形成沸腾床并发生反应,生成三氯氢硅,同时生成四氯化硅、二氯二氢硅、金属氯化物、聚氯硅烷、氢气等产物,此混合气体被称作三氯氢硅合成气。反应大量放热,合成炉外壁设置有水夹套,通过夹套内水带走热量维持炉壁的温度。

出合成炉顶部挟带有硅粉的合成气,经三级旋风除尘器组成的干法除尘系统除去部分硅粉后,送入湿法除尘系统,被四氯化硅液体洗涤,气体中的部分细小硅尘被洗下;洗涤的同时,通入湿氢气与气体接触,气体所含部分金属氧化物发生水解而被除去。除去了硅粉而被净化的混合气体送往合成气干法分离工序。

### 4. 合成气干法分离工序

从三氯氢硅氢合成工序来的合成气在此工序被分离成氯硅烷液体、氢气和氯化氢气体,分别循环回装置使用。

三氯氢硅合成气流经混合气缓冲罐,然后进入喷淋洗涤塔,被塔顶流下的低温氯硅烷液体洗涤。气体中的大部分氯硅烷被冷凝并混入洗涤液中。出塔底的氯硅烷用泵增压,大部分经冷冻降温后循环回塔顶用于气体的洗涤,多余部分的氯硅烷送入氯化氢解析塔。

出喷淋洗涤塔塔顶除去了大部分氯硅烷的气体,用混合气压缩机压缩并经冷冻降温后,送入氯化氢吸收塔,被从氯化氢解析塔底部送来的经冷冻降温的氯硅烷液体洗涤,气体中绝大部分的氯化氢被氯硅烷吸收,气体中残留的大部分氯硅烷也被洗涤冷凝下来。出塔顶的气体为含有微量氯化氢和氯硅烷的氢气,经一组变温变压吸附器进一步除去氯化氢和氯硅烷后,得到高纯度的氢气。氢气流经氢气缓冲罐,然后返回氯化氢合成工序参与合成氯化氢的反应。吸附器再生废气含有氢气、氯化氢和氯硅烷,送往废气处理工序进行处理。

出氯化氢吸收塔底溶解有氯化氢气体的氯硅烷经加热后,与从喷淋洗涤塔底来的多余的氯硅烷汇合,然后送入氯化氢解析塔中部,通过减压蒸馏操作,在塔顶得到提纯的氯化氢气体。出塔氯化氢气体流经氯化氢缓冲罐,然后送至设置于三氯氢硅合成工序的循环氯化氢缓冲罐;塔底除去了氯化氢而得到再生的氯硅烷液体,大部分经冷却、冷冻降温后,送回氯化氢吸收塔用作吸收剂,多余的氯硅烷液体(即从三氯氢硅合成气中分离出的氯硅烷)经冷却后送往氯硅烷储存工序的原料氯硅烷储槽。

**5. 氯硅烷分离提纯工序**

在三氯氢硅合成工序生成,经合成气干法分离工序分离出来的氯硅烷液体送入氯硅烷储存工序的原料氯硅烷储槽;在三氯氢硅还原工序生成,经还原尾气干法分离工序分离出来的氯硅烷液体送入氯硅烷储存工序的还原氯硅烷储槽;在四氯化硅氢化工序生成,经氢化气干法分离工序分离出来的氯硅烷液体送入氯硅烷储存工序的氢化氯硅烷储槽。原料氯硅烷液体、还原氯硅烷液体和氢化氯硅烷液体分别用泵抽出,送入氯硅烷分离提纯工序的不同精馏塔中。

**6. 三氯氢硅氢还原工序**

经氯硅烷分离提纯工序精制的三氯氢硅,送入本工序的三氯氢硅汽化器,被热水加热汽化;从还原尾气干法分离工序返回的循环氢气流经氢气缓冲罐后,也通入汽化器内,与三氯氢硅蒸气形成一定比例的混合气体。

从三氯氢硅汽化器来的三氯氢硅与氢气的混合气体送入还原炉内。在还原炉内通电的炽热硅芯/硅棒的表面,三氯氢硅发生氢还原反应,生成硅沉积下来,使硅芯/硅棒的直径逐渐变大,直至达到规定的尺寸。氢还原反应同时生成二氯二氢硅、四氯化硅、氯化氢和氢气,与未反应的三氯氢硅和氢气一起送出还原炉,经还原尾气冷却器用循环冷却水冷却后,直接送往还原尾气干法分离工序。还原炉炉筒夹套通入热水,以移除炉内炽热硅芯向炉筒内壁辐射的热量,维持炉筒内壁的温度。出炉筒夹套的高温热水送往热能回收工序,经废热锅炉生产水蒸气而降温后,循环回本工序各还原炉夹套使用。

还原炉在装好硅芯后,开车前先用水力射流式真空泵抽真空,再用氮气置换炉内空气,再用氢气置换炉内氮气(氮气排空),然后加热运行,因此开车阶段要向环境空气中排放氮气和少量的真空泵用水(可作为清洁下水排放);在停炉开炉阶段(5~7天1次),先用氢气将还原炉内含有氯硅烷、氯化氢、氢气的混合气体压入还原尾气干法回收系统进行回收,然后用氮气置换后排空,取出多晶硅产品,移出废石墨电极,视情况进行炉内超纯水洗涤,因此停炉阶段将产生氮气、废石墨和清洗废水。氮气是无害气体,因此正常情况下还原炉开、停车阶段无有害气体排放。废石墨由原生产厂回收,清洗废水送项目含氯化物酸碱废水处理系统处理。

**7. 还原尾气干法分离工序**

从三氯氢硅氢还原工序来的还原尾气经此工序被分离成氯硅烷液体、氢气和氯化氢气体,分别循环回装置使用。

还原尾气干法分离的原理和流程与三氯氢硅合成气干法分离工序十分类似。从变温变压吸附器出口得到的高纯度的氢气,流经氢气缓冲罐后,大部分返回三氯氢硅氢还原工序参与制取多晶硅的反应,多余的氢气送往四氯化硅氢化工序参与四氯化硅的氢化反应;吸附器再生废气送往废气处理工序进行处理;从氯化氢解析塔顶部得到提纯的氯化氢气体,送往放置于三氯氢硅合成工序的循环氯化氢缓冲罐;从氯化氢解析塔底部引出的多余的氯硅烷液体(即从三氯氢硅氢还原尾气中分离出的氯硅烷),送入氯硅烷储存工序的还原氯硅烷储槽。

#### 8. 四氯化硅氢化工序

经氯硅烷分离提纯工序精制的四氯化硅,送入本工序的四氯化硅汽化器,被热水加热汽化。从氢气制备与净化工序送来的氢气和从还原尾气干法分离工序来的多余氢气在氢气缓冲罐混合后,也通入汽化器内,与四氯化硅蒸气形成一定比例的混合气体。

从四氯化硅汽化器来的四氯化硅与氢气的混合气体,送入氢化炉内。在氢化炉内通电的炽热电极表面附近,发生四氯化硅的氢化反应,生成三氯氢硅,同时生成氯化氢。出氢化炉的含有三氯氢硅、氯化氢和未反应的四氯化硅、氢气的混合气体,送往氢化气干法分离工序。

氢化炉的炉筒夹套通入热水,以移除炉内炽热电极向炉筒内壁辐射的热量,维持炉筒内壁的温度。出炉筒夹套的高温热水送往热能回收工序,经废热锅炉生产水蒸气而降温后,循环回本工序各氢化炉夹套使用。

#### 9. 氢化气干法分离工序

从四氯化硅氢化工序来的氢化气经此工序被分离成氯硅烷液体、氢气和氯化氢气体,分别循环回装置使用。氢化气干法分离的原理和流程与三氯氢硅合成气干法分离工序十分类似。从变温变压吸附器出口得到的高纯度氢气,流经氢气缓冲罐后,返回四氯化硅氢化工序参与四氯化硅的氢化反应;吸附再生的废气送往废气处理工序进行处理;从氯化氢解析塔顶部得到提纯的氯化氢气体,送往放置于三氯氢硅合成工序的循环氯化氢缓冲罐;从氯化氢解析塔底部引出的多余的氯硅烷液体(即从氢化气中分离出的氯硅烷),送入氯硅烷储存工序的氢化氯硅烷储槽。

#### 10. 氯硅烷储存工序

本工序设置以下储槽:100 m³ 氯硅烷储槽、100 m³ 工业级三氯氢硅储槽、100 m³ 工业级四氯化硅储槽、100 m³ 氯硅烷紧急排放槽等。

从合成气干法分离工序、还原尾气干法分离工序、氢化气干法分离工序分离得到的氯硅烷液体,分别送入原料、还原、氢化氯硅烷储槽,然后氯硅烷液体分别作为原料送至氯硅烷分离提纯工序的不同精馏塔。

在氯硅烷分离提纯工序3级精馏塔顶部得到的三氯氢硅、二氯二氢硅的混合液体,在4、5级精馏塔底得到的三氯氢硅液体,以及在6、8、10级精馏塔底得到的三氯氢硅液体,送至工业级三氯氢硅储槽,液体在槽内混合后作为工业级三氯氢硅产品外售。

#### 11. 硅芯制备工序

采用区熔炉拉制与切割并用的技术,加工制备还原炉初始生产时需安装于炉内的导电硅芯。硅芯制备过程中,需要用氢氟酸和硝酸对硅芯进行腐蚀处理,再用超纯水洗净硅芯,然后对硅芯进行干燥。酸腐蚀处理过程中会有氟化氢和氮氧化物气体逸出至空气中,故用风机通过罩于酸腐蚀处理槽上方的风罩抽吸含氟化氢和氮氧化物的空气,然后将该气体送往废气处理装置进行处理,达标排放。

#### 12. 产品整理工序

在还原炉内制得的多晶硅棒被从炉内取下,切断、破碎成块状的多晶硅。用氢氟酸和硝酸对块状多晶硅进行腐蚀处理,再用超纯水洗净多晶硅块,然后对多晶硅块进行干燥。酸腐蚀处理过程中会有氟化氢和氮氧化物气体逸出至空气中,故用风机通过罩于酸腐蚀处理槽上方的风罩抽吸含氟化氢和氮氧化物的空气,然后将该气体送往废气处理装置进行处理,达标排放。经检测达到规定的质量指标的块状多晶硅产品送去包装。

### 13. 废气及残液处理工序

① 含氯化氢工艺废气净化

$SiHCl_3$ 提纯工序排放的废气、还原炉开停车、事故排放废气、氯硅烷及氯化氢储存工序储罐安全泄放气、CDI吸附废气全部用管道送入废气淋洗塔洗涤。

废气经淋洗塔用10％NaOH连续洗涤后,出塔底洗涤液用泵送入工艺废料处理工序,尾气经15 m高度排气筒排放。

② 残液处理

在精馏塔中排出的主要含有四氯化硅和聚氯硅烷化合物的釜地残液以及装置停车放净的氯硅烷残液液体送到本工序加以处理,需要处理的液体被送入残液收集槽,然后用氮气将液体压出,送入残液淋洗塔洗涤。采用10％NaOH碱液进行处置,废液中的氯硅烷与NaOH和水发生反应而被转化成无害的物质(处理原理同含氯化氢、氯硅烷废气处理)。

③ 酸性废气

硅芯制备和产品整理工序产生的酸性废气,经集气罩抽吸至废气处理系统。酸性废气经喷淋塔用10％石灰乳洗涤除去气体中的含氟废气,同时在洗涤液中加入还原剂氨,将绝大部分 $NO_x$ 还原为 $N_2$ 和 $H_2O$。洗涤后气体经除湿后,再通过固体吸附法(以非贵重金属为催化剂)将气体中剩余 $NO_x$ 用SDG吸附剂吸附,然后经20 m高度排气筒排放。

### 14. 废硅粉处理

来自原料硅粉加料除尘器、三氯氢硅合成车间旋风除尘器和合成反应器排放出来的硅粉,通过废渣运料槽运送到废渣漏斗中,进入带搅拌器的酸洗管内,在通过31％的盐酸对废硅粉(尘)脱碱,并溶解废硅中的铝、铁和钙等杂质。洗涤完成后,经压滤机过滤,废渣送干燥机干燥,干燥后的硅粉返回到三氯氢硅合成循环使用,废液汇入废气残液处理系统与废水一并处理。从酸洗罐和滤液罐排放出来的含HCl废气送往废气残液处理系统进行处理。

### 15. 工艺废料处理工序

① Ⅰ类废液处理

来自氯化氢合成工序负荷调整、事故泄放废气处理废液、停炉清洗废水、废气残液处理工序洗涤塔洗涤液和废硅粉处理的含酸废液在此工序进行混合、中和、沉清后,经过压滤机过滤,滤渣(主要为 $SiO_2$)送水泥厂生产水泥。

② Ⅱ类废液处理

来自硅芯制备工序和产品整理工序的废氢氟酸和废硝酸及酸洗废水,用10％石灰乳液中和、沉清后,经过压滤机过滤,滤渣(主要为 $CaF_2$)送水泥厂生产水泥。沉清液和滤液主要为硝酸钙溶液,经蒸发、浓缩后,做副产品外售。蒸发冷凝液回用配置碱液。

## 二、硅烷热分解法

硅烷实际上是甲硅烷的简称。甲硅烷作为提纯中间化合物有其突出的特点:一是甲硅烷易于热分解,在800～900 ℃下分解即可获得高纯多晶硅,还原能耗较低。二是甲硅烷易于提纯,在常温下为气体,可以采用吸附提纯方法有效去除杂质。缺点是热分解时多晶的结晶状态不如其他方法好,而且易于生成无定型物。

**1. 硅烷的制备**

曾被研究的甲硅烷的制备方法有多种,具体如下:

$$LiAlH_4 + SiCl_4 \longrightarrow LiCl + AlCl_3 + SiH_4$$

$$Mg_2Si + 4NH_4Cl \longrightarrow 2MgCl_2 + 4NH_3 + SiH_4$$

$$3SiCl_4 + Si + 2H_2 \longrightarrow 4SiHCl_3$$

$$6SiHCl_3 \longrightarrow 3SiH_2Cl + 3SiCl_4$$

$$SiH_2Cl \longrightarrow 2SiHCl_3 + SiH_4$$

直至 20 世纪 80 年代,美国联合碳化物公司采用某种催化剂使氯硅烷发生歧化反应,最后生成硅烷。其工艺为

$$SiH_4 \longrightarrow Si + 2H_2$$

$$3SiCl_4 + Si + 2H_2 \longrightarrow 4SiHCl_3$$

$$6SiHCl_3 \longrightarrow 3SiH_2Cl_2 + 3SiCl_4$$

$$SiH_2Cl_2 \longrightarrow SiHCl_3 + SiH_4$$

该方法大大降低了硅烷的生产成本,目前已经实现了大规模的生产。

20 世纪末,美国 MEMC Pasadena 公司采用了四氟化硅为原料,与其公司生产的四氢化铝钠反应,反应生产粗硅烷和四氟化铝钠两种物质。其主要工艺如下:

$$Na + Al + 2H_2 \longrightarrow NaAlH_4$$

$$H_2SiF_6 \longrightarrow SiF_4 + 2HF$$

$$SiF_4 + NaAlH_4 \longrightarrow SiH_4 + NaAlF_4$$

反应产生了粗硅烷和四氟化铝钠两种物质。副产物四氟化铝钠是一种合成焊剂,它在铝的回收和其他金属熔炼工业上有多种用途。

**2. 硅烷的提纯**

硅烷法在提纯方面有很多优点,首先有特殊的去硼技术可以采用。由于各种金属杂质不能生成类似的氢化物或者其他挥发性化合物,使在硅烷生成的过程中,粗硅中的杂质先被大量除去。硅烷在常温下为气体,精馏必须在低温或者低温非常压下进行。硅烷气体易于用吸附法提纯。目前很多厂家采用吸附法提纯。浙江大学提供的分子筛吸附法应用于硅烷的提纯过程中,其效果比较好。

**3. 硅烷的热分解**

不需用氢还原,甲硅烷可以热分解为多晶硅是硅烷法的一大优点。化学反应如下:

$$SiH_4 \longrightarrow Si + 2H_2$$

甲硅烷的分解温度低,在 850 ℃时即可获得好的多晶结晶,而且硅的收率达到 90% 以上,但在 500 ℃以上甲硅烷就易于分解为非晶硅。非晶硅易于吸附杂质,已达到高纯度的非晶硅也难以保持其纯度,因此在硅烷热分解时不能允许无定型硅的产生。改进硅烷法多晶质量,可以使用加氢稀释、热分解等技术,甲硅烷分解时多晶硅就沉积在加热到 850 ℃的细硅棒(硅芯)上。但是到目前为止,西门子法依然是高纯多晶硅的主要生产技术,不仅因为硅烷法生产多晶硅的成本要比西门子法高,更重要的是因为硅烷易爆炸,限制了该工艺的应用发展。硅烷法工艺主要流程如图 4-5 所示。

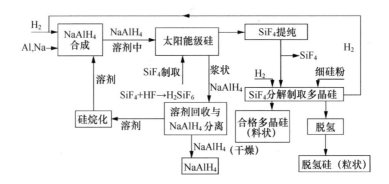

图 4-5　硅烷法工艺主要流程

## 三、流化床法

流化床技术是美国 MEMC Pasadena 公司开发的。目前该公司生产能力为 1 400 吨/年。该公司用硅烷作反应气体，在流化床反应器中硅烷发生分解反应，在预先装入的细硅粒表面生长多晶硅颗粒。硅烷流化床技术具有反应温度低（575～685 ℃）、还原电耗低（$SiH_4$ 热分解能耗降至 10（kW·h）/kg，相当于西门子法的 10%）、沉积效率高（理论上转化率可以达到 100%）、反应副产物（氢气）简单易处理等优点，而且流化床反应器能够连续运行，产量高、维护简单，因此这种技术最有希望降低多晶硅成本。

目前流化床还原技术有基于硅烷和三氯氢硅的两个技术平台。在这两个平台中，氢化和还原是核心。图 4-6 所示的硅烷流化床技术路线包括氢化、歧化和流化床还原。

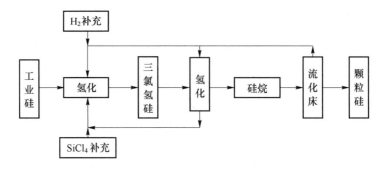

图 4-6　硅烷流化床颗粒多晶硅技术平台

图 4-7 给出了直接以三氯氢硅为原料的流化床颗粒硅技术，相对于图 4-5 的工艺，三氯氢硅歧化的工艺部分被省去了，这样前段制气工艺被简化了，但还原工序的难度有所增加，另外，能耗和尾气处理的难度都增加了，但是比较西门子法整体上还是有极强的优越性。

流化床技术产品为粒状多晶硅，可以在直拉单晶炉采用连续加料系统，降低单晶硅成本，提高产量。根据 MEMC 公司统计，使用粒状多晶硅，同时启动再加料系统，单晶硅制造成本降低 40%，产量增加 25%。因此业界普遍看好流化床技术，被认为是最有希望大幅度降低多晶硅以及单晶硅成本的新技术，目前包括美国 REC、德国 WACKER 等传统多晶硅大厂都在开发这项技术。

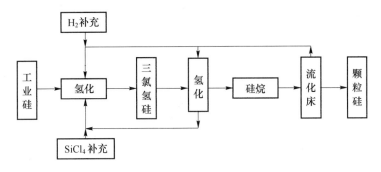

图 4-7　三氯氢硅流化床颗粒多晶硅技术平台

## 四、太阳能级多晶硅制备新工艺及技术

### 1. 冶金法

1996 年,日本川崎制铁公司最先开发了冶金法制备太阳能级硅的方法。该方法采用了电子束和等离子冶金技术并结合了定向凝固方法,是世界上最早宣布成功生产出太阳能级硅的冶金法(metallurgical method)。本方法以冶金级硅为原料,分两个阶段进行处理。第一阶段采用真空蒸馏及定向凝固法去除磷,同时初步除去金属杂质。在第二个阶段,在等离子体熔炼炉中,采用氧化气氛去除硼和碳,并结合定向凝固法对原料中的金属杂质进一步去除。通过两个阶段的处理,得到的产品基本达到了太阳能级硅的要求。挪威 Elkem 公司、美国道康宁公司(Dow Corning)先后对冶金法进行了改进和进一步研究,道康宁公司于 2006 年建成了利用冶金级硅制备太阳能级硅 1 000 吨的生产线,其生产成本降低到了改良的西门子法的 2/3,并且在同一年制备出了具有商业价值的太阳能级多晶硅材料。

冶金法是专门针对太阳能级多晶硅而产生的一种金属硅提纯方法,该方法生产多晶硅的电耗只有改良西门子法的 1/3,水耗只有 1/10,投资也只有改良西门子法的 1/3 左右,多晶硅的生产成本有望低于 70 美元/千克。很多专家都认为冶金法是最有可能取得大的技术突破并产业化生产出低成本的太阳能级硅材料的技术。

### 2. 以 $SiCl_4$ 为原料,用金属还原制备硅

如用 Na 蒸气和 $SiCl_4$ 气体在 H＋Ar 的等离子体中还原,选择合适的温度,使 NaCl 气化与液态硅分离,副产品 NaCl 再经电解得到 Na 和 Cl,后者用来重复产生 $SiCl_4$。

类似地,用 Zn 蒸气还原 $SiCl_4$ 生成 Si 和 $ZnCl_2$,既可以用西门子式反应器也可以用流床反应器。

### 3. 利用碳热还原二氧化硅

西门子公司先进的碳热还原工艺为:将高纯石英砂制团后用压块的炭黑在电弧炉中进行还原。炭黑首先用热 HCl 浸出过,使其纯度和氧化硅相当,因而其杂质含量得到了大幅度的降低。目前存在的主要问题还是碳的纯度得不到保障,炭黑的来源比较困难。碳热还原方法如果能采用较高纯度的木炭、焦煤和 $SiO_2$ 作为还原材料,那将非常有发展前景。碳热还原方法的重点研究方向包括:优化碳热过程、多晶硅提纯技术和中间复合物的研究。

荷兰能源研究中心(ERCN)正在开发硅石碳热还原工艺的研究,使用高纯炭黑和高纯天然石英粉末做原材料,使原材料的 B、P 杂质含量降到了 $1 \times 10^{-6}$ 级以下。但此工艺目前还处于实验阶段。

**4. 利用铝—硅熔体低温凝固精炼制备太阳能级硅**

日本东京大学 K. Morita 教授提出了利用 Al-Si 熔体降低精炼温度,采用低温凝固法制备太阳能级硅材料,目前已经取得了阶段性研究结果,如表 4-2 所示,并提出了采用该方法制备太阳能级硅的原则流程。

表 4-2　日本东京大学低温凝固法制备太阳能级硅研究结果

| 冶金级硅、铝—硅熔体精炼以及太阳能电池硅中杂质含量($\times 10^{-6}$) | | | |
| --- | --- | --- | --- |
| 元　素 | 冶金级硅 | 铝—硅熔体精炼硅 | 太阳能电池硅 |
| Fe | 3 000 | 30 | 0.003 |
| Ti | 200 | 4 | 0.000 04 |
| Al | 1 500 | 500 | 1 |
| P | 30 | 1 | 0.1 |
| B | 30 | 1 | 1 |

# 第三节　铸造多晶硅的制备

## 一、多晶硅锭的铸造技术

多晶硅锭铸造技术是降低电池成本的主要途径之一,该技术可直接用纯度较低的硅作为原料,经过加热熔化、成形及冷却得到多晶硅锭。与单晶硅拉制过程相比,多晶硅锭铸造技术具有以下优点:① 省去了昂贵的单晶拉制过程,节能;② 可直接得到方锭,与拉制单晶圆棒相比,在切割制备硅片的过程中比较省料,提高了硅料的利用率,且方形较圆形易于提高电池模块的包装密度。经过多年的研究,目前多晶硅锭的铸造技术主要有:铸锭浇注法(ingot casting)、定向凝固法及电磁感应加热连续铸造(EMCP)等。

### 1. 铸锭浇注法

铸锭浇注法于 1975 年由 Wacker 公司首创,其过程是将硅料置于熔炼坩埚中加热熔化,而后利用翻转机械将其注入预先准备好的模具内进行结晶凝固,从而得到等轴多晶硅,基本原理如图 4-8 所示。近年来,为了提高多晶硅电池的转换效率,也有人对此传统工艺加以改进,通过对模具中熔体凝固过程温度加以控制,形成一定的温度梯度和定向散热的条件,获得定向柱状晶组织。

由于浇注法用的坩埚、模具材料多为石墨、石英等,所以用该法制备的多晶硅中氧、碳等杂质元素含量较高。同时,硅熔体在高温时与石墨发生反应,加之硅凝固过程中的体膨胀作用,易造成硅锭与石墨模具的粘连,冷却后难以脱模。

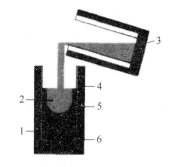

图 4-8　铸锭浇注法生产原理示意图
1—固态;2—液态;3—熔炼坩埚;
4—涂层;5—凝固界面;6—模具

为了避免以上缺陷,研究者经过多年的研究实践,在坩埚、模具的内工作表面上涂上一层膜,以防止坩埚、模具等对硅的污染及起到一定的润滑脱模作用。多年来通过对各种涂膜材料性能及所制得硅锭品质的对比研究后,目前主要采用 $Si_3N_4$、$SiC/Si_3N_4$、$SiO/SiN$、BN 等。除此之外,大面积化,即增加坩埚或模具的体积表面比,从而减小熔体与坩埚或模具的接触面积,也有利于杂质的降低。为提高多晶硅锭品质从而提高电池效率,近年来对该法硅料熔炼过程也进行了研究,采用了一些新的熔炼技术,如利用真空除杂作用及感应熔炼过程中电磁力对熔体的搅拌及促使熔体与坩埚的软接触或无接触作用,采用真空条件下的电磁感应熔炼或冷坩埚感应熔炼来对原料硅进行加热熔化等。

浇注法工艺成熟、设备简单、易于操作控制,且能实现半连续化生产,其熔化、结晶、冷却都分别位于不同的地方,有利于生产效率的提高和能耗的降低;然而,其熔炼与结晶成形在不同的坩埚中进行,容易造成熔体二次污染,同时受熔炼坩埚及翻转机械的限制,炉产量较小,且所生产多晶硅通常为等轴状,由于晶界、亚晶界的不利影响,电池转换效率较低。

**2. 定向凝固法**

定向凝固法通常指的是在同一个坩埚中熔炼,而后通过控制熔体热流方向,以使坩埚中熔体达到一定的温度梯度,从而进行定向凝固得到柱状晶的过程。对于熔体热流方向的控制,目前采用的方法较多,主要有:以一定的速度向上移动坩埚侧壁,向下移动坩埚底板,在坩埚底板上通水强制冷却或是感应熔炼时将坩埚连同熔体一起以一定的速度向下移出感应区域,从下向上陆续降低感应线圈功率,等等。实际应用的定向凝固基本方法主要有:热交换法(HEM)、布里曼法(Bridgman)等,其基本原理如图4-9所示。

热交换法基本原理是在坩埚底板上通以冷却水或气进行强制冷却,从而使熔体自上向下定向散热;而布里曼法则是将坩埚以一定的速度移出热源区域,从而建立起定向凝固的条件。实际生产应用中,通常都是将两者综合起来,从而得到更好的定向效果。与铸锭浇注法相比,定向凝固法具有以下一些优点:① 在同一个坩埚中进行熔炼与凝固成形,避免了熔体的二次污染;② 通过定向凝固得到的是柱状晶,减轻了晶界的不利影响;③ 由于定向凝固过程中的杂质分凝效应,对硅中平衡分凝系数远小于或大于 1 的杂质有一定的提纯作用。因此,定向凝固法所得硅锭制备的电池转换效率较高。目前,市场上 50% 以上的多晶硅均是由该法所生产。但其能耗大、生产效率低(最高仅 2~3 cm/h)、非连续性操作、产能较小、坩埚耗费大,其硅锭制备成本较高。

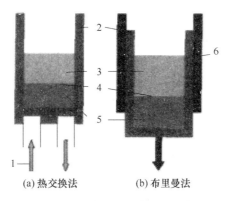

图 4-9 定向凝固法基本原理示意图

1—冷却水或气;2—坩埚;3—液态;4—固/液界面;5—固态;6—热源

**3. 电磁感应加热连续铸造( EMCP)**

多晶硅电磁感应加热连续铸造技术于 1985 年由 Ciszek 首先提出,而后在日本得到深入研究,并将其成功应用到工业生产中;法国的 Francis Durand 等人在与 Photo2watt 公司的合作下,也于 1989 年将此方法应用到太阳能电池的多晶硅的生产制备中。近年来,由于其表现出的各方面的优点,国外科研机构对此进行了研究。电磁感应加热连续铸造法的最大特点是：它综合了冷坩埚感应熔炼与连续铸造原理,集两者优点于一体,其基本原理如图 4-10 所示。

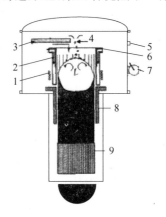

图 4-10　电磁感应加热连续铸造( EMCP) 原理图
1—线圈;2—坩埚;3—石墨感应器;4—颗粒硅;5—氩气;6—水;
7—真空泵;8—绝热套;9—石墨底托

电磁感应加热连续铸造过程中,颗粒硅料经加料器以一定的速度连续进入坩埚熔体中,通过熔体预热及线圈感应加热熔化,随下部硅锭一起向下抽拉凝固,从而实现过程的连续操作。由于硅在低温下电阻不满足感应加热的条件,所以起初坩埚底部加以石墨底托进行预热启熔。

与以上两种方法相比,电磁感应加热连续铸造具有以下一些优点：① 感应熔炼过程中,熔体与坩埚无接触或软接触,有效避免了坩埚对熔体的污染,经研究发现,所得锭中各杂质含量基本与原料相同,氧含量有所降低,铜略高;② 冷坩埚寿命长,可以重复利用,有利于硅锭制造成本的降低;③ 由于电磁力的搅拌作用及连续铸造,铸锭性能稳定、均匀,避免了常规浇注法过程中因杂质分凝导致的铸锭头尾质量较差、需切除的现象,有利于材料利用率的提高;④ 连续铸造有利于生产效率的提高,据报道已达 30 kg/h 左右。

与此同时,也具有特有的一些缺陷：① 所得多晶硅锭晶粒较小,外围贴壁晶粒尺寸小于 1 mm,中间部分稍大,但也仅 1~2 mm;② 所得多晶硅晶内缺陷较多。

由于其所制备的多晶硅所含杂质较少,而晶内缺陷却较多,因而对电池转换效率影响最大的不是高的杂质含量,而是晶内缺陷。而晶内缺陷有一定的内除杂作用(即杂质大多集中于缺陷附近),所以,常规的外除杂已无多大意义,为此,人们又研究开发了钝化技术,以用来提高电池性能。

## 二、多晶硅铸锭原料

### 1. 原生太阳能级多晶硅

原生多晶硅是指直接由工业级金属硅经过提纯达到 6N 以上纯度的高纯多晶硅,可直接用于铸锭。目前主要的提纯方法为改良西门子法,全球用西门子法生产的多晶硅约占总产量的 77%,使用此法的知名公司有美国的 Hemlok、德国的 Waker 以及日本的几家公司。而用硅烷热分解法生产多晶硅的只有 REC 的 Asimi 公司和 MEMC 公司的 Pasadena 工厂,前者是生产棒状多晶硅,后者是生产粒状多晶硅,它们的产量占全球总量的 23% 左右。

### 2. 多晶硅锭边角料

铸锭得到的多晶硅锭并不能全部用于硅片的制备。在铸锭过程中,杂质会富集在硅锭的四边及头尾,因此这部分硅料是要去除而不进入后续的切片工序。目前行业中硅锭平均利用率为 70%左右,而约有 30%的硅料被废弃。为降低成本,这部分硅料也被回收利用,重新作为多晶硅铸锭的主要原材料之一。

铸锭边角料的主要杂质为:① 铸锭过程中硅料中的碳与硅反应生成的碳化硅杂质,此类杂质一般集中在边角料的外表面;② 与硅锭接触的坩埚涂层氮化硅,一般也集中在边角料的外表面;③ 定向凝固后富集的金属杂质;④ 铸锭过程中引入的施主杂质。一般根据杂质多少进行分类,杂质较少的经过简单表面处理即可重新铸锭,而杂质较多的边角料一般需通过一系列的物理化学方法除杂提纯后才可重新使用。主要的除杂技术有表面喷砂打磨、酸腐蚀、碱腐蚀、高温电子束除杂等。

### 3. 线切割碎硅片

在多线切割制备硅片的过程中,有 40%左右的硅料成为锯末进入切割浆料中,目前还没有很有效的办法回收利用这部分硅料。另外,在切割过程中会有一部分硅片由于各种原因破碎,根据切割水平的不同,此种碎片约占整批硅片的 2%~5%,产量也较大。因此回收利用此类碎片也是降低成本的有效途径。

切割碎片本身纯度与太阳能电池硅片并无区别,但由于切割过程中一些杂质混入碎片中,而碎片体积又较小,因此要分离干净还是有一定难度的。主要杂质有固定线网用的 PVC 胶条、断钢线以及被切碎的玻璃片(用于粘接硅块)。目前效率较高的分离方法有电选和磁选。

与直拉、区熔单晶硅生长方法相比,铸造方法对硅料不纯有更大的容忍性,所以铸造多晶硅方法可以更多地使用微电子工业剩余料等低成本的原料,这也是铸造多晶硅成本相对较低的原因。

### 三、铸锭原料配置

太阳能电池用多晶硅片并不是越纯越好,这是因为纯硅虽然也有半导体的性质,却是一种没有实际用处的半导体。真正要制作能够使用的半导体器件,包括太阳能电池,就要在其中添加一些杂质,常见的是磷和硼,也有镓、砷、铝和其他一些元素。由于目前多晶硅价格高企,因此国内已经没有哪个光伏企业用纯的原生多晶硅来制作太阳能电池了,全部是用的掺料之后铸锭制成多晶硅片。在铸锭前常常将几种纯度不同的硅料互相配置,以得到最终合适电阻率及少子寿命的均匀硅锭。因此合理配置各种硅料是保证硅锭质量的重要因素,也是每个太阳能电池硅片制造厂商的技术机密。

### 1. 杂质的作用

杂质的作用,总体上来说,是调节硅原子的能级,学过半导体或固体物理的人都知道,由于晶体结构的原因,固体中的全部原子的各能级形成了能带,硅通常可以分为 3 个能带,最上面是导带,中间是禁带,下面是价带。如果所有的自由电子都在价带上,那么,这个固体就是绝缘体;如果所有的自由电子都在导带上,那么这个固体就是导体。

半导体的自由电子平时在价带上,但受到一些激发的时候,如热、光照、电激发等,部分自由电子可以跑到导带上去,显示出导电的性质,所以称为半导体。

硅就是这样一种半导体,但由于纯硅的导带和价带的距离过大(也称为禁带过宽),通常只有很少量的电子能够被从价带激发到导带上,所以纯硅的半导体性质比较微弱,不能直接应用。

为了解决这个问题,科学家想出了添加杂质的方法,这些杂质在导带和禁带之间形成杂质能级,这些杂质能级要么距离导带很近(如磷),是提供电子的,称为施主能级;要么距离价带很近(如硼),是接受电子的,称为受主能级。这样,一些很小的激发就可以使硅具有导电的性质。能够提供施主能级或受主能级的杂质,分别称为施主杂质和受主杂质,这些都是有用的杂质。

施主杂质的典型代表是磷,受主杂质的典型代表是硼。这两种杂质之所以成为最常用的半导体杂质,是因为它们在硅中的分凝系数是最接近于1的,也就是说,在掺杂后,晶体生长的过程容易形成均匀的浓度分布。

而它们在硅中的分凝系数之所以能够最接近于1,是因为它们的性质与硅最接近。但也正因为如此,导致了在物理法提纯的过程中,硼和磷成为最难去除的元素。

有用的杂质,其数量也有一个适中的范围,过小,效果不明显,过多,使得导电性太强,不容易控制,反而影响半导体器件的性能。通常,不同的半导体的应用对杂质的要求有不同的范围。而对于太阳能电池应用来说,对应的电子或空穴的体密度,应该在 $10^{17}/cm^3$ 左右。

掺杂了受主杂质的硅称为 P 型,常见的是掺硼的硅。掺杂了施主杂质的硅称为 N 型,常见的是掺磷的硅。对于太阳能电池来说,P 型硅比较常见,因为硼的分凝系数是 0.8,在铸锭过程中,硼比较容易掺杂均匀的缘故。

### 2. 杂质补偿

在太阳能级的硅材料中,由于通常都是先将硅提纯到 6~7 N,之后再根据硅料电阻率的不同进行互掺,所以,除施主杂质和受主杂质外,材料中的其他杂质含量还是比较低的。

如果材料中主要为受主杂质硼,那么若要测试硅锭中杂质浓度如何变化,不需要对硅锭的各个部位进行取样也能知道硼的浓度分布。方法很简单,就是测量电阻率的分布,就可以知道各个部位的硼的含量了。因为,硼的浓度就代表了载流子的浓度,直接与电导率呈正比关系,所以,在各个部位的硼的浓度是与电阻率呈倒数关系的。同样,对于纯粹的 N 型半导体,用电阻率的分布,也可以知道磷的浓度分布。

但是,如果材料里既有磷又有硼,比如,在已经制作了 PN 结的硅片中(近年来,由于硅材料紧张,许多公司进口回收的硅料,就大量地遇到这种情况),在 PN 结附近,就有硼磷同时存在的情形。如果这种材料又经过了一些退火之类的高温处理,那么 PN 结附近的材料就会向对方的深处扩散,导致 P 型的部分含有磷,N 型的部分含有硼的情况。这时,会出现所谓的"补偿"现象。

什么叫补偿?用比喻来说,P 型材料的硼原子是带正电(空穴)的,而 N 型材料的磷原子是带负电的,如果这两种杂质在硅中共存的话,电子与空穴会互相填充,均失去了导电性,所以,在宏观上,会表现出电阻率升高的情况。这就是施主杂质与受主杂质的"补偿"现象。

举例来说,如果原来是 P 型材料,硼的浓度为 1 ppma,电阻率假如是 5 Ω·cm,这时,如果有 0.5 ppma 的磷掺杂了进来,那么,将抵消掉 0.5 ppma 的硼的导电性,整个硅材料的导电性表现得似乎只有 0.5 ppma 的硼一样,电阻率可能会升高到 10 Ω·cm。磷的浓度越高,抵消得越多,当磷的浓度也达到 1 ppma 的时候,硅材料的表现将像没有杂质的纯硅一样,电阻率将达到数百甚至上千欧姆厘米。但是,如果磷的浓度继续增加,则电子的导电性将超过空穴的导电性,N 型特征开始显现。此时,材料从 P 型转为 N 型,电阻率又开始下降,随着磷的浓度的增加,导电性也增加,电阻率则越来越低。这就是所谓的单晶硅拉制时的"转型"现象。

将纯硅里掺硼的 P 型料和纯硅掺杂磷的 N 型料共同放在一个坩埚里进行熔化并拉单晶,假设 P 型料中的硼与 N 型料中的磷的原子密度相近,由于硼的分凝系数为 0.8,接近于 1,因而硼的分布在单晶棒的头部和尾部会比较均匀,而磷的分凝系数为 0.36,所以,在单晶棒的头部会较少,而尾部浓度较大,因此,就整个单晶棒来说,头部由于硼多于磷,将呈 P 型,尾部由于磷多于硼,呈 N 型;而电阻率从头部开始,会表现出由小到大、到很大,再逐步减小的"人"字形分布。假如用 PN 型号测试仪测试,会发现电阻率最大的地方,就是发生从 P 型到 N 型的"转型"的地方。

以上是纯硅里只掺杂了硼和磷,而没有其他杂质存在的情况。

**3. 配料原则**

配料的基本原则就是根据不同硅料中的施主和受主杂质含量,计算得到铸锭后硅锭的杂质含量,并将其转换为硅锭电阻率分布,使硅锭的最终电阻率在要求的范围之内。

假如硅料中只有施主杂质或受主杂质的一种,则电阻率与杂质浓度的关系可以通过下式计算得到:

$$\rho = \frac{1}{eN\mu}$$

式中,$e$ 为电子电荷;$N$ 为载流子浓度;$\mu$ 为载流子迁移率。

但是,硅料中总是既含有施主杂质,又含有受主杂质,杂质补偿现象不可避免,那么测试的电阻率对应的杂质浓度通常为硅料的表观杂质浓度,如下式:

$$| \ C_a - C_d \ | = C_c$$

式中,$C_a$ 为受主杂质浓度;$C_d$ 为施主杂质浓度;$C_c$ 为表观杂质浓度。

$C_c$ 可以直接由硅料的电阻率算出,若施主杂质与受主杂质浓度相差很大,则可以不考虑杂质补偿现象,直接以表观杂质浓度计算得到最终硅锭的电阻率;若施主杂质与受主杂质浓度较接近,这时要让硅锭电阻率与计算值偏差不大,就必须考虑各种硅料的杂质补偿现象,即得到 $C_a$ 和 $C_d$ 值,这种情况将十分复杂,这里就不做详细说明了。

## 四、铸锭坩埚

在多晶硅铸锭过程中,石英坩埚作为熔硅的载体有着其不可替代的作用。了解石英坩埚的特性和掌握正确的方法对所有从事多晶硅制备的从业人员来说都是非常重要的。

**(一)石英坩埚的特性**

**1. 热学性能**
石英坩埚的热学性能主要体现在以下几个方面:
(1) 它的形变点为 1 075 ℃;
(2) 它的软化点为 1 730 ℃;
(3) 其最高连续使用温度为 1 600 ℃。

**2. 结晶性能**
(1) 石英坩埚在高温下具有趋向变成二氧化硅的晶体(方石英)。这个过程称为再结晶,也称为"失透",通常也称为"析晶"。
(2) 析晶通常发生在石英坩埚的表层,按照中国石英玻璃行业标准规定,半导体工业用石英玻璃在 1 400 ℃±5 ℃下保温 6 小时,其析晶层的平均厚度应为<100 μm。

**(二)石英坩埚使用中的常见问题**

**1. 析晶**
产生析晶的原因是石英坩埚受到沾污,在所有石英坩埚的沾污中,碱金属离子钾(K)钠

(Na)锂(Li)和碱土金属离子钙(Ca)镁(Mg)这些离子的存在是石英坩埚产生析晶的主要因素。在操作过程中,因操作方法不当也会产生析晶,如在防止石英坩埚和装填硅料的过程中,带入的汗水、口水、油污、尘埃等。另外,新的石英坩埚未经彻底煅烧或受到沾污就投入使用也是造成石英坩埚外层析晶的主要原因。若用于铸锭的原料纯度低,且坩埚涂层所含杂质太多或熔料时温度过高,也将加重析晶的程度。

石英坩埚内壁发生析晶时有可能破换坩埚内壁的涂层,这将导致涂层下面的气泡层和熔硅发生反应,造成部分颗粒状氧化硅进入熔硅内,使正在生长中的晶体结构发生变异而无法正常长晶。析晶将减薄石英坩埚原有的厚度,降低了坩埚的强度容易引起石英坩埚的变形。

因此,为防止石英坩埚析晶现象出现,首先石英坩埚的生产厂商要保证其生产的坩埚从用料到生产的各个环节都符合质量要求。在多晶铸锭生产的整个过程中应严格按照工艺规程认真操作。坩埚涂层所用的 $Si_3N_4$ 纯度一定要符合生产要求。尤其是碱金属离子的存在,将会降低析晶温度 200～300 ℃。原料的清洗一定要符合工艺要求,进过酸或碱处理的原料如果未将酸碱残液冲洗彻底,易造成析晶。喷涂完 $Si_3N_4$ 涂层后的坩埚,在投入使用前须经过彻底的高温煅烧才能使用。熔料时应选用合适的熔料温度以减少析晶或降低析晶的程度。

**2. 石英坩埚的变形**

多晶铸锭过程中石英坩埚产生变形的原因主要有:

(1) 装料方法不当。在液位线上的料与石英坩埚的接触呈面接触状态,这在熔料过程中容易发生挂边导致坩埚变形。或是坩埚最上部全部装了碎小细料,这在熔料时易发生下部已溶完,上部呈结晶状态而造成坩埚变形。

(2) 熔料方法不当。

(3) 溶料功率不当。由于硅熔点为 1 420 ℃,一般的熔料温度在 1 550～1 600 ℃,如果熔料温度过高,在熔料过程中极易发生变形。但当熔料料温度偏低时,坩埚上部的料与埚壁接触处易发生似熔非熔的状态,当下部料熔完上部已挂边的块料将石英坩埚下拉二发生变形。

(4) 原材料问题。原料质量参差不齐,其所含杂质远高于原始多晶,酸洗工艺不尽完善,这对坩埚的正常使用影响也非常大,主要表现在容易发生严重析晶。

(5) 石英本身存在质量问题。石英坩埚在生产,清洗,包装中受到沾污发生析晶(包括液位线以上的部分)这样石英坩埚原有的厚度会减薄,强度也随之下降,容易发生变形。

(6) 在放置石英坩埚和装填硅料的过程中由于操作不当坩埚受到沾污也会造成变形。

(7) 石英坩埚原有厚度太薄,强度不够,也易发生坩埚变形。

在多晶生产的过程中,防止变形的方法和措施有以下几个方面。

(1) 正确的装料方法。装填块料时,在液位线以下,应尽量装的密实一些,在中下部块料和埚壁应采取面接触为好。在液位线以上的块料应以点接触面为好,以免在溶料中发生因挂边而将石英坩埚向内拉弯造成变形。在装填细小碎料时,应尽量将小料装入坩埚的中下部,不要在坩埚的最上面全部倒入碎料,在装料时可留部分块料放在小料的最上面。这样当下部原料溶完时,上部的块料靠自身的重力将碎料一起带下去。

(2) 正确的熔料方法。在溶料方法上,应根据热屏吊挂的方式采取相应的措施来避免因溶料方法不当而发生变形。

(3) 合适的熔料温度。

除了上面几项是防止变形的措施外,其他还应注意的一些因素有以下几点:① 避免和减少析晶的发生;② 选用合适多晶铸锭的原材料;③ 选用厚度符合要求的石英坩埚;④ 采用正确的原料处置工艺并严格按照工艺规程认真操作;⑤ 在放置石英坩埚和装填硅料时应严格按照操作规程认真操作。

**3. 石英坩埚的破裂**

在熔料和拉晶的过程中有时会发生石英坩埚破裂,发生破裂的原因有以下几个因素。

(1) 熔料的方法不当。上部硅料熔化后沿着石英坩埚的内壁向下流到底部时往往会因底部温度过低而发生"二次"结晶,硅料在"二次"结晶时发生膨胀而将石英坩埚胀裂。当上部熔硅液体沿埚壁流到坩埚底部时将底部块料和石英坩埚粘连在一起,当上部硅料完全熔化成液体后,对底部的块料形成浮力,当浮力大到足以将未熔完的块料脱离与之粘连的石英坩埚底部时,往往能将坩埚拉破。

(2) 熔料的温度不当。溶料的温度太高会加剧坩埚析晶的程度,增加了破裂的可能性。

(3) 原料的杂质太多或在原料的清洗和装填过程中受到沾污,都会对石英坩埚产生侵蚀作用,严重时熔硅会渗透到坩埚内层。

(4) 其他问题。新的石英坩埚喷涂后煅烧不够彻底即投入使用会造成石英坩埚外层严重析晶。石墨坩埚因使用时间过长,其原有的厚度氧化降解大为减薄。石英坩埚在放入时用力过大,底部受到损伤而产生隐裂。在装底部料时大块的硅料撞击到石英坩埚底部产生隐裂。坩埚上部装入太多的大料,熔料过程中发生塌料时易将坩埚底部撞破导致漏硅。石英坩埚因受到外力损伤已产生隐裂,熔料过程中发生破裂。在石英坩埚的生产、包装、运输中受到损伤而产生隐裂。

石英坩埚的破裂对生产造成的损失往往是巨大的。

(三)如何防止漏硅的发生

首先,要选用合适的装料和熔料方法。大块的块料宜放置在石英坩埚的中部位置,在熔料时应根据不同的热场、不同的投料量选择合适的熔料温度与时间。

其次,要采用精细的坩埚喷涂技术。新投入的石英坩埚喷涂完 $Si_3N_4$ 后应彻底煅烧后才能投入使用,以减少石英坩埚外层析晶的程度。

最后,要有严格的管理制度。在石英坩埚的生产、包装、运输等过程中应避免使石英坩埚受到撞击,以免受到损伤而产生隐裂;在放置石英坩埚时应避免用力过大和撞击;在装填硅料的过程中,应避免块料对坩埚的撞击;在清洗原料的过程中应将酸碱残液彻底冲洗干净以避免坩埚内壁发生严重析晶;在装填硅料时应严格按照操作工艺规程认真操作,以免石英坩埚和原料受到沾污而发生严重析晶。

(四)坩埚涂层

**1. 坩埚涂层简介**

铸造多晶硅制备过程中,利用高纯石英作为坩埚,因其纯度高而能够制备优质的多晶硅锭。但是在制备多晶硅锭过程中,在硅料的熔化、晶体生长、退火冷却的过程中,单一使用高纯石英坩埚将面临以下危害:

(1) 使用寿命短、安全性差:硅熔体和石英坩埚长时间接触时,会产生黏滞性,Si 与 $SiO_2$ 反应生成 SiO 而使坩埚变薄甚至开裂,导致硅液溢流等重大损失,会降低坩埚的使用寿命,安全性差。

(2) 硅锭利用率低:坩埚与硅液产生黏滞,在硅锭冷却过程中,由于两者的热膨胀系数不同而导致坩埚与硅锭的破裂,致使硅锭的利用率差,同时可利用的硅块可能由于残余应力较大而导致切片过程中硅片碎片率增加。

(3) 污染硅锭：铸锭用的硅原料为 Si 含量高达 99.999 9%（6N）的高纯硅料，而高纯石英坩埚的纯度为 99.7% 以上，直接使用石英坩埚将导致大量杂质从坩埚进入硅锭中，如 C、O、Fe、B、P 等，污染硅锭，改变硅锭的电学、机械性能等。

因此，为了解决以上直接使用坩埚的问题，工艺上一般利用 $Si_3N_4$ 或 SiO/SiN 等材料作为涂层，附加在石英坩埚的内壁，从而隔离了硅熔体和石英坩埚的接触，不仅能够解决黏滞问题，而且可以降低多晶硅中的 C、O、Fe、B、P 等杂质浓度，进一步地，利用 $Si_3N_4$ 涂层，还可以增强石英坩埚的铸锭安全性及增加坩埚的使用寿命甚至可能得到重复使用，达到降低生产成本的目的。

对于一般太阳能多晶硅铸锭而言，最高使用温度为 1 560 ℃，一次性连续铸锭 50 小时至 80 多小时。在如此苛刻的条件下，对 $Si_3N_4$ 涂层的性能要求将更加苛刻。因此，需要制备性能优越的氮化硅涂层才能保证太阳能多晶硅锭的制备。以下为氮化硅涂层的制备要求。

(1) 纯度：对于纯度达到 6 N 的高纯多晶硅铸锭，任何的杂质带入将会影响其纯度及电学性能，因此使用高纯的氮化硅（一般纯度为 5 N）可降低对多晶硅锭的污染，有利于制备优质的多晶硅锭。

(2) 厚度：在铸锭过程中，硅液的对流及液面的冲刷、坩埚表面的显气孔及凹凸不平均会对涂层造成危害，降低局部涂层厚度甚至损坏，因此在考虑氮化硅成本及使用安全上，一般制备 $200\sim300\ \mu m$ 的氮化硅涂层将能够适应多晶硅铸锭要求。

(3) 黏结性：由于硅在凝固时，体积会膨胀 9%。在体积膨胀区域，由于氮化硅与坩埚的黏结性较差，常出现该区域倒涂层的现象，而导致硅锭在该区域出现粘埚、裂锭等现象，影响硅锭利用率，增加生产成本。因此需要增加涂层与坩埚的黏结性来杜绝粘埚、裂锭等现象，如使用添加剂、改变烘烤工艺、使用性能更加优越的氮化硅粉等。

(4) 均匀：氮化硅喷涂方法受所喷涂的氮化硅种类、喷涂工艺、坩埚表面等影响，均匀的氮化硅涂层将能在保证涂层质量的前提下，更合理、高效地使用氮化硅，降低氮化硅的使用量，节省生产成本。

(5) 致密：致密的氮化硅将能有效阻止硅液的侵蚀及坩埚中杂质通过反应、扩散等进入而污染硅锭。因此通过调整氮化硅颗粒的级配比等可有效提高氮化硅涂层的使用性能。

(6) 强度高：带涂层坩埚的运输及装料过程中，高强度的氮化硅涂层将不因摩擦而损坏涂层，提高涂层抗摩擦损坏性能。

在制备氮化硅涂层的过程中，氮化硅的选择、纯水的制备、氮化硅浆料的制备、喷涂工艺、烘烤工艺等各环节都会影响到坩埚涂层的效果，从而影响多晶硅锭的质量。

**2. 氮化硅涂层制备过程**

**2.1 浆料制备**

(1) 氮化硅选择

制备具有优质电学性能的太阳能电池需要高纯的多晶硅原料（6 N），因此在整个工艺中，保持硅原料的纯度成为衡量技术优劣的重要因素。在铸锭过程中，使用高纯的石英陶瓷坩埚和高纯氮化硅可以有效降低硅锭的杂质污染，提高多晶硅锭的质量。目前市场上以日本 UBE 的氮化硅质量较好，主要因其产品纯度高，颗粒级配符合浆料配置要求。具体化学成分如表 4-3 所示，粒度分布如图 4-11 所示。

表 4-3 日本 UBE 氮化硅化学成分

| 检测项 | N（wt％） | C（wt％） | O（wt％） | Cl(ppm) | Fe（ppm） | Ca（ppm） | Al（ppm） | $\alpha$-$Si_3N_4$ |
|---|---|---|---|---|---|---|---|---|
| 日本 UBE | ＞38 | 0.11 | 1.28 | 55 | 3 | ＜1 | 2 | 95％ |

粒度特征参数

D(4,3):1.26　　μm　D50:0.96　μm　D(3,2):1.01　μm　S.S.A.:5.92　sq.m/c.c.
D10:2.09　　μm　D25:1.67　μm　D75:0.75　μm　D90:0.65　μm

粒度分布图

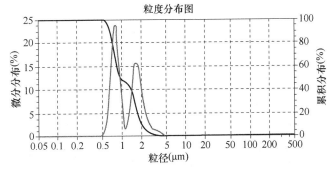

图 4-11　日本 UBE 氮化硅粒度分布图

（2）纯水的制备

氮化硅涂层经过喷涂台的加热、坩埚的烘烤而挥发掉，此时纯水中存在的杂质离子将残留在氮化硅中，在铸锭过程中溶于硅锭而污染硅锭。因此，为了尽可能保证硅料的纯度，对制备氮化硅浆料的纯水也有很高的要求。纯水在氮化硅涂层制备过程中的作用为均匀分散氮化硅颗粒及使用喷涂方法制备涂层时降低氮化硅粉尘的飞扬从而降低损耗。

氮化硅浆料制备用的纯水必须是含杂质离子极少的高纯水，一般称为去离子水，电阻率需要达到 15 MΩ·cm。一般纯水生产系统包括预处理＋二级反渗透＋EDI 几个工序，系统由原水箱、原水泵、絮凝剂加药系统、盘式过滤器、超滤系统、还原剂与阻垢剂加药系统、一级高压泵、一级反渗透、二级高压泵、二级反渗透、紫外线杀菌器、EDI 系统等组成。图 4-12 为去离子水制备示意图。

（3）浆料的制备

浆料的制备是氮化硅涂层制备过程中非常重要的一个环节。提高浆料的性能将有效提高氮化硅涂层的性质。主要有以下几个工序：

① 氮化硅粉的干燥。在 30～50 ℃下烘烤 8～12 h。去除氮化硅颗粒表面的水分，使氮化硅颗粒分散，便于下一道工序的过筛。

② 使用 200 目的网筛对氮化硅粉进行过滤。目的是去除团聚的氮化硅假颗粒，便于后道工序的氮化硅分散。

③ 浆料配置：以 1 L 纯水配比 100～200 g 的氮化硅配置氮化硅浆料。通过所需获得的涂层厚度来计算氮化硅的使用量配置浆料量。

④ 浆料处理：均匀、分散性能良好的氮化硅浆料有助于获得均匀、致密度较高的氮化硅涂层。使用超声波分散、强力搅拌（200 r/min）能获得均匀、分散性良好的氮化硅浆料。同时通过对氮化硅粉体本身的物理化学特性、可溶性离子及表面基团的种类和数量进行了解等，对其在水中的分散特性进行研究。加入特定添加剂将能改变氮化硅的表面性能而获得水基悬浮氮

化硅浆料,其原理为:氮化硅表面基团为 Si-OH、Si-O-Si、SiNH$_2$、Si$_2$NH 以及其他表面基团。对于 UBE 原始氮化硅粉,由于其表面硅氧烷基团特别多,而氮化硅表面的 Si-O-Si 基团是憎水性的,不能提供质子,因而不利于氮化硅颗粒表面负电性的提高;而以排斥作用为稳定机制的氮化硅水基浆料中,Si-O-Si 基团的大量存在显然不利于水基悬浮氮化硅浆料。通过引入添加剂,在保证氮化硅浆料不受污染的前提下对氮化硅浆料进行处理而获得 Si-OH 基团,而 Si-OH 更有利于氮化硅颗粒表面带负电性,从而大幅度提高了 UBE 氮化硅粉的分散性能,获得水基悬浮氮化硅浆料,有利于获得性能优异的氮化硅涂层。

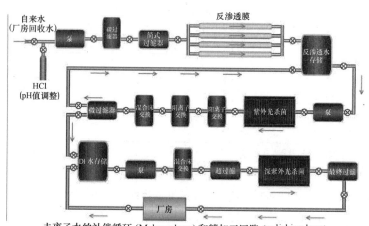

几点概念:

补偿循环:从未经过加工的水中去除颗粒、有机碳总量(TOC)、细菌、微生物、电离杂质和溶解矿物的全体。

精加工回路:净化系统的最后部分。用来去除剩余的沾污。

去离子化:用于去除云离子水的云离子化过程是指:用特制的离子交换树脂去除电活性盐类的离子。这一过程把水从导电性煤质变为25℃下具有18 MΩ·cm (18 000 000 Ω·cm)电阻率的电阻性煤质。在硅片加工中,云离子水称为18兆欧水。超纯去质子水两次经脱离子剂,一次在补偿循环,另一次在精加工回路。

图 4-12　去离子水制备示意图

## 2. 涂层制备

氮化硅涂层的制备方法主要为喷涂。喷涂方法主要是高压气体通过喷枪将氮化硅浆料雾化后喷射到坩埚的内表面。具体的制备工艺如图 4-13 所示,一般工艺过程如下。

(1)清理坩埚、检测喷涂设备:将坩埚装入坩埚喷涂台后对坩埚内部进行宏观检查,经常会发现 SiO$_2$ 颗粒、灰尘及杂物等,需要用高压气体或百洁布对其表面进行清洗。如果有大量的灰尘或杂物将会导致涂层的污染及涂层与坩埚的结合不够而导致涂层脱落等危害。同时需要用高纯水对喷涂设备进行清洗并检测是否有沾污,喷枪是否有堵塞现象。

(2)坩埚预热及预喷涂:为了保证坩埚喷涂过程的连续性,保证坩埚涂层质量,需要通过对坩埚进行预热处理,保证涂层水分的散失及氮化硅浆料喷涂量成正比,坩埚预热温度为40～70 ℃。同时根据操作者个人的工作经验,保证涂层的均匀性及喷涂的连续性,需要调整高压气的流量及喷枪喷雾形状,喷枪输出气压为 40 PSL。

(3)坩埚喷涂:坩埚温度达到喷涂温度,调节好喷枪的喷花后,就可以进行喷涂工序。一般情况是先喷涂坩埚底部再喷涂四周并进行循环,直到所配置的氮化硅浆料喷涂完为止。在该过程中,喷涂者需要密切关注涂层的颜色、坩埚内表面的温度及均匀性、涂层表面氮化硅粉尘的量。坩埚表面出现温度不均匀将反映涂层颜色的深浅,较深颜色的区域说明水分散失量小于氮化硅涂层的喷涂量,将导致涂层内部由于水分过多无法散失而使涂层出现气泡、开裂等宏观缺陷,影响铸锭质量。同时,高压气的喷射,导致大量的雾化氮化硅浆料成粉尘颗粒而残留到涂层表面,需要及时用高压气枪清扫,防止其影响涂层致密度及强度。

（4）喷涂完成及涂层修补：当氮化硅浆料全部喷涂完后,需要仔细观察氮化硅涂层,如发现开裂、鼓泡、剥落等现象,情况严重时需要用清水对坩埚内部进行清洗,将氮化硅层清洗完后烘干,进行下一次喷涂。如果情况较清,不影响铸锭质量,那么对缺陷进行适当修补即可。

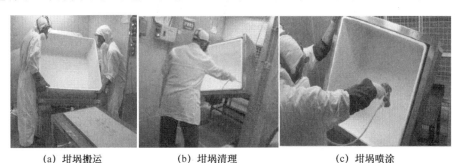

| (a) 坩埚搬运 | (b) 坩埚清理 | (c) 坩埚喷涂 |

图 4-13　坩埚喷涂工艺流程

## 2.2　坩埚烘烤

坩埚烘烤可提高涂层的强度,极大改善涂层质量,同时去除涂层和坩埚中的水分。烘烤炉需具有温度均匀、温控能力强、质量高等特点,才可提高坩埚烘烤的安全性及氮化硅涂层的受热均匀性。常见的烘烤工艺如图 4-14 所示。

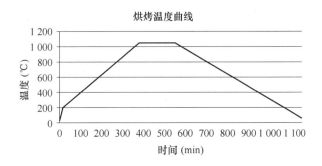

图 4-14　坩埚烘烤温度曲线

涂层烘烤工艺的设计主要考虑以下几个因素：

（1）升温速率及最高温度：涂层的烘烤必须在对石英陶瓷坩埚不产生危害的前提下进行,因此升温速率过大将引起坩埚内部温度梯度加大,会在局部产生较大的应力,影响其高温使用性能。同时,石英陶瓷坩埚为非晶态石英颗粒烧结而成,烘烤温度高于 1 200 ℃将使其内部出现液相而导致坩埚软化变形,冷却时应力集中、部分相变而导致坩埚开裂等严重的危害。因此坩埚的烘烤温度必须低于 1 200 ℃,相对来说坩埚温度越低越安全。

（2）涂层质量。涂层烘烤的本质为氮化硅颗粒的表面氧化（$Si_3N_{4(s)} + 3O_{2(g)} = 3SiO_{2(s)} + 2N_{2(g)}$）,但生成 $SiO_2$ 会减缓氮化硅表面的进一步氧化。氮化硅表面已经生成的 $SiO_2$ 膜在高温烘烤下将变得黏滞而使氮化硅颗粒间产生粘连,从而提高氮化硅涂层的强度。

（3）能耗与产能：在保证涂层质量的前提下,需要考虑烘烤炉的运行能耗及运行时间。烘烤炉的运行时间将决定该炉的产能,因此需要寻求一个最佳的工艺方案。

## 3. 涂层检测

合格的氮化硅涂层需要具备硅液的润湿性、抗硅液腐蚀、阻止杂质污染,具备一定厚度、强度等特性。

### 3.1 涂层厚度

涂层厚度将能延长其被硅液侵蚀的时间,降低杂质对硅液的污染。氮化硅涂层的厚度将使用 3D 显微镜进行测试,如图 4-15 所示,涂层厚度一般为 $20\sim300\ \mu m$。

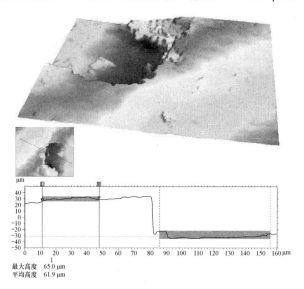

最大高度　65.0 $\mu m$
平均高度　61.9 $\mu m$

图 4-15　氮化硅涂层 3D 显微镜图

### 3.2 涂层与硅液的润湿性

坩埚涂层与硅液越不润湿越好。润湿性能的测试方法有座滴法、微滴法、浸入法和毛细压力法等,一般常使用比较简便准确的传统方法——座滴法来考查硅与氮化硅涂层的润湿性,该方法比较简便、精确,是测试硅与氮化硅涂层的理想方法。

### 3.3 强度与致密度

在向坩埚内盛装硅料的过程中及硅料在坩埚中熔化的过程中,均会与坩埚内壁的氮化硅涂层接触,产生划痕而损伤氮化硅涂层,从而破坏氮化硅涂层的作用而产生硅锭开裂、粘埚、杂质污染硅锭等危害。因此提高坩埚的强度及致密度将有效提高涂层的抗腐蚀、抗划等性能。一般来说,氮化硅涂层的致密度可以通过计算获得,氮化硅涂层的硬度可使用铅笔划痕测试仪测试。

### 3.4 阻止杂质污染

主要针对 C、O、Fe、B、P 等杂质进行研究。针对不同的杂质使用不同的方法进行测试,如表 4-4 所示。其中 O、Fe 将影响硅锭少子寿命的分布,而 B、P 将影响硅锭纵向的电阻率分布,因此可通过电阻率与少子寿命分布来考查氮化硅涂层阻止杂质污染的程度。

表 4-4　坩埚涂层的阻杂效果检测方法

| 杂质元素 | C | O | Fe | B | P |
|---|---|---|---|---|---|
| 检测方法 | FTIR | FTIR | ICP-MS | ICP-MS | ICP-MS |

## 五、多晶硅铸锭设备及工艺

多晶硅铸锭炉是太阳能光伏产业中最为重要的设备之一。它通过使用化学方法或物理方法得到的高纯度熔融硅,调整成为适合太阳能电池的化学组分,采用定向长晶凝固技术将熔体制成硅锭。这样,就可切片供太阳能电池使用。

多晶硅铸锭炉采用的生长方法主要为热交换法与布里曼法结合的方式。这种类型的结晶炉,在加热过程中保温层和底部的隔热层闭合严密,使加热时内部热量不会大量外泄,保证了加热的有效性及均温性。开始结晶时,充入保护气,装有熔融硅料的坩埚不动,将保温层缓慢向上移动,坩埚底部的热量通过保温层与隔热层之间的空隙发散出去,通过气体与炉壁的热量置换,逐渐降低坩埚底托的温度。在此过程中,结晶好的晶体逐步离开加热区,而熔融的硅液仍然处在加热区内。这样在结晶过程中液固界面形成比较稳定的温度梯度,有利于晶体的生长。其特点是液相温度梯度 $dT/dX$ 接近常数,生长速度可调。通过多晶硅铸锭法所获得的多晶硅可直接获得方形材料,并能制出大型硅锭;电能消耗低,并能用较低纯度的硅作投炉料;全自动铸锭炉生产周期大约 $60\,\mathrm{h}$ 可生产 $400\,\mathrm{kg}$ 以上的硅锭,晶粒的尺寸达到厘米级;采用该工艺在多晶硅片上做出电池转换效率超过 $16\%$。

多晶硅铸锭炉融合了当今先进的工艺技术、控制技术、设备设计及制造技术,使它不仅具有完善的性能,而且具有稳定性好、可靠性高,适合长时间、大批量太阳能级多晶硅的生产。

（一）多晶硅铸锭炉的操作原理

目前市场上的多晶硅铸锭炉大多采用的是 DSS(定向固化系统)系统。DSS 的生产量很大,能在不到 50 个小时的时间内生产出 $270\,\mathrm{kg}$ 的硅锭。在长晶期间,只有一个部件在运动,这样的设计极大地简化了操作,减小了操作的复杂性。尤其注意降低一些消耗件(如加热器、隔热层元件)的成本,从而降低了炉子长期运行的成本。

内涂 SiN 的坩埚装入多晶硅料后放在导热性很强的石墨块上(即所谓的定向固化块或者 DS 块)。关闭炉子后排气,接通加热器电源融化硅料数小时以上。坩埚的四个竖直边都围有石墨加热器、DS-Block,坩埚周围有隔热层,隔热层的竖直边能上下移动以便露出 DS-Block 的边缘,使热量辐射到下腔室的水冷四壁上。水冷却 DS-Block 后再返回来冷却坩埚底部,从而使坩埚内的熔融硅周围形成一个竖直温度梯度。这个梯度使坩埚内的硅料从底部开始凝固,从熔体底部向顶部开始长晶。当所有的硅料都凝固后,在程序的控制下,硅锭需要经过退火、冷却处理以免破裂,且能将(晶格)位移降到最小限度。

**1. 平衡分凝系数 $K_0$**

晶体的生长过程中,杂质在结晶的固体和未结晶的熔体中浓度是不同的,这种现象即为分凝。在温度为 $T_\mathrm{L}$、固液两相平衡时,固相 A 中杂质 B(溶质)的浓度 $C_\mathrm{s}$ 和液相中的杂质浓度 $C_\mathrm{L}$ 的比值 $K_0 = C_\mathrm{s}/C_\mathrm{L}$,即定义为平衡分凝系数,以此来描述该体系中杂质的分配关系。表 4-5 列出了硅中各主要杂质的分凝系数 $K$。

表 4-5　硅中各主要杂质的分凝系数 $K$

| 杂质元素 | 分凝系数 $K$ | 杂质元素 | 分凝系数 $K$ |
|---|---|---|---|
| B | $0.8 \sim 0.9$ | Cu | $4 \times 10^{-4}$ |
| Al | $0.002$ | Ni | $2.5 \times 10^{-5}$ |
| Ga | $0.008$ | Au | $2.5 \times 10^{-5}$ |
| In | $4 \times 10^{-4}$ | C | $0.08$ |
| P | $0.36$ | Ta | $10^{-7}$ |
| As | $0.80$ | Fe | $8 \times 10^{-6}$ |

| 杂质元素 | 分凝系数 $K$ | 杂质元素 | 分凝系数 $K$ |
|---|---|---|---|
| Sb | 0.023 | O | 1.2 |
| Bi | $7 \times 10^{-4}$ | Mn | 10.5 |
| Sn | 0.02 | Li | 0.01 |
| Zn | $1 \times 10^{-3}$ | | |

为了方便讨论正常凝固过程中杂质运动及分布情况,通常做以下假设:

(1) 杂质在固体中的扩散速度比其正常凝固速度慢得多,可以忽略杂质在固体中的扩散;

(2) 杂质在熔体中的扩散速度比其凝固速度快得多,可以认为杂质在熔体中的分布是均匀的;

(3) 杂质分凝系数是常数。

实际上,杂质在固体中扩散速度多数在 $10^{-13} \sim 10^{-11}$ cm/s 范围,而凝固速度在 $10^{-4} \sim 10^{-3}$ cm/s,两者相差 $7 \sim 9$ 个数量级,所以第一点假设是可以成立的。如熔体中有一定的搅拌条件,杂质在熔体中分布均匀也容易实现。又因为材料中杂质量本来很少,$K_0$ 也可以近似地当常数使用,所以上述三点假设是完全可以成立的。根据以上假设,可以推导出正常凝固公式:

$$C_s = KC_0(1 - g)^{K-1}$$

式中,$K$、$g$、$C_s$、$C_0$ 分别表示分凝系数、凝固分数、杂质在固体中的浓度以及初始熔体中的杂质浓度。该公式常常用来描述正常凝固过程中各种杂质在硅锭中的分布情况。由于各种杂质在硅中的分凝系数不同,所以各种杂质在硅锭中的分布情况也存在很大差异,将出现以下三种情况:

(1) 对于 $K < 1$ 的杂质,其浓度越接近尾部越大,向尾部集中;

(2) 对于 $K > 1$ 的杂质,其浓度越接近头部越大,向头部集中;

(3) 对于 $K \approx 1$ 的杂质,基本保持原有的均匀分布方式。

**2. 有效分凝系数 $K_{eff}$**

上面的平衡分凝系数 $K_0$ 是描述体系处于固液平衡时得到的杂质分配关系。但在实际工作中,结晶不可能在十分缓慢近于平衡状态下进行,而是以一定的速度来进行,这时固液界面处的平衡将被破坏。对于 $K_0 < 1$ 的杂质,因为 $C_s < C_L$,结晶时将有部分杂质被结晶界面排斥出来而积累在熔体中。如果结晶速度大于杂质由界面扩散到熔体内的速度,杂质就在界面附近的熔体薄层中堆积起来,形成浓度梯度而加快杂质向熔体内部的扩散,最后可达到一个动态平衡,即在单位时间内,从界面排除的杂质量与因扩散对流而离开界面向熔体内部流动的杂质量相等时,在界面薄层中的浓度梯度就不再改变,形成稳定的分布。这个杂质浓度较高的薄层称为杂质富集层(也称为扩散层)。反之,对于 $K_0 > 1$ 的杂质,结晶时,固界面会多吸收一些界面附近的熔体中的杂质,使界面处的熔体薄层中杂质呈缺少状态,这一薄层称为贫乏层。图 4-16 为固液界面处杂质分布曲线。

为了描述界面处薄层中杂质浓度偏离对固相中杂质浓度的影响,通常把固相杂质浓度 $C_s$ 与熔体内部的杂质浓度 $C_{L0}$ 的比值定义为有效分凝系数 $K_{eff}$:

$$K_{eff} = \frac{C_s}{C_{L0}}$$

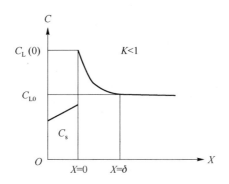

图 4-16　固液界面处杂质分布曲线

当界面不移动或移动速度 $f$ 趋于零时，$K_{eff} \rightarrow K_0$。当结晶过程 $K_{eff} \neq K_0$，$C_s = K_{eff} \cdot C_{L0}$。

1953 年，Burton、Prim、Slichter 等人推导出有效分凝系数 $K_{eff}$ 与平衡分凝系数 $K_0$ 的关系式，即 BPS 公式：$K_{eff} = \dfrac{K_0}{[K_0 + (1 - K_0)\exp(-f\delta/D)]}$。由此可以看出，有效分凝系数 $K_{eff}$ 是 $K_0$、固液界面移动速度 $f$、扩散层厚度 $\delta$ 和扩散系数 $D$ 的函数。当 $f \gg \dfrac{D}{\delta}$ 时，$K_{eff} \rightarrow 1$；当 $f \ll \dfrac{D}{\delta}$ 时，$K_{eff} \rightarrow K_0$。以硅中的氧为例，由于其分凝系数 $K_0$ 通常被认为大于 1.0，所以当增大晶体生长速度 $f$ 时，$K_{eff}$ 将减少，反之降低晶体生长速度时，$K_{eff}$ 变大，如图 4-17 所示。

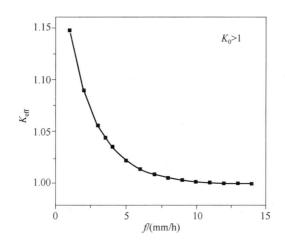

图 4-17　有效分凝系数 $K_{eff}$ 随生长速度 $f$ 而变化

**(二)多晶硅铸锭炉的主要工艺特点**

为了保证产品的性能及一致性，并适应大批量太阳能级多晶硅的生产，根据以上的多晶硅铸锭炉定向生长凝固技术原理，一般多晶硅铸锭工艺流程分为预热、熔化、长晶、退火和冷却五个步骤。主要工艺参数如下。

(1) 预热

① 预热真空度：大约 1.05 MPa；② 预热温度：室温 1 200 ℃；③ 预热时间：大约 15 h；④ 预热保温要求：完全保温。

（2）熔化

① 熔化真空度：大约 44.1 Pa；② 熔化温度：1 200～1 550 ℃；③ 熔化时间：大约 5 h；④ 熔化保温要求：完全保温；⑤ 开始充氩气作为保护气。

（3）长晶

① 长晶真空度：大约 44.1 Pa；② 长晶温度：1 440～1 400 ℃；③ 长晶时间：大约 10 h；④ 长晶保温要求：缓慢取消保温；(5)连续充保护气。

（4）退火

① 退火真空度：大约 44.1 Pa；② 退火温度：1 400～1 000 ℃；③ 退火时间：大约 8.5 h；④ 退火保温要求：完全保温；⑤ 连续充保护气。

（5）冷却

① 冷却真空度：大约 52.5 Pa；② 冷却温度：1 000～400 ℃；③ 冷却时间：大约 6 h；④ 冷却保温要求：取消保温；⑤ 连续充保护气。

**（三）多晶硅铸锭炉设备组成**

为了完成上述连续的工艺过程，全自动多晶硅铸锭炉设计由下面几大部分组成，它们分别为抽真空系统、加热系统、测温系统、保温层升降系统、压力控制系统及其他辅助系统，其效果如图 4-18 所示。

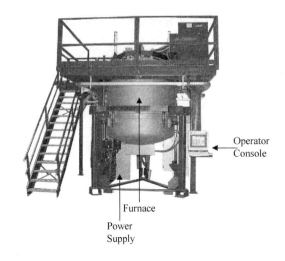

图 4-18　多晶硅铸锭炉效果图

**1. 抽真空系统**

抽真空系统是保持硅锭在真空下进行一系列处理，要求在不同的状态下，保持炉内真空压力控制在一定范围内。这就要求真空系统既有抽真空设备，同时还有很灵敏的压力检测控制装置。保证硅锭在生长过程中处于良好的气氛中。抽真空系统由机械泵和罗茨泵、比例阀旁路抽气系统组成。

**2. 加热系统**

加热系统是保持工艺要求的关键，采用发热体加热，由中央控制器控制发热体，并可保证恒定温场内温度可按设定值变化；同时控制温度在一定精度范围内。完成硅锭在长晶过程中对温度的精确要求。

### 3. 测温系统

测温系统是检测炉内硅锭在长晶过程中温度的变化,给硅锭长晶状况实时分析判断系统提供数据以便使长晶状况实时分析判断系统随时调整长晶参数,使这一过程处于良好状态。

### 4. 保温层升降系统

保温层升降机构是保证硅锭在长晶过程中,保持良好的长晶速度,它是通过精密机械升降系统,并配备精确的位置、速度控制系统来实现。保证硅锭晶核形成的优良性及光电转化的高效性。

### 5. 压力控制系统

压力控制系统主要保证炉内硅锭在生长过程中,在一特定时间段内,压力根据工艺要求保持在一定压力下。它由长晶状况实时分析判断系统来控制。

### 6. 其他辅助系统

(1)熔化及长晶结束自动判断系统:通过测量装置检测硅料状态,自动判断硅料的状态,为控制系统提供数据,实时判断控制长晶。

(2)系统故障诊断及报警系统:为了保证系统长时间可靠运行,系统提供了系统故障自诊断功能,采用人机对话方式,帮助使用者发现故障,及时排除故障,为设备安全可靠运行提供安全保障。

### (四)多晶硅铸锭炉控制系统硬件结构组成

为了实现设备的几大系统功能,必须有强大的计算机控制系统来完成,以往简单的控制系统已难当此任。本控制系统采用分布式现场总线技术,它由中央控制器、现场控制器、现场控制器的控制单元、执行机构组成。该系统不仅通信可以冗余,控制器也可以冗余,故障率几乎为零。中央控制器与现场控制器之间通过工业以太网连接起来。由控制台发布指令,中央控制器接受指令,通过网络系统下达现场控制器,现场控制器根据实际情况分析判断,给执行机构下达动作命令。它的硬件控制组成如图4-19所示。

在此系统中,为了将来实现工厂自动化管理,控制台可作为服务器,为工厂科学管理、科学决策提供了信息共享平台。

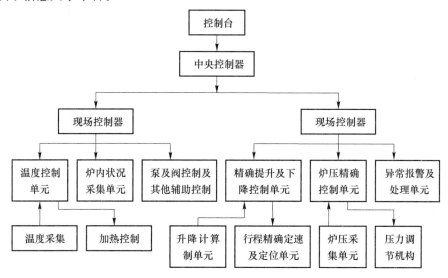

图 4-19  硬件控制组成

（五）多晶硅铸锭炉控制系统软件控制流程

强大的硬件系统，必须有相应的控制软件提供强有力的控制算法，合理地控制程序作为保障，才能使控制的参数得到优化，达到控制的精度，并提供设备故障的自诊断，为设备的可靠、安全运行提供保障。

**1. 工艺配方编辑系统**

提供设备工艺配方编辑的环境，使用户方便地对工艺配方进行编辑输入、修改。提供智能化的工艺配方合理性检查，排除工艺配方中错误以及不合理的地方。

**2. 长晶状况实时分析判断系统**

在铸锭炉的工艺运行过程中，可分为预热流程、熔化流程、长晶流程、退火流程和冷却流程等几个主要流程。在这几个流程运行过程中，长晶状况实时分析判断系统要实时分析判断各个长晶参数，以便随时对它们做出调整，以最合适的运行参数进行控制。长晶状况实时分析判断系统是设备控制的核心部分，对它进行合理规划和合理设计，能充分体现设备的创新性。在预热阶段，对坩埚中硅料进行缓慢加热，并排除炉内的气体，使空气中的有害气体成分不会对硅料产生影响。在熔化阶段，加热温度超过硅料融化温度，使硅料充分融化为液态，为下一步凝固长晶做好准备。这期间长晶状况实时分析判断系统，通过传感器随时对炉内硅料融化情况做出分析判断，通过人机对话平台，随时做出提示。在长晶阶段，长晶状况实时分析判断系统，使处于恒温场中的熔融硅通过保温层的提升系统自下向上缓慢地进入冷场中，完成凝固长晶。由于保温层的提升速度可自由控制，因此长晶速度也可控制，这样就可生长出高品质的硅锭。这期间长晶状况实时分析判断系统通过传感器随时对炉内硅料生长情况做出分析判断，通过人机对话平台，随时做出提示。在退火阶段，长晶状况实时分析判断系统对恒温场中的温度作调整，防止由于降温过快对已长晶完成的硅锭造成不良影响。在冷却阶段，硅锭自然降温，为出炉做好准备。软件控制流程图如图 4-20 所示。

## 六、影响多晶硅锭的质量因素

（一）铸造多晶硅中的主要杂质

由于铸造多晶硅的原料主要为微电子工业剩下的头尾料，再加上来自坩埚沾污，所以通常铸造多晶硅中含有高浓度的氧、碳以及过渡族金属杂质。氧是铸造多晶硅中最主要的杂质元素，它主要来自石英坩埚的沾污以及铸造多晶硅的原料。在铸造多晶硅生长过程中，石英坩埚可以在高温下与熔体中的硅原料发生反应，生成一氧化硅（SiO）。生成的 SiO 一部分可以从熔体表面处挥发，一部分也可以在熔体中分解，从而在熔体中引入间隙氧（$O_i$）原子。

如果氧处于间隙位置，通常不显电活性，然而铸造多晶硅中氧浓度通常在 $3 \times 10^{17} \sim 1.4 \times 10^{18}$ cm$^{-3}$ 之间。高浓度的间隙氧在晶体生长或者热处理时会形成热施主、新施主、氧沉淀以及诱生其他的晶体缺陷，还会吸引铁等金属元素，形成铁-氧沉淀复合体，具有很强的少子复合能力，能够显著降低材料的太阳能电池转换效率。

碳作为铸造多晶硅中的另外一种杂质，主要来自石墨坩埚或石墨加热器。处于替代位置的碳同样不显电学活性，但是当碳的浓度超过其溶解度很多时（$8 \times 10^{17}$ cm$^{-3}$），就会有 SiC 沉淀生成，诱生缺陷，导致材料的电学性能变差。在快速热处理时，Al-P 共同吸杂效果明显依赖于碳的浓度。同氧一样，碳在多晶硅中的行为十分复杂，有关它们对材料电学性能的影响，需要进一步研究。

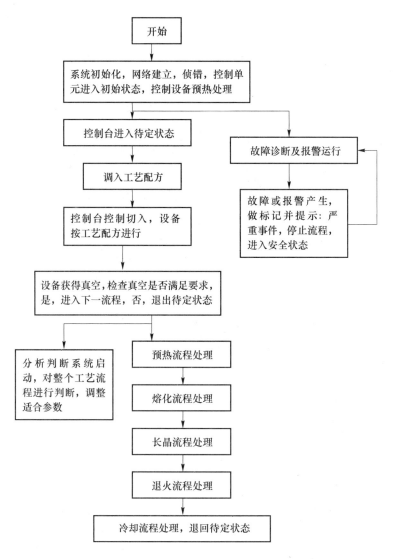

图 4-20 软件控制流程图

在硅材料中,过渡族金属由于有着非常大的扩散系数,除了从原材料带入这些杂质外,在晶体生长过程及在以后的电池制作工艺中也不可避免地会由坩埚等外面环境中引入。这些杂质中,铜和镍的扩散系数较大,即使淬火,它们也会形成沉淀而不溶解在硅晶格中。铁和铬的扩散系数相对较小,但是在慢速冷却热处理时,依然有大部分形成沉淀。这些元素在硅的禁带中形成深能级,从而成为复合中心,可显著降低材料少数载流子的寿命。

根据 NAA(Neutron Activation Analysis,中子活化分析)对多种太阳能电池用 mc-Si 材料的分析发现,主要的过渡族金属杂质及其浓度范围如表 4-6 所示。

表 4-6 过渡族金属杂质在 mc-Si 中的浓度范围

| 杂质 | Fe | Ni | Mo | Cr | Cu | Co |
|---|---|---|---|---|---|---|
| 浓度/cm$^{-3}$ | $6 \times 10^{14} \sim$ $1.5 \times 10^{16}$ | $1.8 \times 10^{15}$ | $6.4 \times 10^{12} \sim$ $1.5 \times 10^{13}$ | $1.7 \times 10^{12} \sim$ $1.8 \times 10^{15}$ | $2.4 \times 10^{14}$ | $1.7 \times 10^{12} \sim$ $9.7 \times 10^{13}$ |

### 七、铸造多晶硅中的缺陷

多晶硅中存在高密度的、种类繁多的缺陷，如晶界、位错、小角晶界、孪晶、亚晶界、空位、自间隙原子以及各种微缺陷等。特别是其中的位错和晶界两类最主要的缺陷通常被认为是限制铸造多晶硅材料太阳能电池转换效率的重要因素，如图 4-21 所示。

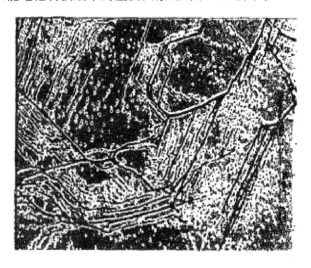

图 4-21　铸造多晶硅中的位错和晶界扫描照片

#### 1. 晶界

通常认为，洁净的晶界不是电活性的，因此，洁净的晶界不是载流子的俘获中心，不影响多晶硅的电学性能。当金属或其他杂质偏聚在晶界上，晶界将具有电活性，会影响少数载流子的扩散长度，从而影响材料的光电转换效率。但也有人认为晶界本身存在着一系列的界面状态，有界面势垒，存在悬挂键，故晶界本身有电活性，而当杂质偏聚或沉淀于此时，它的电学活性会进一步增强，成为少数载流子的复合中心。但共同的看法都是杂质都很容易在晶界处偏聚或沉淀。同时研究还表明，当晶界垂直于器件的表面时，晶界对材料的电学性能几乎没有影响。铸造多晶硅生产厂家都努力使晶柱的生长方向垂直于生长界面，晶锭切割后，晶界的方向能垂直于硅片表面。

#### 2. 位错

位错是铸造多晶硅中一种重要的结构缺陷。在晶体生长过程中，由于热应力的作用，会在晶粒中产生大量的位错；另外各种沉淀的生成，由于晶格尺寸的不匹配，也会导致位错的产生。根据生长的方式和过程不同，铸造多晶硅的位错密度在 $10^3 \sim 10^8$。鉴于热应力的不同情况，这些位错会位于不同的滑移面上，或者纠结成位错团，或者组成小角晶界。位错或位错团可以大幅降低少数载流子的扩散长度，这不仅由于位错本身的悬挂键具有很强的电活性，可以直接作为复合中心，而且由于金属杂质和氧碳等杂质在位错的偏聚，造成新的电活性中心，且电学性能不均匀。Martinuxzi 等人建立了位错模型，借助于包含位错团的空间电荷区的有效复合速率的概念，计算了位错的复合强度。此外，他们还模拟计算了少子扩散长度对位错密度的依赖关系，取得了良好的效果，如图 4-22 所示。

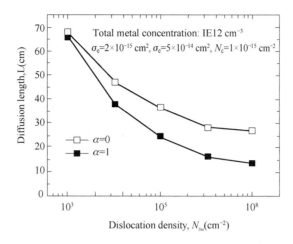

图 4-22 扩散长度随位错密度的变化情况

# 第五章 单晶硅的制备

无论是铸造多晶硅的生产还是单晶硅的制备都是以高纯多晶硅为原料。单晶硅太阳能电池以及集成电路中所使用的硅片前身是单晶硅棒,因此从高纯多晶硅转化成单晶硅对于单晶硅太阳能电池的生产和微电子工业而言都是极其关键的一步。高纯多晶硅的生产主要是典型的精细化生产过程,这在第四章已经介绍,本章就不再赘述。而硅单晶制备,就是要实现由多晶到单晶的转变,即原子由液相的随机排列直接转变为有序阵列;由不对称结构转变为对称结构。但这种转变不是整体效应,而是通过固液界面的移动逐渐完成的。为实现上述转化过程,多晶硅就要经过由固态硅到熔融态硅,再到固态晶体硅的转变。这就是从熔体硅中生长单晶硅所遵循的途径。从熔体中生长单晶硅的方法,目前应用最广泛的主要有两种:坩埚直拉法和无坩埚悬浮区熔法。由这两种方法得到的单晶硅分别称为 CZ 硅和 FZ 硅。

## 第一节 直拉单晶硅

直拉法又称切克劳斯基法,它是在 1917 年由切克劳斯基(Czochralski)建立起来的一种晶体生长方法,简称 CZ 法,该法是在直拉单晶炉内,向盛有熔硅的坩埚中,引入籽晶作为非均匀晶核,然后控制热场,将籽晶旋转并缓慢向上提拉,单晶便在籽晶下按照籽晶的方向长大。拉出的液体固化为单晶,调节加热功率就可以得到所需的单晶棒的直径。其优点是晶体被拉出液面不与器壁接触,不受容器限制,因此晶体中应力小,同时又能防止器壁沾污或接触所可能引起的杂乱晶核而形成多晶。直拉法是以定向的籽晶为生长晶核,因而可以得到有一定晶向生长的单晶。

直拉法制成的单晶完整性好,直径和长度都可以很大,生长速率也高,所用坩埚必须由不污染熔体的材料制成。因此,一些化学性活泼或熔点极高的材料,由于没有合适的坩埚而不能用此法制备单晶体,而要改用区熔法晶体生长或其他方法。直拉法和区熔法比较,以直拉法为主要,它投料多,生产的单晶直径大,设备自动化程度高,工艺比较简单,生产效率高。直拉法生产的单晶硅,占世界单晶硅总量的 80% 以上。

### 一、基本原理及示意图

直拉单晶制备是把多硅晶块放入石英坩埚中,在单晶炉中加热融化,再将一根直径只有 10 mm 的棒状晶种(称籽晶)浸入融液中。在合适的温度下,融液中的硅原子会顺着晶种的硅原子排列结构在固液交界面上形成规则的结晶,成为单晶体。把晶种微微旋转向上提升,融液中的硅原子会在前面形成的单晶体上继续结晶,并延续其规则的原子排列结构。若整个结晶环境稳定,就可以周而复始地形成结晶,最后形成一根圆柱形的原子排列整齐的硅单晶晶体,即硅单晶锭。当结晶加快时,晶体直径会变粗,提高升速可以使直径变细,增加温度能抑制结晶速度。反之,若结晶变慢,直径变细,则通过降低拉速和降温进行控制。拉晶开始,先引出一直径为 3~5 mm 的细颈,以消除结晶位错,这个过程称为引晶。然后放大单晶体直径至工艺要求,进入等径阶段,直至大部分硅融液都结晶成单晶锭,只剩下少量剩料。控制直径,保证晶体等径生长是单晶制造的重要环节。硅的熔点约为 1 450 ℃,拉晶过程始终保持在高温负压的环境中进行。直径检测必须隔着观察窗在拉晶炉体外部非接触式实现。拉晶过程中,固态晶体与液态融液的交界处会形成一个明亮的光环,亮度很高,称为光圈。光圈其实是固液交界面处的弯月面对坩埚壁亮光的反射。当晶体变粗时,光圈直径变大,反之则变小。通过对光圈直径变化的检测,可以反映出单晶直径的变化情况。自动直径检测就是基于这个原理发展起来的。

　　CZ 法的主要设备及示意图如图 5-1、图 5-2 所示。

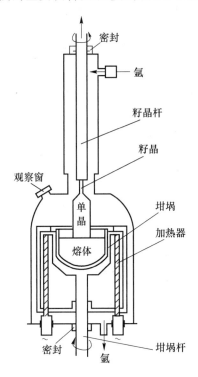

图 5-1　CZ 法的设备示意图

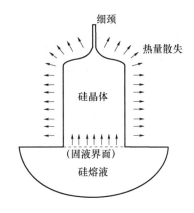

图 5-2　直拉单晶生长示意图

## 二、直拉单晶硅工艺流程

　　直拉法生长单晶硅的制备步骤主要包括:多晶硅的装料和熔化、种晶、缩颈、放肩、等颈和收尾,如图 5-3 所示。

　　图 5-4 描述了直拉法生长单晶硅的整个工艺流程,从拆炉、装炉、单晶硅生长完毕到停炉称为拉晶工艺;原辅材料的腐蚀、清洗等称为备料工艺。拉晶工艺包括拆炉、装炉、抽空、熔料、引晶、放肩、转肩等径生长、收尾、降温及停炉。煅烧是为了清洁热系统特别是高温煅烧的新的石墨件或热系统,其是保证单晶硅正常生长必不可少的步骤,煅烧也属于拉晶工艺的一部分。

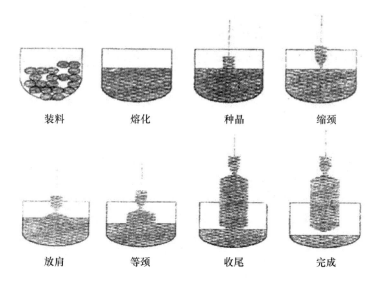

图 5-3    直拉法生长单晶硅主要步骤

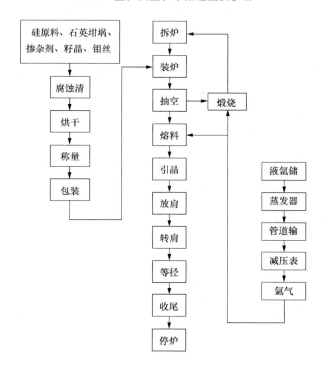

图 5-4    直拉单晶硅生长工艺流程

## 1. 拆炉及装料

拆炉的目的是取出晶体,清除炉膛内的挥发物,清除电极及加热器、保温罩等石墨件上的附着物、石英碎片、石墨颗粒、石墨毡尘埃等杂物。拆炉过程中要注意不得带入新的杂物。

进入工作室必须穿戴好工作服、工作帽。拆炉前戴好口罩,准备好拆炉用品,如无尘布、无水乙醇、砂纸、扳手、高温防护手套、除尘吸头、台车等。拆炉前必须查看炉内真空度,同时了解上一炉的设备运转情况,再进行下面步骤的操作。

## 2. 取出内件

拆炉时会经常去除炉内部件,有的部件几乎每次拆炉都要取出,有的根据拆炉次数或内件的挥发物情况来判断是否需要清扫或者进行调整。部件的取出顺序一般按照拆炉过程由上而下进行操作。为了防止烫伤,拆炉时要戴好高温防护手套。

（1）充气

记下拆炉前炉内真空度,从副室充氩气入炉膛,注意充气速度不能过快,防止气流冲击晶体产生摆动。充气到炉内压力为大气压时关闭充气阀（为了节约氩气,也可以充入空气）。

（2）取出晶体

如图 5-5 所示,升起副室（含炉盖）到上限位置后,缓慢旋转至炉体右侧,降下晶体,将晶体小心降入运送车内,并加装绑链,然后用钳子在缩颈的最细部位将籽颈剪断,晶体就取下来了。因为晶体较烫,可将运输车放至安全处（小心烫伤）,待晶体冷却后再送去检测;也可以将晶体放置于"V"形槽的木架上让其自然冷却,切记不能放在铁板或水泥地面上,否则会由于局部接触传热太快产生热应力,造成后面切片加工过程中出现裂纹和碎片。

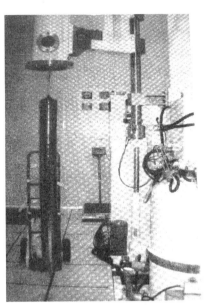

（3）取出热屏（即导流筒）

注意观察炉内挥发物的薄厚、颜色、分布,看是否有打火迹象或其他异常现象。

升起主室到上限位后,旋至炉体左侧,注意不要碰到炉内石墨件,如加热器等。戴好耐高温手套,按顺序取出热屏、保温盖、热屏支撑环,置于不锈钢台车上。

（4）取出石英坩埚和锅底料

用钳子夹住石英坩埚上沿提起取出,装入石英收集箱

图 5-5　取出晶体

内,将余下的石英坩埚碎片取出,也装入该箱内。将埚底料取出放入底料收集箱中,并注明炉次。

（5）取出石墨托碗及脱杆

从上而下一件一件取出石墨托碗（上、下体）及托杆,置于台车上。

（6）取出保温系统及加热系统

戴上帆布手套,将保温系统从上而下一件一件取出置于台车上,顺序取出加热器、石墨电极、石英护套、炉底护盘、坩埚轴护套等置于台车上。

## 3. 清扫

清扫的目的是将拉晶煅烧过程中产生的挥发物和粉尘用打磨、擦拭或吸尘等方法清扫干净。清扫过程中注意不要引起尘埃飞扬,不然会污染工作现场,同时有害身体健康,违背文明生产的原则。

（1）清扫内件

将台车推入吸尘房内,将石英收集箱及底料收集箱放在指定地点,再用砂纸、无尘布擦拭所有取出内件上的挥发物,并用吸尘器吸去浮尘、碳毡屑、石英等杂物颗粒。清扫时应小心,要避免损坏加热器,刷净加热器内外表面、石墨电极表面、托杆、下保温板、保温筒以及电极保护

套和炉底保温板等部件,并用吸尘器吸去粉尘。同时,可用压缩空气吹出一些窄缝中的粉尘。注意刷净过程中,不得碰坏部件,不要让粉尘进入下轴空隙中。

（2）清扫主炉室

一边用砂纸打磨主炉室内壁、炉盖上厚重处的挥发物,一边用吸尘器吸取尘埃,防止飞扬扩散,然后用浸有无水乙醇的无尘布将内壁擦拭干净,注意不要漏擦观察孔等狭窄的地方。换上纸巾再擦几遍,直到无尘布上没有污迹。用无尘布蘸无水乙醇擦净炉底金属面及密封面。

（3）清扫副炉室

准备好清扫杆,上面缠上浸无水乙醇的无尘布,擦净副室炉壁;同时检查钢丝绳和连接部位是否完好无损。用同样的方法将副室下面的炉盖、喉口、隔离阀以及窥视孔玻璃等清洗干净。降下软轴,取出籽晶,将籽晶夹头擦拭干净。

（4）清洗排气管道

拆开排气管道上四个端盖的管束并取下端盖,用吸尘管吸去管内粉尘,同时用专用工具将炉底排气口进行疏通清扫,将粉尘驱赶到吸尘管处。确认管道畅通后将端盖擦净安装回原位。

由于大量的 Ar 汽油机械泵排出,挥发出来的粉尘就会带入机械泵,直接影响机械泵的使用寿命,因此有的设备在机械泵的前面加了一级"除尘器",除尘器内的密集丝网会将大部分粉尘阻挡下来,因此每拉几炉单晶,就要将除尘器的内壁、丝网上的粉尘吸干净,否则影响抽空和排气,甚至在拉晶中发生断棱变晶等现象,除尘器清扫干净后恢复原状。

**4. 组装**

组装加热系统和保温系统时和取出的顺序相反,即后取的先装,先取的后装,从下而上,按取出的相反顺序逐渐完成。如果中途发现漏装或错装,必须拆除重来,既耽误时间又耗费精力,所以组装前要按先后顺序将各部件有条不紊地存放在台车上。组装时精力要集中,操作要熟练。在组装过程中,要一边安装一边认真检查,做到一丝不苟。注意检查内容如下。

（1）炉底部件

调整下保温筒、下保温毡、炉底护盘、炉底碳毡的位置,要求位置准确,对中度好,防止加热时发生打火、拉火现象。

（2）托杆、加热器部件

检查石墨托杆的稳固程度、加热器固定螺丝是否松动,确认正常后,将石墨托碗清理干净放回托底上。注意托碗上下体的配合要对正、对中。降下轴让托碗口与加热器平口等高,并转动托碗,观察与加热器的对中情况,如果对中不良应找出原因,是托碗摆动引起,还是加热器变形引起,根据情况进行相应调整,同时记下平口位置。另外,最低极限值损坏若有变动,应重新测定,记录清楚。

（3）保温系统

检查保温筒和加热器是否对中,若偏离较大,应调整保温筒的位置,使它与加热器之间的间隙一致,注意调整不要影响到测温孔的位置,否则会测温不准而影响拉晶。清擦保温盖后,放入炉内,转动并升起托碗与保温盖平,调整保温盖位置与托碗对中。一旦保温筒对中良好,不必每次拆炉都要取出,小心保持不要移动,这样不必每次调整,只检查一下即可,然后将主炉室回到原位。

### 5. 装炉

组装完毕并检查无误后就可以装炉了。装炉是指装入石英坩埚等所有拉晶必需的原辅材料，为拉制单晶做好准备。原辅材料都是经过严格清洗烘干的，所以要戴上无尘纯净手套，始终注意不能让手、衣物等直接接触。

（1）装入石英坩埚

将石英坩埚开封，戴上无尘纯净手套，例行检查石英坩埚质量，无伤痕、裂纹、气泡、黑点以及石英碎粒等为合格，放入托碗内，要求比石墨托碗高出 10 mm 左右，安放平正。转动坩埚并升至合适位置以便装入硅材料，如图 5-6 所示。

（2）装入掺杂剂

掺杂剂轻细，在打开包装时不能散落，一粒不少地全部放入坩埚中，否则会影响单晶电阻率的准确性。放入前应和生产指令单核对无误，如图 5-7 所示。

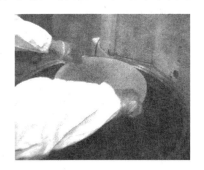
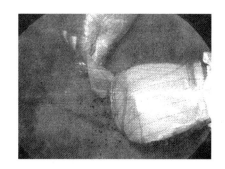

图 5-6　装入石英坩埚　　　　　　图 5-7　装入掺杂剂

（3）装入硅料

装入多晶硅料前，要先将高纯多晶硅料粉碎至适当大小，并在硝酸和氢氟酸的混合溶液中清洗外表面，以除去可能的金属等杂质，然后放入高纯的石英坩埚内。对于高档多晶硅原料，可以不用粉碎和清洗而直接应用。在装料时，要注意多晶硅放置的位置，不能使石英坩埚底部有过多的空隙。因为在多晶硅熔化时，底部首先熔化，如果在石英坩埚底部有过多空隙，熔化后熔硅液面将与上部未熔化的多晶硅有一定的空间，使多晶硅跌入熔硅中，造成熔硅外溅。硅料重而坚硬，往往要装入数十及至近百千克，装入时需戴上厚型无尘纯净手套，中途不得破裂（若有破裂必须更换），不得让手指等肌肤直接接触硅料；口罩、帽子必不可少，防止唾沫、头屑、头发等掉入坩埚内，硅料放入坩埚内要稳定，不滚动、大小搭配，相互之间既不过紧又不松散，各得其所。注意一边装材料一边检查硅料中是否夹杂有异物、表面是否氧化、有无水迹等。装入大半以后，上面的硅料注意不得紧贴埚壁，最好点接触，留有小间隙，避免熔化时发生挂边。容易倾斜滑动的硅料，要让四周邻近的硅料进行制约，防止滑动。在整个装料过程中，注意轻拿轻放，不得滑落，防止损坏坩埚。硅料装完后，用吸尘管口吸去硅料碎屑。装好的硅料呈中间高边沿低的形状，如"山"形。

（4）装籽晶

装籽晶有两种情况，在没有热屏或只有固定热屏的情况下，可以在合炉后马上装籽晶；另一种情况是，有的热屏需要在熔料完毕后，通过籽晶轴将热屏吊下去安装好，然后升至副室取出吊钩后才安装籽晶。安装籽晶比较简单，将型号、晶向核对无误后，把重锤擦干净，绑上籽晶，通过向下试拉，检查是否牢固，然后装入副室钢丝绳上即可。

**6. 合炉**

降下坩埚至熔料位置,盖上热屏支撑环,按热屏安装说明将热屏挂好。用无尘布浸乙醇擦净闭合处上下炉室、法兰和密封圈,将副室旋向正位,平稳下降放在主室上。

**7. 清场**

整理清扫装料现场,清洁炉体和地面卫生,所有用具物归原处。

**8. 抽空及熔料**

直拉单晶硅是在减压状态下进行单晶生长的,所谓减压就是将 Ar 气从副室上端引入炉内,同时用机械泵从主室下部排出炉内压力保持在 10~20 Torr(托)。

合炉完毕,就可以进行抽空了。抽空时先开启主室机械泵电源,该泵抽气口上的电磁阀会自动打开,给管道抽空,然后非常缓慢地(不产生过大的气流进入机械泵)打开炉体后面的抽空管道上的真空阀,对炉室进行抽空,真空压力传感器可以监测真空度,一般在 20~30 min 内真空度可达 5 Pa 以下(如果不符合拉晶标准,应进行抽空检漏工作)。

这时充入 Ar 气,Ar 气压力在 0.2~0.4 MPa 之间,为了不使气流对流量计冲击过大而造成零点漂移,在打开 Ar 气阀时,要控制流量由小到大,逐步接近工艺规定值,一般在 50~100 L/min。然后打开冷却水,水压一般控制在 0.2~0.3 MPa 之间,取一个定值保持不变。

加热前,应检查电器柜上的各控制旋钮,将其回到零位。打开计算机电源检查拉晶工艺参数是否正确,然后送上加热电压;不一会儿,加热电流表、加热电表的指针会上升显示当前的加热状态,第一次升至 20 V 左右,5 min 后升至 40 V 左右,这时可转动坩埚,观察炉内情况使硅材料基本红透后再次确认"未见异常",即可加热到熔化功率。不同大小的热场和装料量,其熔化功率和熔料时间不同,一般为几十到一百多千瓦,加热电压在 45~60 V 之间,电流为 1 500~2 500 A。熔化过程中,要勤观察,发现"挂边""搭桥""硅跳""过流""报警""超温""报警"等现象时要及时处理。

不要超温熔料,它会使坩埚和硅液发生剧烈反应,坩埚变形厉害,甚至发生"硅跳"。同时炉壁、炉底过分受热,容易变形,硅蒸气大量聚集容易拉弧打火,造成过流而发生事故。此外,会增加硅熔液中的含氧化程度及其他杂质,影响单晶质量。

升至高温以后坩埚底部附近最高温处的硅料开始熔化,能看到硅料慢慢往下垮塌熔液不断淹没硅料,固态硅越来越少。如图 5-8 所示,当剩下一小块固态硅料未熔化时,即可将功率降到引晶功率。将坩埚转调至 8 r/min,并将坩埚升至引晶位置,熔化完后,液面干净没有浮渣、氧化皮等现象出现;坩壁光亮,没有硅料溅起附在壁上;液面平静,炉膛内没有烟雾缭绕的迹象,说明是正常的,如图 5-9 所示。

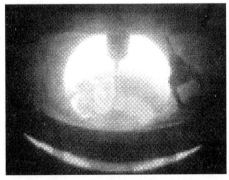

图 5-8　剩一小块固态硅未熔化

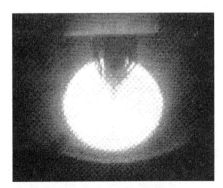

图 5-9　硅料已熔化完

### 9. 引晶

将生长控制器从手动状态切入自动状态,再次核对引晶埚位是否正确,接着就可以进行引晶了。

籽晶一般是已经精确定向的单晶,可以是长方形或圆柱形,直径在 8 mm 左右,长为 120 mm左右。籽晶截面的法线方向就是直拉单晶硅晶体的生长方向,一般为⟨110⟩或⟨110⟩方向。籽晶制备后,需要化学抛光,可去除表面损伤,避免表面损伤层中的位错延伸到生长的直拉单晶硅中;同时,化学抛光可以减少由籽晶带来的可能的金属污染。多晶硅溶化后,需要保温一段时间,使熔硅的温度和流动达到稳定,然后再进行晶体生长。在硅晶体生长时,首先将单晶籽晶固定在旋转的籽晶轴上,然后将籽晶缓缓下降,距液面数毫米处暂停片刻,使籽晶温度尽量接近熔硅温度,以减少可能的热冲击;接着将籽晶轻轻浸入熔硅,使头部首先少量溶解,然后和熔硅形成一个固液界面;随后,籽晶逐步上升,与籽晶相连并离开固液界面的硅温度降低,形成单晶硅。

具体步骤:调上轴转速到 12 r/min,下轴转速 8 r/min(晶转、埚转根据工艺具体要求而定),降籽晶到液面上方 20 min 左右,预热 2 min,再降籽晶与熔硅接触,使光圈包围籽晶后,稍降温度,即开始引晶,先慢后快,引晶速度有时可达 6～8 mm/min,逐步缩细,获得圆滑,细长的等径细颈,同时判断是否单晶,是否已消除位错。

对于首次选取坩埚位置以及判断引晶温度会有一定难度,这里介绍一些有关经验供参考。实际上选取引晶埚位就是为了选取液面的位置,一般来讲液面应在加热器发热区上端平口往下 50～70 mm。对于不同的热场,拉制不同的品种、装料量的不同,其埚位都会有些变化,要由实践来决定,首次试炉时,可以多选几次埚位试引晶。

坩埚位置过低引晶拉速不易提上去,容易缩细,也容易缩断。放肩时,要么不易拉长,要么一长大就令很快,温度反应慢,热惰性较大。

坩埚位置过高,引晶时,拉速提得很高,却不易缩细,不易排出位错,放大不久易断棱。

坩埚位置适当引晶放肩都容易操作,温度反应较快,缩颈一段后单晶棱线即清清楚楚,向外凸出。再继续往下引晶时即可消除位错,放大时不快不慢,自然生长,棱线对称完好无缺,宽面则平滑、光亮、大小一致。这样坩埚位置符合纵、温度、度足够大(但不能过大)、径向温度梯度尽量小的条件,满足单晶、生长的要求。

如何判断合适的引晶温度? 当选好埚位、调准坩埚转速后,仔细观察液面和坩埚、接触处的起伏现象,它是由于硅熔体和石英坩埚起反应生成的 $SiO_2$ 气体逸出液面而产生的,温度越高,反应越激烈,起伏越厉害,从而可以帮助判断温度的高低。

① 温度过高:埚边的液面频繁的爬上埚壁后又急忙掉下,起伏厉害。

② 温度过低:埚边的液面平静,几乎不发生爬上、落下的现象。

③ 温度适合:埚边的液、慢慢爬上,当爬不动时又缓缓落下。

当出现第一种现象时,则逐渐降温;当出现第二种现象时则逐渐升温。无论升温还是降温,都要求幅度不要过大,等温度反应过来后,再观察起伏情况,确定下一步的调整。

当出现第三种情况时,说明温度基本适合,可以试引晶了,快速降籽晶到液面上方 10～15 mm处,稍后几分钟,若无异常现象,即可降籽晶接触液面进行熔接,观察液面和籽晶接触后的光圈情况,进一步调整引晶温度如图 5-10 所示。下面以方籽晶说明这个问题。

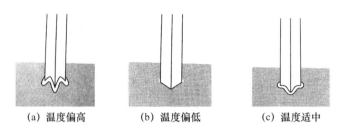

|(a) 温度偏高|(b) 温度偏低|(c) 温度适中|

图 5-10　引晶温度的判断

① 温度偏高时：籽晶一接触液面，马上出现光圈，很亮、很黑、很刺眼。籽晶棱边出现尖角，光、发生、动，甚至熔断，无法提高拉速缩颈。

② 温度偏低时：接触后，不出现光圈，籽晶未被熔接，反而出现结晶向外长大的现象。

③ 温度合适时：接触液面后，慢慢出现光圈，但无尖角，光圈柔和圆润，既不会长大，也不会缩小而熔断，如图 5-11 所示。

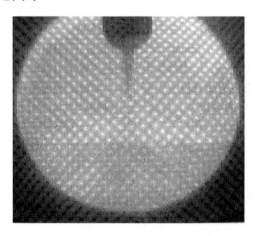

图 5-11　熔接

**10. 缩颈**

熔接好以后，稍降温洒可以开始缩颈了，如图 5-12 缩颈的目的是消除位错，从而获得无位错单晶。去除了表面机械损伤的无位错籽晶，虽然本身不会在新生长的晶体硅中引入位错，但是在籽晶刚碰到液面时，由于热振动可能在晶体中产生位错，这些位错甚至能够延伸到整个晶体，而缩颈技术可以生长无位错的单晶。

单晶硅为金刚石结构，其滑移系为(111)滑移面的〈110〉方向。通常单晶硅的生长方向为〈110〉或〈110〉，这些方向和滑移面(111)的夹角分别为 36.16°和 19.28°；一旦产生位错，将会沿滑移面向体外滑移，如果此时单晶硅的直径很小，位错很快就能滑移出单晶硅表面，而不是继续向晶体内部延伸，以保证直拉单晶硅能无位错生长。

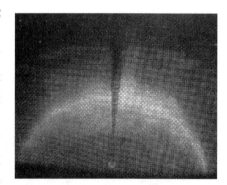

图 5-12　缩颈

因此，引晶完成后，籽晶应该快速提拉向上，晶体生长速度加快，新结晶的单晶硅的直径将比籽晶的直径小，可以达到 3 mm 左右，其长度约为此时晶体直径的 6～10 倍，旋转速率为 2～

10 r/min,称为缩颈阶段。对于〈110〉方向而言,晶颈的直径越小,越容易消除位错。但是,缩颈时单晶硅的直径和长度会受到所要生长单晶硅的总重量的限制,如果重量很大,缩颈时晶颈的直径就不能很细。晶颈能支撑晶棒重量的最小值由下式表示:

$$d \approx 1.608 \times 10^{-3} DL^{1/2}$$

式中,$D$ 是晶棒直径,$L$ 是晶棒长度。

如何判断引晶的质量呢?

① 细晶均匀、修长,没有糖葫芦状,直径 3~5 mm。

② 细晶上的棱线对称、凸出、连续,没有时隐时现、一大一小的现象。(111)晶向有时还能观察到苞丝,说明位错已经消除。

### 11. 放肩

在缩颈完成后,晶体的生长速度大大放慢,此时晶体硅的直径急速增加,从籽晶的直径增大到所需的直径,形成一个近 180°的夹角,此阶段称为放肩。在此步骤中,最重要的参数值是直径的增加速率。放肩的形状与角度将会影响晶棒头端的固液面形状及晶棒品质。如果降温太快,液面出现过冷情况,肩部形状因直径快速增大而变成方形,最严重时导致位错的再现而失去单晶结构。

所以,我们在引晶完毕后,将拉速降至 0.5 mm/min,开始放大,如图 5-13 所示,同时降些功率,降幅的大小可由缩颈时的拉速大小、缩细的快慢来决定。如果引晶时,拉速偏高且不易缩细,说明温度低可少降一点,反之如果拉速较低又容易缩细,说明温度较高,可多降一点,目的是为了在 0.5 mm/min 放肩速度下,放肩速度下,放肩角容易控制在 140°~160°之间。

放肩开始,会发现籽晶周围的光圈,首先在前方出现开口,并往两边退缩,随着直径的增大,光圈退缩到直径两边,并向后方靠去,如图 5-14 所示。

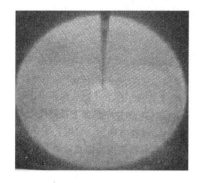

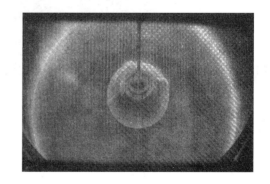

图 5-13  开始放肩          图 5-14  继续放肩

放肩过程中,发现过快时,可适当提高拉速,升一点温;反之,则降一点温,降点拉速,使温度反应过来后,适当调整放肩速度,保持圆滑光亮的放肩便面。

如何判断放肩质量呢? 可以观察放肩时的现象来判断。

放肩好时:

(1) 棱线对称、清楚、挺拔、连续;

(2) 出现的平面对称平坦、光亮,没有切痕;

(3) 放肩 角合适,表明平滑、圆润,没有切痕。

放肩差时:

(1) 棱线不挺、断断续续,有切痕,说明有位错产生;

（2）平面的平坦度差，不够光亮，时有切痕，说明有位错产生；

（3）放肩角太大，超过了 180°。

放肩直径要及时测量，以免误时来不及转肩而使晶体直径偏大。

**12. 转肩及等径**

当放肩达到预定晶体直径时，晶体生长速度加快，并保持几乎固定的速度，使晶体保持固定的直径生长，此阶段称为等径。

在平放的过程中，由于放大速度很快，必须及时检测直径的大小，当直径约差 10 mm 接近目标值时，即可提高拉速到 3～4 mm/min，进入转肩，这时原来位于肩部后方的光圈较快的向前包围，最后闭合，如图 5-15 所示。为了转肩后晶体不会缩小，可以预先降点温，等放肩完，温度差不多反应过来，就不会缩小了。光圈由开到闭合的过程就是转肩过程，在这个过程中，晶体仍然在长大，只是速度越来越慢了，最后不再长大，转肩就完成了。如果这个转肩速度控制量恰到好处，就可以让转肩后的直径正好符合要求，这时，降下拉速到设定拉速，并按比例跟上锅升，投入自动控径状态。

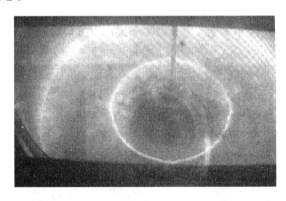

图 5-15　转肩时光圈闭合

如果直径有偏大或偏小的现象，可以通过修改相机读数，使直径逐步逼近目标值如图 5-16 所示。

直径控制和温度控制都切入自动状态以后，晶体的整个等径生长过程就交给计算机来控制了，同时可以打开记录仪，画出有关曲线。

如果设备运转正常，设定的拉速曲线和温校曲线合理，人机交接时配合得好，晶体的等径生长是可以正常进行到尾部的，如图 5-17 所示。

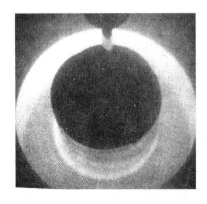

图 5-16　调整直径

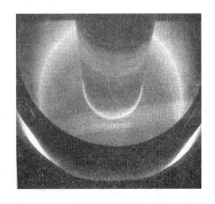

图 5-17　自动控制等径生长

目前有较多的单晶炉从抽空到转肩都是手动操作的,其实从引晶到转肩最能体现操作者的技术水平(而且比从引晶开始就进入自动控制更节省时间),一只单晶能否完整地按照设定的工艺参数生长到尾部,与这段手动操作的质量有很大的关系,操作者完全学会和掌握了这门技术,无论在半自动或全自动设备上,都能得心应手。

在自动控制等径生长过程中,如果要直接修改某些参数,如拉速、转速、埚跟速度、温度等,可以进入自动模式下的手动干预菜单,点击相应的项目界面进行(＋)/(－)修改,只不过修改幅度不能太大,注意在拉晶正常后去除修改值,就不会影响正常程序。

在等径生长过程中,有时会发生晶体长大出宽面或变方的情况,这时就应及时升温,让拉速降下来。变形厉害时,应切入手动进行人工干预,使直径和拉速符合当前的设定曲线时,再切入自动。这种情况一般是由于转肩前降温过多,或者升温曲线欠妥、跟速不准引起的。如果发现收细,可降温,严重时,切入手动干预。

**13. 收尾及停炉**

在晶体硅结束生长时,晶体硅的生长速度再次加快,同时升高硅熔体的温度,使得晶体硅的直径不断缩小,形成一个圆锥形,最终晶体硅离开液面,单晶硅生长完成,最后这个阶段称为收尾,如图 5-18 所示。

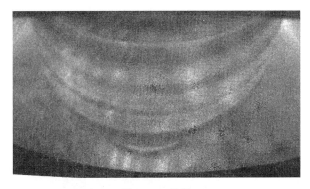

图 5-18　收尾

如果不进行收尾,就将晶体提高,离开液面,那么由于热应力的作用,提断处会产生大量的位错,同时位错会沿着滑移面向上攀移。[111]单晶,位错向上的攀移长度约等于单晶的直径。[100]单晶,攀移长度稍短,重掺锑单晶攀移长度更短一些。总之,这种位错攀移使单晶等径部位"有位错"而被切除,从而降低了单晶的成品率,特别是大直径单晶,其损失是不能忽视的,因此,单晶拉完必须进行收尾,收尾成尖形,让无位错生长维持到结束,这样,尖形脱离液面时,产生的位错,其攀移的长度也不至于进入等径部位,如图 5-19 所示。

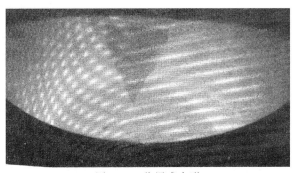

图 5-19　收尾成尖形

　　收尾工作的进行,一方面可根据晶体长度来判断,另一方面根据晶体重量来判断,有经验的拉晶人员还可以观察剩料的多少来判断,收尾太早,剩料太多不合算,收尾太晚,容易断苞,位错向上攀移,合格率低,也不合算。收尾工艺也是操作人员的硬功夫,要有耐心不能图快,否则容易断棱,产生位错,那就得不偿失了。

　　收尾时,将计算机切入手动,停埚升提高拉速,同时可以利用温度控制自动升温,两者的共同作用是使晶体收细,并保持液面不结晶,收细的方式有两种,一为快收,一为慢收,各有所长,如图 5-20 所示。

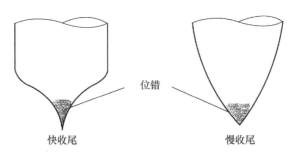

图 5-20　收好尾,位错攀移长度短

　　慢收尾容易掌握,不易断棱,时间较长;快收尾容易断棱,难度较大,但时间短。在不断棱的情况下,两种方法均要求收尖,防止位错攀移到等径部位。

　　收尾完毕,可将晶体提起约 400 mm,然后下降坩埚约 50 mm,防止液面和热屏粘接(见图 5-21),停晶升、停晶转、埚转,降温至电压表为 40 V、当结晶、毕后,再降至 30 V,10 min 后降至 0 V,15 min 后,关闭氩气,继续抽空至 10 Pa 以下时,记下真空度,关闭真空阀,停机械泵电源,再将各电器旋钮回零,关闭计算机及电控柜电源,4 个小时以后方可停水(在使用循环水的系统中,如果停水会影响其他单晶炉的水压及水量时,可以不停水)。

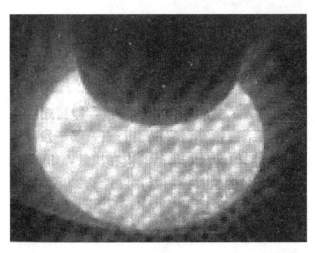

图 5-21　降坩埚、降温停炉

### 三、直拉法单晶硅生长设备简介

　　单晶是在单晶炉内进行生长的,因此它的结构以及各种控制系统的配备,对单晶的尺寸及质量有着极为重要的影响。随着集成电路和太阳能电池事业的发展,当今生产的单晶炉,在设计上取了很大进步。自动化程度高,炉体尺寸大,一次装料达几百千克,可拉制 8 英寸、12 英寸和 16 英寸硅单晶,可充分满足单晶大直径化的要求。图 5-22 为一直拉硅单晶炉的实际外观。每个设备供应商制造的单晶炉在外形上会稍有区别,但基本内部结构及原理却大致相同,如图 5-23 所示。

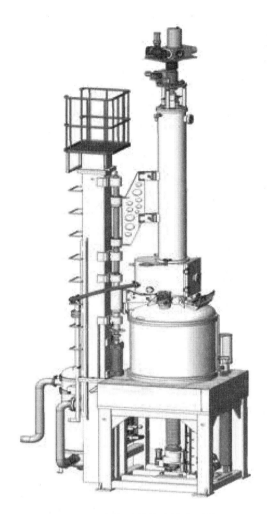

图 5-22　直拉硅单晶炉的实际外观

**1. 直拉单晶炉的结构**

1)炉体

炉体包括主架、主炉室、副炉室等部件。主架由底座、立柱组成,是炉子的支撑机构。主炉室和副炉室是单晶生长的地方。

主炉室是炉体的心脏,由炉底盘、下炉筒、上炉筒以及炉盖组成。它们均为不锈钢焊接而成的双层水冷结构,用于安装生长单晶的热系统、石英坩埚及原料等。

副炉室包括副炉筒、籽晶旋转机构、软轴提拉室等部件,是单晶硅棒的接纳室。籽晶旋转及提升机构,提供籽晶的旋转及提升的动力和控制系统。坩埚的旋转及提升机构,提供坩埚的旋转及上升的动力和控制系统。主、副炉室的升降机构,通过液压对炉室进行升降。

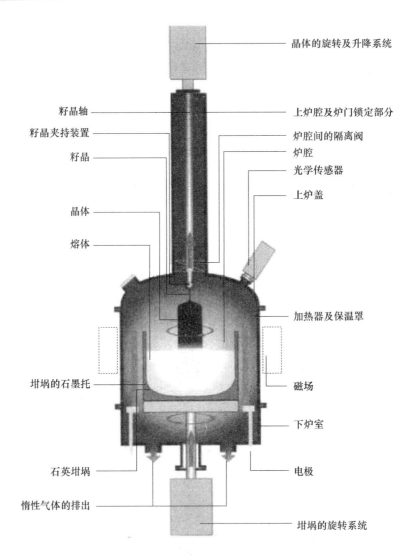

图 5-23　单晶炉基本内部构造

2）氩气系统

氩气系统包括液氩储罐，汽化器、气阀、氩气流量计等部件。氩气纯度为 5 N，在单晶生长过程中起保护作用，一方面及时携带熔体中的挥发物经真空泵排出；另一方面及时带走晶体表面的热量，增大晶体的纵向温度梯度，有利于单晶生长。

3）真空系统

真空系统主要分两部分：主炉室真空系统和副炉室真空系统。

主炉室真空系统主要包括主真空泵、电磁截至阀、除尘罐、安全阀、真空计、真空管道及控制系统等。其中除尘罐对排气中的粉尘起到过滤作用，以便保护真空泵，除尘罐内的过滤网要定期清理，使排气畅通，否则影响成晶，另外要定期更换泵油。

副炉室真空系统除了无除尘罐外，与主炉室真空系统相似，主要是在拉晶过程中需要关闭主、副炉室之间的翻板阀取晶体或提渣时，必须用副炉室真空系统来对副炉室抽真空。

拉晶过程中必要时应进行真空检漏。冷炉极限真空应达到 5 Pa 以下，单晶炉泄漏率应该低于 3 Pa/10 min。

4）电气系统

电气系统主要包括电源控制系统以及单晶炉控制系统。

直拉单晶炉主电源采用三相交流供电,电压 380 V,频率 50 Hz。经变压器整流后,形成低电压,高电流的直流电源作为主加热电源(功率柜)。

单晶炉控制系统主要包括速度控制单元、加热控制单元、等径生长控制单元、水温和设备运行巡检及状态报警、继电控制单元等部分。

（1）速度控制单元对晶升、埚升、晶转、埚转的速度进行控制。

（2）温度传感器从加热器上取得的信号与等径控制器的温度控制信号叠加后进入欧陆控制器,经分析调整控制加热器电压,达到控制加热温度与直径的目的。

（3）水温运行巡检及状态报警单元可以对单晶炉各路冷却水温进行实时检测,当某路水温超过设定值时,相应水路发出报警提示工作人员排除。同时本单元可以实时检测单晶炉运行中的异常现象,给出相应报警。

（4）继电控制单元包括液压系统继电控制,真空机组继电控制及无水、欠水继电控制等部分。

5）水冷系统

水冷系统包括总进水管道、分水器、各路冷却水管道以及回水管道。由循环水系统来保证水循环正常运行。(电极、坩埚杆上为进水口,下为出水口,其余各部件均相反)

水冷系统的正常运行非常重要,必须随时保持各部位冷却水路畅通,不得堵塞或停水,轻者会影响成晶率,严重会烧坏炉体部件,造成巨大损失。

**2. 热系统**

在直拉法生长单晶硅的过程中,要将原料多晶硅融化在石英坩埚中,然后在熔点温度下用晶种引出,逐渐长大而拉制成功的,所以其热系统是非常重要的,热系统包括加热器、石英坩埚、石墨坩埚、加热器、保温层、石墨电极等,如图 5-24 所示。

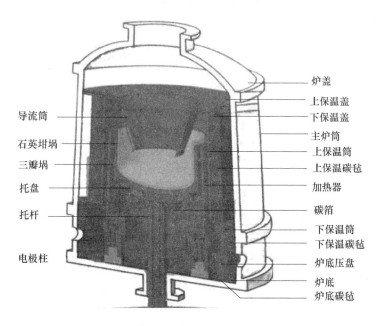

图 5-24 热系统示意图

（1）加热器是热系统中最重要的部件，是直接的发热体，温度最高时达到1 600 ℃以上，形状为直筒型。

（2）石墨坩埚是用来盛装石英坩埚的，目前使用较多的为3瓣或4瓣，它的内径尺寸要和石英坩埚的外形尺寸相配合。同时，石墨坩埚本身必须具有一定强度，来承受硅料和石英坩埚的重量。热系统长期使用在高温下，所以要求石墨材质结构均匀致密、坚固、耐用，变形小、无空洞、无裂纹、金属杂质含量少。

（3）托杆和托盘要求和下轴结合牢固，对中性良好，在下轴转动时，托杆及托盘偏摆度小于2 mm，托杆及托盘的高度设计需要充分考虑化料埚位以及足够的埚升行程。

（4）保温罩由上保温盖、炉底压盘、保温筒、导流筒等部件合理配合组成，炉底盘部分以及保温筒外围需要包裹一定厚度的石墨毡，保温罩整个系统对热系统的内部温度分布起着决定性作用。

（5）石墨电极的作用，一是平稳地支撑加热器，二是通过它对加热器通电，因此要求石墨电极厚重，结实耐用。与金属电极和加热器的接触面要求光滑、平稳，之间需加碳箔垫片（有利于提高加热器与石墨电极的导电性能）。

## 四、新型 CZ 硅生长技术

虽然经过了几十年的努力，单晶硅太阳能电池的制造成本有了很大的降低，但与常规能源相比，仍然显得比较昂贵，这也就限制了它进一步大规模地使用。而单晶硅的高质量、大尺寸和高光电转换效率，作为有效降低生产成本和使用成本的主要途径，一直是我们努力追求的目标。

为了提高晶体质量和进一步降低生产成本，在传统的直拉单晶硅生长工艺上又派生出磁场直拉单晶硅生长工艺和连续加料的直拉单晶硅生长工艺。

### 1. 磁场直拉单晶硅生长工艺

1980年日本 SONY 公司将磁场直拉晶体技术正式运用到单晶硅生长工艺中。由于磁场具有抑制导电流体的热对流能力，而且大部分金属及半导体熔体都具有良好的导电性。故在传统的直拉生长系统上外加一个磁场，可以抑制熔体里的自然热对流，避免产生紊流现象。在合适的磁场强度及分布下进行晶体生长，能起到减少氧、硼、铝等杂质经石英坩埚进入硅熔体后进入晶体的作用，从而可制备出氧含量可控及均匀性好的高电阻率的直拉单晶硅。

采用磁场晶体生长技术时磁场对于晶体生长轴的方向对实际效果有很大的影响，根据所加磁场结构、方向的形式不同可有横向磁场、纵向磁场及各种非均匀分布的复合式磁场三种，如图5-25所示。其中以复合式磁场效果最好，使用最普遍。

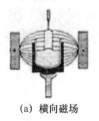  

（a）横向磁场　　　　　　（b）纵向磁场　　　　　　（c）复合式磁场

图 5-25　外加磁场方向示意图

目前我国已使用美国 KAYEX 公司 KX-150MCZ 磁场单晶硅生长系统（最大装料量

为 150 kg），运用拥有自主知识产权，采用磁场及计算机控制的热辐射的完美晶体生长技术，已研制生产出氧、碳含量可控、缺陷密度低、电阻率均匀性好的直径大于 200 mm 的大直径单晶硅。

**2. 连续加料的直拉单晶硅生长工艺**

它是让晶体生长的同时不断地向石英坩埚内补充添加多晶硅原料侧，以此来保持石英坩埚中有恒定的硅熔体，致使硅熔体液面不变而处于稳定状态，减少电阻率的轴向偏析现象，并可以生长出比较长的单晶硅棒以增加产量，提高了生产效率。当前连续加料方法主要有液态连续加料和固态连续加料两种方式。生长晶棒程序如图 5-26 所示。

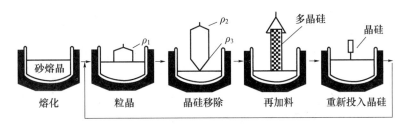

图 5-26　利用二次加料生长晶棒的程序

虽然因采用新的单晶硅生长技术，会使设备变得复杂而增加前期投资，但预期仍然可降低约 40％的生产成本。

同时在生长工艺控制上，大力研发运用新型的监控设备和自动化控制设备，对不同的生长参数进行系统的理论研究，合理地控制单晶硅生长过程，根据不同生长阶段采用不同的生长控制参数，为生长高质量、大尺寸的单晶硅奠定了基础。

北京有色金属研究总院有研半导体材料股份有限公司自 1995 年 8 月研制出我国第一根直径 8 英寸的直拉单晶硅，1997 年 8 月研制出我国第一根直径 12 英寸直拉单晶硅，后又于2002 年 11 月研制出我国第一根直径 18 英寸的直拉单晶硅。

在技术方面，我国北京有色金属研究总院和北京太阳能研究所从 20 世纪 90 年代起进行高效单晶硅太阳能电池的研究开发。采用倒金字塔表面织构化、发射区钝化、背场等技术，使电池效率达到了 19.8％，激光刻槽埋栅电池效率达到了 18.6％。我国光伏产业在开拓中前进，有了一定的基础。但在总体水平上与国外相比还有很大差距，如生产规模较小，技术水平低，专用原材料及专用生产设备国产化程度低，产品质量有待提高，组件成本高等。因此。应该积极开展太阳能电池的研究与开发。在提高太阳能电池转换效率的同时，更要研究适合大规模生产的工艺，把科研成果真正转化为社会经济效益，这对我们国家的太阳能电池产业具有重大的意义。

# 第二节　区熔生长单晶硅

悬浮区熔法（Float Zone Method）简称 FZ 法，于 20 世纪 50 年代提出并很快应用到晶体制备技术中，即利用多晶锭分区熔化和结晶来生长单晶体的方法。在悬浮区熔法中，使圆柱形硅棒用高频感应线圈在氩气气氛中加热，使棒的底部和在其下部靠近的同轴固定的单晶籽晶间形成熔滴，这两个棒朝相反方向旋转。然后将在多晶棒与籽晶间只靠表面张力形成的熔区沿棒长逐步移动，将其转换成单晶。

区熔法可用于制备单晶和提纯材料,还可得到均匀的杂质分布。这种技术可用于生产纯度很高的半导体、金属、合金、无机和有机化合物晶体(纯度可达 $10^{-9} \sim 10^{-6}$)。在区熔法制备硅单晶中,往往是将区熔提纯与制备单晶结合在一起,能生长出质量较好的中高阻硅单晶。区熔硅单晶由于在它的生产过程中不使用石英坩埚,氧含量和金属杂质含量都远小于直拉单晶硅,单晶的纯度高,因此它主要被用于制作电力电子器件、光敏二极管、射线探测器、红外探测器等。

### 一、区域熔炼

区域熔炼是一个简单的物理过程,指根据液体混合物在冷凝结晶过程中组分重新分布(称为分凝或偏析)的原理,通过多次熔融和凝固,制备高纯度的(可达 99.999%)金属、半导体材料和有机化合物的一种提纯方法,属于热质传递过程。此法是由 W. G. 范在 1952年提出的,最初应用于高纯度锗的生产。

区域熔炼的典型方法是将被提纯的材料制成长度为 $0.5 \sim 3$ m(或更长些)的细棒,通过高频感应加热,使一小段固体熔融成液态,熔融区液相温度仅比固体材料的熔点高几度,稍加冷却就会析出固相。熔融区沿轴向缓慢移动(每小时几至十几厘米)。杂质的存在一般会降低纯物质的熔点,所以熔融区内含有杂质的部分较难凝固,而纯度较高的部分较易凝固,因而析出固相的纯度高于液相。随着熔融区向前移动,杂质也随着移动,最后富集于棒的一端,予以切除。

在熔炼过程中,锭料水平放置,称为水平区熔,如锗的区熔一般采用水平区熔;锭料竖直放置且不用容器,称为悬浮区熔,如硅的无坩埚区域熔炼,如图 5-27 所示。

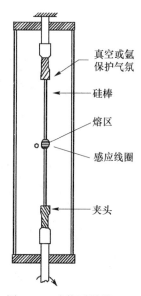

真空或氩保护气氛
硅棒
熔区
感应线圈
夹头

图 5-27　硅的无坩埚区域熔炼示意图

### 二、FZ 硅的制备

到 1948 年发明晶体管时,硅和锗中的杂质已经降至 ppb 级水平。第一个大的突破是Pfann 于 1952 年发展起的区域熔炼技术,它首先用于 Ge,然而将该技术应用到硅上时遇到了两个主要的问题:第一,硅的熔点比锗高得多(硅为 1 420 ℃,锗为 937 ℃),它与所有的容器材料都会发生反应,石英是最好的熔硅的容器材料,但石英仍然会与硅反应,石英中的杂质会熔入硅中,不但不能提纯反而会带来新的杂质污染,且在凝固时石英与硅粘连而使器皿破裂,因此到目前为止没有找到合适的容器材料。第二,硼、磷的分凝系数接近 1,仅用区熔提纯不能除去,这也一直是限制物理法提纯硅材料的一个关键问题。当然用西门子法制备的高纯硅中硼、磷的含量已经得到了有效控制,在本小节只考虑区熔制备单晶硅的过程和工艺,利用区熔技术对各种杂质的提纯暂不深究。

很显然,水平区熔法不适合硅,因而在 20 世纪 50 年代初由好几位研究者各自独立地创造发展了悬浮区熔技术,并很快在硅材料的制备中采用这种方法对多晶硅进行提纯或生成硅单晶时,熔区悬浮于多晶硅棒与下方生长出的单晶之间,故称为悬浮区熔法。由于在熔化和生长硅晶体过程中,不使用石英坩埚等容器,又称为无坩埚区熔法。

由于熔硅有较大的表面张力(720 dyn/cm)和小的密度(2.3 g/cm³),悬浮区熔法正是依靠表面张力支持着正在生长的单晶和多晶棒之间的熔区,加上高频电磁场的托浮作用,熔区易保持稳定。

采用悬浮区熔法是生长单晶硅的优良方法。悬浮区熔时,熔区呈悬浮状态,不需要坩埚,不会与任何物质相接触,因而避免了容器的污染。除此之外,由于硅中杂质的分凝效应和蒸发效应,可获得高纯硅单晶。区熔可在保护气氛(如氩、氢)中进行,也可以在真空中进行,且可反复提纯(尤其在真空中蒸发速度更快),特别适用于制备高阻硅单晶和探测器高纯硅单晶。

FZ(区熔)硅单晶的生长系统如图 5-28 所示,首先用针眼状的感应线圈加热多晶硅棒的一端,形成一个尖端状的熔区,然后该熔区与特定晶向的籽晶接触,这个过程就是引晶。要求籽晶是单晶,其电阻率不宜过分低于产品要求。籽晶应该是圆柱形或倒角圆滑。直径不宜太粗,一般直径为 5~8 mm 较好。籽晶表面不应有严重氧化,不宜有机械损伤,不宜过分粗糙,籽晶应规格化。接着将籽晶和多晶棒一起向下移动,熔区就会经过多晶棒,这个单晶硅就会在籽晶外延伸。通常,在引晶的过程中,由于热冲击,会在新形成的单晶中产生位错。显然位错不加以排除,将会在继续生长的单晶中产生更多的位错,最后无法形成无位错单晶。为了消除位错,W. C. Dash 提出了一种缩颈工艺,即在形成一段籽晶之后,缩小晶体的直径至 2~3 mm,继续生长 20 mm 左右,即可把位错完全排除到籽晶的外表面,如图 5-29、图 5-30 所示。接着再生长一段无位错的细晶后,放肩至目标尺寸进入等径生长。在等径生长过程中,熔区的形成以及晶体的直径控制可以通过调整射频线圈的功率以及熔区的移动速度来实现。在和直径的自动控制上,FZ 法及 CZ 法都是利用红外传感器聚焦在半月形弯月面上。弯月面的形状由三相交界处的接触角、晶体直径和表面张力大小来决定。当半月形弯月面的角度发生变化,也即晶体直径发生变化的信号被传感器测到时,自动控制系统就会发出反馈信号实现晶体的等径控制。需要说明的是,在晶体生长过程中,籽晶和晶体的旋转方向相反,这是为了保持热场的对称性。待籽晶熔接良好后,使熔区沿多晶硅向上移动,通过缩颈、放肩、转肩、等径和收尾等工艺程序,拉制出完整的无位错单晶硅。

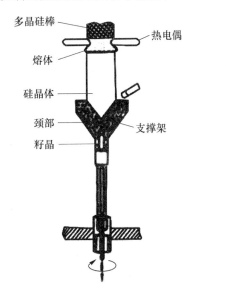

图 5-28 区熔硅生长系统原理图

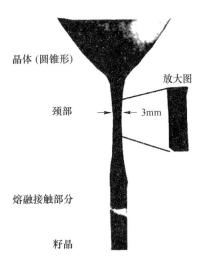

图 5-29 Dash 缩颈工艺示意图

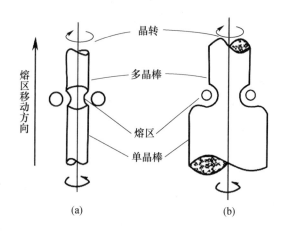

图 5-30　悬浮区熔法生长单晶原理示意图

真空区熔的全部工作,是为了在竖直的硅棒下端产生一个熔区,并自下而上移动熔区,在末端凝固,然后保持硅棒暗红使加热线圈发挥始端,按需要重复此过程,最后长成单晶。为完成这一过程已经具备以下条件:

(1) 产生一个熔区所需的热源,现利用感应线圈进行加热。由一高频炉产生高频电流,通过同轴引线,由环绕在硅棒周围的加热线圈输出,从而产生高频电磁场进行感应加热。

(2) 硅在高温下有很强的化学活泼性,因而在熔区过程中必须使硅棒和熔区处于非常清洁的环境中,尽量避免一切污染源,才能比较准确地控制晶体中的微量杂质和获得高纯度的产品,故在工作室内采用高真空(在气体区熔中用纯度为 5~6 个"9"的惰性气体,如氩气)作为保护气氛。

(3) 为使得熔区移动和单晶形状对称,需要一套传动机构来带动线圈(或者硅棒)转动籽晶和调节熔区形状。

(4) 原料硅棒电阻率多数是大于 $0.1\Omega\cdot cm$,高频电磁场在硅棒上产生的感应电流很小,不能直接达到熔化。必须依靠预热使硅棒达到 700 ℃ 左右,此时硅棒本征电阻率大约为 $0.1\Omega\cdot cm$,感应电流大大增加,足以维持继续增高加热区域的温度,产生一个熔区。因此需备有预热物件,否则不能产生熔区。

(5) 为了方便获得单晶,应在硅棒下端放置一个小单晶作为籽晶。

区熔硅的常规掺杂方法有硅芯掺杂、表面涂敷掺杂、气相掺杂、中子嬗变掺杂等,以气相掺杂最为常用。而利用中子嬗变掺杂可获得掺杂浓度很均匀的区熔硅(简称 NTD 硅),从而促进了大功率电力电子器件的发展与应用。

# 第三节　单晶硅中的杂质

人们为了控制硅材料的电阻率和导电性能,会有意地将某些电活性杂质掺入其中。同时,在半导体硅晶体生长和加工过程中,人们往往会在无意中引入一些杂质,如氧、碳、氮等非金属杂质和某些金属杂质,这些杂质对硅材料性能往往会有很大的影响。本节将对硅晶体中的非金属杂质氧、碳、氮、氢和金属杂质的基本性质以及它们对硅材料性能的影响做一简单介绍。

### 一、硅中的氧

氧是晶体硅中的主要杂质之一,已经被人们研究了多年,它主要来源于原材料和晶体生长过程中石英坩埚的污染。氧可以形成具有电学性能的氧团簇,也可以与空位结合成微缺陷,还可以形成氧沉淀,氧沉淀还会引入二次缺陷,这对硅太阳能电池和集成电路的性能都有破坏作用。研究发现,硅中的氧除了对硅材料及其器件具有不利影响之外,还具有有利的一面:氧的存在可以阻止位错的运动,提高硅片的机械强度和在器件热退火工艺中抵抗翘曲的能力,利用氧的性质,设计"内吸杂"工艺,可以吸除直拉单晶硅中的金属杂质,大大提高超大规模集成电路的性能和电路的成品率。与集成电路不同的是太阳能电池由于工作区域的不同而不能设计利用"内吸杂"工艺。但由于太阳能电池用的单晶硅中氧沉淀及其相关缺陷的数量和形成概率均较少,对太阳能电池的影响远小于它们对集成电路的影响。

#### 1. 硅中氧的基本性质

直拉单晶硅生长过程中采用的石英坩埚的熔点高于硅材料的熔点,但是熔融的液态硅在高温下会严重侵蚀石英坩埚,石英坩埚与高温液态硅作用后生成硅氧化物 SiO:

$$Si + SiO_2 \Longrightarrow 2SiO$$

一部分 SiO 以气体的形式从硅熔体表面蒸发掉,少量的 SiO 会以氧原子的形态存在于熔体中,最终进入硅晶体中,其反应方程式为

$$SiO \Longrightarrow Si + O$$

一般认为,硅中的氧在熔点温度(约 1 420 ℃)附近的平衡固溶度约为 $2.75 \times 10^{18}\,cm^{-3}$,硅晶体中氧的浓度要受到其固溶度的限制。硅中氧的溶解度会随着温度的降低而减少,在 700 ℃ 左右时,硅中氧的溶解度约为 $10^{16}\,cm^{-3}$。硅中氧固溶度的大小与温度变化之间的关系随研究方法的不同而不同。

和其他杂质一样,氧在晶体硅生长过程中会产生分凝现象,Yatsurugi 测算出硅中氧的分凝系数为 1.25,氧的分凝对氧在硅晶体中的分布有着重要的影响。晶体生长工艺的不同使得硅晶体中氧浓度的分布会有所差异,但一般来讲,直拉单晶硅的头部氧浓度要高于尾部;同时,硅径向上的氧浓度分布也受晶体生长工艺影响,一般而言,单晶硅中心部位的氧浓度比边缘部位要高。

测量硅单晶中的氧浓度通常有如下方法:一种是带电粒子活化法(CPAA),该法可以用来测定硅晶体中氧的总浓度,但方法比较繁杂,而且费用昂贵,多用于特殊研究当中;第二种是早期用来测定氧浓度的方法——熔化分析法(FA),这种方法不但精度不高,而且费时费力;第三种是离子质谱法(SIMS),这种方法的优点是它能够测量硅中所有形态氧的总浓度,而且方法制样方便,不足之处在于该方法的测量精度低;第四种是红外光谱分析法,它是实际工作中测量硅中氧浓度的常用方法,该法迅速准确,测量精度较高。

氧位于硅晶格的间隙位置,是一种非电活性杂质。氧原子与两个〈111〉方向的硅原子键合,氧原子本身稍稍偏离〈111〉方向,Si-O-Si 键角约为 100°,形成一个等边三角形的 Si-O-Si 结构。在利用红外技术对硅单晶进行测试的红外吸收光谱中,氧在 515 $cm^{-1}$、1 720 $cm^{-1}$ 有两个弱的吸收峰,在 1 107 $cm^{-1}$ 引起一个较强的吸收峰。通常利用 IR 测量 1 107 $cm^{-1}$ 峰的强度,来确定硅中氧的浓度。室温下 IR 吸收系数($\alpha$)与氧浓度[O](单位:$cm^{-3}$)的关系式为

$$[O_i] = C \times \alpha_{max} \times 10^{17}$$

式中,$C$ 为校正系数,$\alpha_{max}$ 为 1 107 $cm^{-1}$ 峰的最大吸收系数。对于校正系数 $C$ 的取值,不同

的国家有着不同的标准,目前,校正系数大多采用 $3.14\pm0.09$。

应该注意的是,氧在晶体硅中还可以沉淀或复合体等形式存在,而采用红外测试技术仅能测得其中间隙氧的浓度。因此,在采用红外技术进行硅中氧浓度的测量时,需要对晶体硅进行处理,使其中的氧以间隙态的形式存在,然后再利用红外技术进行测试。

**2. 氧施主**

直拉单晶硅在进行热处理的过程中,会产生与杂质氧相关的施主效应。当处理温度处于 $300\sim500$ ℃ 的范围内,会产生与氧相关的热施主效应。高于 $550$ ℃ 的短时间退火($0.5\sim1$ h)即可消除这些热施主。热施主是有害的,它使得电阻率失真。在高阻材料中由热施主引起的电阻率变化会使 MOS 晶体管的阈值电压有很大的漂移。

硅中的热施主效应早在 20 世纪 50 年代就已经被研究者所发现。1958 年,研究者对热施主的形成动力学做了研究,认为热施主是 $SiO_4$ 的配合物。但随着研究的深入,迄今为止人们对有关热施主的很多问题还并不清楚。红外吸收测量表明,至少存在的热施主种类有 16 种,从直拉单晶硅的形成过程来看,热施主的形成是无法避免的。尽管人们对它的结构还不了解,但通常认为,热施主产生的速率和浓度与氧含量有关,热施主的最大浓度与氧浓度的三次方成正比,其形成的初始速率与间隙氧浓度的四次方成正比。

除浓度外,温度对热施主的形成也有很大的影响。在热施主形成的温度范围内,$450$ ℃ 形成速率最大,在此温度下进行热处理一段时间后,热施主的最高浓度可达到 $1\times10^{16}$ cm$^{-3}$ 左右。此外,人们的研究还表明,除氧之外,晶体硅中的其他杂质也会影响热施主的形成。例如,硅中碳浓度超过 $1\times10^{17}/cm^3$ 时,能够抑制热施主的形成,而硅中的氢杂质则会进一步促进它的生成。

当直拉单晶硅的热处理温度处于 $550\sim850$ ℃ 的范围内,新的与氧有关的施主会形成,这就是新施主。新施主需要经过 $1\,000$ ℃ 以上较长时间的退火才可以消失。新施主会引起电阻率的漂移,会对器件和电路的性能产生严重的影响。一般认为,新施主的形成与氧沉淀相关联,但对于新施主的结构模型,不同研究者有着不同的观点。相对热施主而言,新施主的形成速率较低,形成时间比较长,其最高浓度一般不超过 $1\times10^{15}$ cm$^{-3}$。与热施主不同,硅中的碳杂质能够促进新施主的形成。

**3. 氧沉淀**

1)氧沉淀的形成及其影响因素

前已叙及,硅中的氧在熔点温度附近的平衡固溶度约为 $2.75\times10^{18}$ cm$^{-3}$,在硅单晶生长过程中,随着温度的降低,氧会以过饱和间隙态的形式存在。过饱和氧在适当的温度下进行热处理时会脱溶而形成氧沉淀。

氧沉淀的存在会对硅材料及其器件的电学性能造成一定的影响。虽然氧沉淀没有电学性能,不会影响载流子的浓度,但氧沉淀的量和诱生缺陷等都将对太阳能电池或硅集成电路的性能产生不利的影响。例如,造成双极型器件的短路、漏电;对 CMOS 的优越性造成影响等。值得一提的是,氧沉淀对材料机械性能具有有利和不利两方面的影响:硅中存在微小氧沉淀时,会对位错起钉扎作用,使得材料的机械性能增强;但当氧沉淀的体积太大或数量太多时,诱发的二次缺陷会引发硅片的破损,从而降低硅材料的机械强度。

如前所述,在直拉单晶硅的生长过程中,熔融的液态硅会与石英坩埚发生化学反应生成 SiO,少部分 SiO 以氧原子的形态存在于熔体中从而使硅中的氧不断地富集。在晶体的高温生长过程中,熔体中的氧会不断地进入硅晶体中而接近饱和状态。随着温度的降低,氧在硅晶体中的固溶度会有所下降,因此,晶体在随后的冷却过程中,硅中的氧是处于过饱和状态的,这些过饱和的氧最终会凝聚在某种核心上而形成沉淀物或硅氧团。一般认为,硅中过饱和氧的沉淀过程中存在均匀成核和非均匀成核两种模型。均匀成核是指氧沉淀核心的形成是随机的,当凝聚的氧团沉淀核心尺寸大于该温度下的临界成核体积时,沉淀核心就会长大成为沉淀物,反之,沉淀核心就会重新溶入硅晶体中。非均匀成核是指氧先聚集在缺陷、自间隙原子团或氧、氮等杂质上,形成氧沉淀的核心,然后再形成氧沉淀。

晶体硅中的初始氧浓度是影响氧沉淀的主要因素。当初始氧浓度低于某一极限值时,氧沉淀的数目几乎为零;而当初始氧浓度大于某一极限时,硅晶体中将产生大量氧沉淀。进一步研究表明,当条件发生改变时,氧沉淀与初始氧浓度之间的关系也会发生变化,当热处理时间增长,热处理温度降低或者增加碳的浓度,则较低的氧浓度也能形成氧沉淀;反之,要形成氧沉淀则需要更高的初始氧浓度。

同时,热处理温度也会对氧沉淀的形成产生影响,不同温度下的氧沉淀是氧的过饱和度和氧扩散竞争的结果。此外,热处理时间的长短、晶体的原生状态、其他杂质原子、热处理气氛等因素也会对氧沉淀的形成、结构、分布和状态有不同程度的影响。

太阳能电池用直拉单晶硅的拉晶速率较微电子用直拉单晶硅要快,同时,硅太阳能电池制备所经历的工艺也较简单。因此,当硅中氧含量较低时,太阳能电池的效率受氧的影响很小;反之,硅中的氧可能会对太阳能电池的效率产生不利的影响。

2)氧沉淀的形态

热处理温度对硅晶体中的氧沉淀的形态有着重要的影响。在不同的热处理温度下形成的氧沉淀形态会有所不同,氧沉淀的形态通常有棒状沉淀、片状沉淀和多面体沉淀。

(1)棒状沉淀:这类沉淀是在低温(600～800 ℃)热处理过程中形成的。由于温度相对较低,晶体硅中的间隙氧过饱和度大,因此氧沉淀易于成核,但低温下晶体中的氧和硅扩散速率慢,所以沉淀核心小,而且一般很难观察到它的存在。

研究认为,该沉淀由 $SiO_2$ 的高压相柯石英构成,沿⟨110⟩方向拉长,在{100}晶面上生长,柏氏矢量为⟨100⟩方向。由于应力的作用,沉淀往往伴随有 60°、90°位错偶极子,或在{113}晶面上出现位错环。也有研究者认为,棒状沉淀是一种六方晶型结构的硅自间隙团。

(2)片状沉淀:沉淀组成为 $SiO_x$,$x$ 接近 2;这类沉淀是在中温(850～1 050 ℃)热处理过程中形成的。电镜研究表明,片状沉淀通常位于{100}晶面,呈片状正方形,四边平行于⟨110⟩晶向,厚度为 1.0～4.0 nm,沉淀大小与热处理时间的 0.75 次方成正比。

(3)多面体沉淀:这类沉淀由无定形硅氧化物构成,主要是在高温(1 100～1 250 ℃)热处理过程中形成的。目前被报道的多面体沉淀有两种:一种是由 8 个{111}面和 4 个{100}面构成,在{100}晶面上呈六边形;另一种是由 8 个{111}面构成的八面体结构,在{001}、{010}、{111}晶面上分别呈方形、菱形和六角形。

事实表明,氧沉淀往往会以两种或两种以上的形态同时出现,但其中有一种是占主要的。

**4. 硼氧复合体**

早在 1973 年,Fischer 等就发现直拉单晶硅太阳能电池在太阳光照射下会出现效率衰退现象。太阳能电池的效率可以在光照 10 h 后,从 20.1% 衰退到 18.7%,一般达到 10% 左右[15],在 AM 1.5 的光线下照射 12 h,直拉单晶硅太阳能电池的效率将呈指数下降,然后达到一个稳定的值。而这个效率衰减,在空气中 200 ℃ 热处理后又能完全恢复,这在非晶硅太阳能电池中是著名的 Staebler-Wronski 现象。但是,也出现在直拉单晶硅太阳能电池中。其原因一直没有解决,成为直拉单晶硅高效太阳能电池的重要影响因素,尤其是目前直拉单晶硅太阳能电池的效率达到 15％以上,这个问题更加突出。目前,单晶硅太阳能电池的最高效率为 24.7％,但这是利用低氧的区熔单晶硅制备的,对于高氧直拉单晶硅,最高的太阳能电池效率只有 20％左右。

人们最初认为可能是直拉单晶硅中的金属杂质所致,如铁杂质可以与硼形成 Fe-B 对,在 200 ℃左右可以分解,形成间隙态的铁,引入深能级中心,可能导致太阳能电池效率降低。后来人们发现,在载流子注入或光照条件下,直拉单晶硅的少数载流子寿命会降低,造成电池效率的衰减。研究表明,这种现象与氧的一种亚稳缺陷有关。

研究发现,在以硼掺杂 P 型无氧杂质的区熔单晶硅制备的太阳能电池中,没有出现光照效率衰减现象;而在以磷掺杂 N 型含氧($O_i = 4.2 \times 10^{17}\ cm^{-3}$)的区熔单晶硅制备的太阳能电池中,也没有出现光照效率衰减的现象;但在以硼掺杂 P 型含氧($O_i = 5.4 \times 10^{17}\ cm^{-3}$)的区熔单晶硅制备的太阳能电池中,虽然没有其他杂质污染,其光照效率衰减的现象与直拉单晶硅中一样。另外,在以磷掺杂 N 型、镓掺杂 P 型含氧的直拉单晶硅制备的太阳能电池中,没有光照效率衰减的现象;进一步,在以硼掺杂 P 型低氧的磁控直拉单晶硅制备的太阳能电池中,也没有光照效率衰减的现象。以上结果证明,这种亚稳的缺陷是与氧、硼相关的,是一种硼氧(B-O)复合体。

Schmidt 等利用准稳态光电导技术,测量了 $10\ mW/cm^2$ 卤素灯光前后的少数载流子寿命,测量中电子的注入量低于多数载流子浓度的 10％,以保证小注入情况,而不会引起少数载流子的俘获效应,利用等离子增强化学气相沉积技术,在 400 ℃左右于硅片两面沉积 SiB 薄膜,以钝化硅片的表面态。然后,研究了硼氧复合体缺陷密度与硼、氧的关系。

结果表明,缺陷密度与硼浓度呈线性关系,与氧浓度呈指数关系,其指数为 1.9。缺陷的形成是一种热激活过程,激活能为 0.4 eV,其形成机制符合扩散控制缺陷形成机理。

硼氧复合体缺陷除了与氧、硼相关外,温度对其形成和消失也有决定性作用。硼氧复合体缺陷可以经低温(200 ℃左右)热处理予以消除,消除过程也是一种热激活过程,激活能为 1.3 eV。此外,光照强度对硼氧复合体缺陷的产生有着重要影响,归一化的缺陷密度随着光照强度的增加而增大。

到目前为止,还未弄清缺陷的结构性质,一般认为是硼氧复合体(或称硼氧对,B-O)。Schmidt 等早期建议这种缺陷是由一个间隙硼原子和一个间隙氧原子组成的 $Bi-O_i$ 对。但是,研究表明,该缺陷更加依赖氧浓度,缺陷中的硼和氧不是 1∶1 的关系。后来 Ohshita 等证明,这种复合体在硅中是不能稳定存在的[23]。同时人们相信,在未经过粒子辐射的单晶硅中不可能存在高浓度的间隙硼原子。

最近,Schmidt 又提出了新的 B-O 复合体模型。他指出,在直拉单晶硅中存在由两个间隙氧组成的双氧分子 $O_{2i}$,这是快速扩散因子,曾经被 Lee 等所建议,双氧分子与替位 B 结合,形成了 $B_s O_{2i}$ 复合体。他还提出,在晶体硅中,硅的原子半径为 1.17A,B 的原子半径为 0.88A,B 的原子半径比硅小 25％,易于吸引间隙氧结合,从而形成 B-O 复合体。此观点被 Adey 等的理论计算所支持;同时该理论计算还指出,这种复合体的分解能为 1.2 eV。B-O 复合体的形成和消失,主要是由结合能、双氧分子的迁移能和分解能所决定的。

为避免硼氧复合体的出现,人们提出了如下的四种技术:

(1)利用低氧单晶硅如区熔单晶硅或磁控直拉单晶硅(MCZ)。目前,单晶硅太阳能电池在实验室中的最高效率为 24.7％,这是建立在区熔单晶硅上的,但是区熔单晶硅的成本较高,只适用于高效率太阳能电池的制备。而低氧的 MCZ 单晶硅太阳能电池的效率已经达到 24.5%，是今后可能广泛应用的硅单晶。

（2）利用 N 型单晶硅。需要改变现有的太阳能电池制备工艺，而且 N 型单晶硅中少数载流子空穴的迁移率低于 P 型单晶硅中少数载流子电子的迁移率，也会影响太阳能电池的效率。

（3）利用镓代替硼掺杂剂制备 P 型单晶硅。利用这样的材料，效率为 24.5% 的太阳能电池已经被制备成功。但是，硅中镓的分凝系数较小，使得单晶硅头尾的电阻率相差较大，不利于规模化生产。

（4）利用新的太阳能电池制备工艺。研究报道，利用不同的升降温工艺和氧化工艺可以有效地降低太阳能电池的光照效率衰减，但这两种因素对光照效率衰减的作用机理比较复杂。如果选择不好，反而使太阳能电池的效率降低。

## 二、硅中的碳

碳也是晶体硅中的重要杂质。碳杂质本身并不会形成施主或受主，但它却会引发一些缺陷，对器件的性能产生严重的影响。例如，直拉单晶硅中碳浓度较高会使 PN 结二极管的反向特性退化。因此，在晶体的生长过程中应尽力减少杂质碳的引入。目前，集成电路中所用的直拉单晶硅的碳杂质浓度可以控制在 $5 \times 10^{15}$ cm$^{-3}$ 以下，这对器件的影响很小。但对于太阳能电池而言，其中的直拉单晶硅中的碳杂质浓度比较高，这对太阳能电池的性能会有一定的影响。

### 1. 碳的基本性质

晶体硅中的碳属于非电活性杂质，主要处于替位位置。由于碳原子半径比硅原子的半径要小，所以当碳原子处于晶格位置时，会引入晶格应变。在某些情况下，碳也可能会以间隙态的形式存在。

直拉单晶硅中的碳主要来源于原始的多晶硅材料，或在单晶生长过程中从石墨加热器、隔热屏等部件挥发出来的碳，经过气相运输到熔融硅中，造成碳的沾污。通常条件下，直拉单晶硅碳浓度高低主要取决于石英坩埚与石墨加热件的反应。反应生成 SiO 和 CO，其中 CO 为熔硅吸收，生成的杂质最终留在硅晶体中。其反应式为

$$C + SiO_2 \!\!=\!\!=\!\! SiO + CO$$
$$CO + Si \!\!=\!\!=\!\! SiO + C$$

生成的碳不挥发，因此被吸收的 CO 中的碳原子全部留在硅晶体中。研究表明，碳在熔体和晶体中的平衡固溶度分别为 $4 \times 10^{18}$ cm$^{-3}$ 和 $4 \times 10^{17}$ cm$^{-3}$。在不同温度下，碳的固溶度为

$$[Cs] = 3.9 \times 10^{24} \exp(-2.3 \text{eV}/KT)(\text{cm}^{-3})$$

式中，K 是波耳兹曼常数，T 是热力学温度。

碳在硅中的平衡分凝系数一般认为是 $0.07 \pm 0.01$。在实际晶体生长过程中，碳的分凝受到拉制速度、籽晶转动速度、周围气氛等因素的影响，使碳分凝并未达到平衡值。由于碳的分凝系数小，碳在晶体中的宏观轴向分布是籽晶端浓度低而尾端浓度高；就径向分布而言，直拉单晶硅的边缘浓度高于中心浓度，区熔单晶硅的中心浓度高于其边缘浓度，与氧的测量方法一样，硅中替位碳的测量也是采用红外吸收技术。

### 2. 硅中的碳和氧

如前所述，当直拉单晶硅中的氧浓度达到过饱和，在热处理过程中便可能会有氧沉淀产

生,同时还可能会形成氧施主。单晶硅中的氧和碳往往会同时存在,一般认为,单晶硅中的碳能够促进氧沉淀,尤其当硅中的氧浓度较低时,碳对氧沉淀的促进作用更为强烈。碳不仅可以成为氧沉淀的非均匀形核中心,而且还能影响氧沉淀的形貌和性质,以及起到稳定氧沉淀的核心的作用。

硅中的碳和氧相互作用可能会形成各种非电活性的 C-O 复合体,这些复合体能够造成氧的进一步聚集,从而对热施主的形成起到抑制作用。有研究证明,碳氧复合体大约为 1 个碳原子加上 2 个氧原子组成[25,26]。硅单晶在热处理过程中会形成新施主,单晶硅中的杂质碳会促进新施主的形成。

### 三、硅中的氮

与氧、碳杂质相比,硅中氮杂质的浓度通常较低。氮的存在能够抑制硅材料中的微缺陷,增强它们的机械性能,氮杂质不会引入电学中心。近年来,人们对硅中的杂质氮引起了更多的关注。

#### 1. 氮的基本性质

一般认为,氮在硅晶体中以两种状态存在。其中氮对(N-N)是一种主要的存在形态,其中至少有 1 个氮原子是处在硅晶格的间隙位置上,氮对通常被认为是 1 个替位氮原子和一个间隙氮原子沿〈100〉方向的结合。氮对在 963.5 $cm^{-1}$ 和 766.5 $cm^{-1}$ 处引起振动模,一般利用 IR 吸收法从这两个振动模的强度来确定硅中氮的浓度;另一种是以替位氮的状态存在,当晶体硅中的氮处于替位位置或该位置上的氮与其他缺陷结合时,具有一定的电活性,但替位氮在硅中的浓度一般不超过 $10^{12} \sim 10^{13}$ $cm^{-3}$,仅占硅中总氮浓度的 1% 左右,替位氮对硅材料和器件性能的影响非常小,因此实际研究中往往会将它忽略。

由于氮的分凝系数很小,所以晶体硅生长过程中的分凝现象很明显。通常硅晶体尾部氮的浓度要远高于头部的氮浓度。硅中各种形态氮的总浓度可以采用带电粒子活化分析法和二次离子质谱法,这两种方法虽然精度高,但费用昂贵。实际研究中多采用红外光谱法测量硅中的氮浓度,但需要说明的是,此法测到的并非所有氮的总浓度,而只是硅中氮对的浓度。

将 $Si_3N_4$ 添加到熔融硅中,或者采用在氮气氛下生长硅,能将氮引入直拉单晶硅中。在实际应用中,一般采用注氮的方法提高其在硅晶体中的含量。氮杂质被引入晶体硅后,其中的某些微缺陷会受到明显的抑制,这可能是由于杂质氮改变了自间隙硅原子和空位的浓度。氮杂质对硅材料的一个有利之处在于它能够增强硅材料的机械强度。一般认为,氮杂质对硅材料中的位错具有很强的钉扎作用,可以阻止位错的滑移。在实际生产中,为防止硅片的翘曲变形和位错的产生,往往需要增加硅片的厚度,而氮对硅材料机械强度的提高则可以将硅片的厚度相应减小。

#### 2. 硅中的氮和氧

对含氮直拉单晶硅而言,通过红外测试技术能够观察到具有浅施主性质的 N-O 中心存在。研究者发现,在中红外光谱段,有 1 026 $cm^{-1}$、1 018 $cm^{-1}$、996 $cm^{-1}$、810 $cm^{-1}$ 和 801 $cm^{-1}$ 吸收峰分别对应于不同的氮—氧复合体;而在远红外区,则有多个吸收峰与氮—氧复合体相关。

当硅中的杂质氮达到一定浓度,在适合的温度下(450~750 ℃)便可能有氮—氧复合体生成。生成的氮—氧复合体在较高温度(>750 ℃)下进行热处理时又会逐渐消失,温度越高,氮—氧复合体去除的时间越短。目前,氮—氧复合体的结构还在进一步的研究当中。

#### 四、硅中的氢

与其他杂质一样,硅中的氢杂质也是人们研究的一个重要分支。氢杂质在硅内的存在是难以避免的,在腐蚀、清洗及后续的一些生产过程中都可以将其引入。氢对硅材料中的缺陷和杂质有钝化作用,因此能够改变硅材料的电学和光学性能。人们对硅中氢杂质的研究越来越关注。

**1. 硅中氢的基本性质**

氢也是硅晶体中较普通的一种杂质。可以通过氢等离子体处理、氢离子注入、氢退火及氢气氛下拉晶等方法引入晶体硅中,前两种方法都要在硅片表面引入注入损伤。氢退火通常是将硅片置于氢气氛中($1\,200 \sim 1\,300\,℃$)而得到。该法除可引入氢外,还会使硅片表面形成表面洁净区。最近的研究表明,硅单晶在水汽或含氢气体或空气中进行低温退火($450\,℃$)时,氢原子可能进入晶体硅中。研究表明,氢在室温下的固溶度比较小,此时它们不能以氢原子或离子的形式存在,而是以复合体的形式存在。

**2. 硅中氢与氧的作用**

对直拉单晶硅进行红外光谱检测,发现有氢氧复合物(O-H)的吸收峰存在,其位置在$1\,075.1\,cm^{-1}$处。研究指出,直拉单晶硅在$1\,200\,℃$氢气淬火后再在$40 \sim 110\,℃$进行二次退火将引入 H-O 复合体。$80\,℃$二次退火 H-O 复合体数目最大,在$110\,℃$以上进行热处理时 H-O复合体又将消失,但只要退火温度不超过$300\,℃$,H-O 复合体还可恢复。氧位于间隙位置,其周围存在很大的应力场,尽管如此,仍有$10\%$的氢与氧结合成 H-O 复合体,其浓度约为$7 \times 10^{14}\,cm^{-3}$。Stefan 研究发现,向硅晶体中注入氢原子后,氢和间隙氧原子间的直接作用降低了氧原子扩散的势垒,他认为如果在氧原子的附近存在一个同样处于间隙位置的氢原子,那么氧原子就更容易从一个 Si-Si 键跳到相邻的键中。氢提高了间隙氧的扩散系数,同时加速了热施主的形成。Tan 等认为氧的扩散系数取决于点缺陷的浓度,氢的引入能够增加空位的浓度和降低自间隙原子的浓度,从而达到促进氧扩散的作用。传统物理学认为,硅片中少量的 $H^0$ 是加速热施主形成的主要成分。

高温氢气退火对硅晶体中氧沉淀的形成具有一定的促进作用,同时氢对氧扩散的促进降低了硅片近表面氧的过饱和度,这将会抑制氧沉淀的形成,从而在硅片近表面形成更加良好的洁净区。Akito Hara 等认为氢还可以聚集作为氧沉淀的核心促进氧沉淀的形成。氧沉淀是直拉单晶硅中一种重要的微缺陷,在集成电路的制造过程中,硅片体内的氧沉淀能有效吸除硅片表面器件有源区的重金属杂质。此外,氢还能和硅中的其他微缺陷及杂质发生相互作用。氢能够改变或钝化有害金属杂质的能级,对硅中氢杂质的含量控制在合理的范围内可起到有效吸除有害金属杂质的作用;单晶硅中的氢能加速氧扩散、促进热施主及氧沉淀的形成,然而对其机理的研究还有待进一步加深。

#### 五、硅中的金属杂质

金属是硅中的重要杂质。硅材料中少量的金属尤其是过渡金属杂质的存在都会对硅材料器件的性能产生危害。一般而言,原生直拉单晶硅中的金属杂质量能够被控制在一个很低的范围内,但在后续的硅片加工及生产工艺中,金属杂质又会通过多种途径对硅材料造成污染。

**1. 金属杂质的基本性质**

单晶硅中的主要金属杂质是过渡金属铁、铜、镍,实验表明,铜、镍是硅中饱和固溶度最大的金属,表 5-1 为三种金属在不同温度范围内的固溶度。对硅中过渡金属杂质的研究表明[33],硅中金属杂质的固溶度随着温度的降低而不断地减少。

**表 5-1　铁、铜和镍金属杂质的固溶度和适用温度范围**

| 金　属 | 固溶度/cm⁻³ | 适 用 温 度 |
|---|---|---|
| 铁 | $5 \times 10^{22} \exp(8.2 \sim 2.94/KT)$ | $900\ ℃ < T < 1\ 200\ ℃$ |
| 铜 | $5 \times 10^{22} \exp(2.4 \sim 1.49/KT)$ | $500\ ℃ < T < 800\ ℃$ |
| 镍 | $5 \times 10^{22} \exp(3.2 \sim 1.68/KT)$ | $500\ ℃ < T < 950\ ℃$ |

金属通常以单原子或沉淀形式存在于硅中,人们通常采用如下的方法对硅中的金属杂质进行测量:一是采用中子活化分析法,二次离子质谱法、原子吸收光谱法、小角度全反射 X 射线荧光等方法测量硅中总体金属杂质的浓度;二是采用深能级瞬态谱法(DLTS)测量硅中单个金属原子状态的浓度;三是采用"雾状缺陷实验法"测量硅中金属沉淀的浓度,"雾状缺陷实验法"是将被金属污染的硅样品首先在 1 050 ℃退火数分钟,使原始的金属沉淀溶解,然后中速冷却,冷却过程中,铜、镍等金属扩散到表面重新沉淀,在择优化学腐蚀后,用点光源进行观察,有金属污染的地方有腐蚀坑,会呈现出"雾状"的白光反射,从而可以证明金属污染的存在。

**2. 金属复合体与沉淀**

硅中的铁、铬、锰均能与硼、铝、镓、铟等反应生成多种复合体,其中的铁—硼对(Fe-B)是最常见也是最重要的金属复合体。此外,铁还能和金、锌等金属反应生成复合体。

室温下铁硼复合体的形成速度很快。室温下,替位位置的硼原子很难移动,铁硼复合体形成主要是靠铁原子迁移,铁原子通常在晶格的〈111〉方向和硼结合成复合体。铁硼复合体的形成减少了硼掺杂浓度,也能对其余的硼原子起到补偿作用,导致载流子浓度降低,电阻率升高。在 200 ℃以上对硅晶体进行热处理时,铁硼复合体将发生分解,同时生成铁沉淀。

硅晶体中的大多金属能形成金属沉淀。对过渡金属而言,其沉淀相结构一般为 $MSi_2$(M 为 Fe、Co、Ni 等),Cu 金属沉淀相结构为 $Cu_3Si$。一般而言,铜和镍是均匀成核沉淀;而 Fe 沉淀的形成需要异质沉淀核心(如位错、层错等),属于非均匀成核沉淀。当硅晶体在高温退火后缓慢冷却时,几乎所有的铁原子都能形成铁沉淀。

金属沉淀的形态与金属种类、热处理温度和冷却速度相关。对于快扩散金属而言,在高温热处理后缓慢冷却,形成的沉淀一般密度较小,尺寸较大,且有特征形态。在高温热处理后淬火,则形成的沉淀一般密度较高,尺寸较小,没有特征形态。

# 第六章   硅材料的加工

在前面的章节中,介绍了制作硅太阳能电池所需用的材料多晶硅锭与单晶硅棒的制备工艺,接下来要将多晶硅锭或单晶硅棒制成硅片,以备后续制成电池片及电池组件。由单晶硅棒或多晶硅锭制成硅片是一个重要的过程,它对太阳能电池性能和效率有重要的影响。自20世纪80年代以来,铸造多晶硅以相对低成本、高效率的优势,市场增长迅速,到1998年,首次超过了单晶硅,成为最主要的太阳能电池材料。表6-1列出了单晶硅与多晶硅相关方面的比较。本章主要介绍多晶硅的加工和单晶硅的加工及清洗等,重点介绍多晶硅的加工。

表6-1   单晶硅与多晶硅相关方面的比较

| | 单晶硅 | 多晶硅 |
|---|---|---|
| 制备方法 | 直拉单晶法(CZ) | 铸造多晶法(MC) |
| 硅片大小 | 100 mm×100 mm,125 mm× 125 mm, 156 mm×156 mm | 100 mm×100 mm,156 mm×156 mm, 210 mm×210 mm |
| 硅片电阻率(Ω·cm) | 1～3 | 0.5～2 |
| 硅片厚度(μm) | 140～230 | 140～230 |
| 电池效率 | 15%～19% | 14%～18% |
| 主要优点 | 转换效率高、杂质浓度低、质量高 | 材料利用率高、能耗小、成本低、尺寸较大 |
| 主要缺点 | 材料浪费大、能耗高、成本高、尺寸较小 | 有晶界、晶粒、位错、微缺陷、较高杂质 |

## 第一节   单晶硅的加工

太阳能电池用单晶硅片,一般有两种形状:一种是圆形,另一种是方形。区别是:圆形硅片是割断滚圆后,利用金刚石砂轮磨削晶体硅的表面,可以使整根单晶硅的直径统一,并且能达到所需直径,后直接切片,切片是圆形;而方形硅片则需要在切断晶体硅后,进行切片方块处理,沿着晶体棒的纵向方向,也就是晶体的生长方向,利用外圆切割机将晶体硅锭切成一定尺寸的长方形硅片,其截面为正方形,通常尺寸为125 mm ×125 mm或156 mm×156 mm。在太阳能效率和成本方面,其主要区别为:圆形硅片的材料成本相对于方形硅片较低,组成组件时,圆形硅片的空间利用率比方形硅片低,要达到同样的太阳能电池输出功率,正方形硅片的太阳能电池组件板的面积小,既利于空间的有效利用,也降低了太阳能电池的总成本。因此,对于大直径单晶硅或需要高输出功率的太阳能电池,其硅片的形状一般为方形。

传统的圆形硅片加工的具体工艺流程一般为:单晶炉取出单晶→检查称重量、量直径和其他表观特征→切割分段→测试→清洗→外圆研磨→检测分档。检测项目包括直径、划痕、破损、裂纹、方向指示线(标明头尾)、定位面、长度、重量。导电类型、电阻率、电阻率均匀性、少数载流子寿命。位错、旋涡缺陷和其他微缺陷等;切片→倒角→清洗→磨片→清洗→检验→测厚分类→化学腐蚀→测厚检验→抛光→清洗→再次抛光→清洗→电性能测量→检验→包装→储存。

圆形硅片主要工序步骤如图 6-1 所示,方形硅片主要工序步骤如图 6-2 所示。

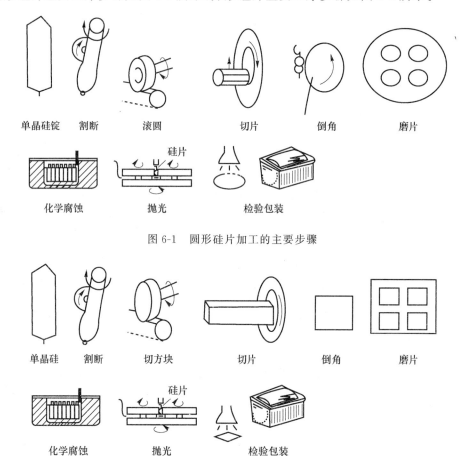

图 6-1　圆形硅片加工的主要步骤

图 6-2　方形硅片加工的主要步骤

直拉单晶硅生长完成后呈圆棒状,而太阳能电池需要利用硅片,因此,单晶硅生长完成后需要进行机械加工。对于不同的器件,单晶硅需要不同的机械加工程序。对于大规模集成电路所用单晶硅而言,一般需要对单晶硅棒进行切断、滚圆、切片、倒角、磨片、化学腐蚀和抛光等一系列工艺,在不同的工艺间还需进行不同程度的化学清洗。而对于太阳能电池用单晶硅而言,硅片的要求比较低,通常应用前几道加工工艺,即切断、滚圆、切片、倒角、磨片和化学腐蚀等。为了便于理解,我们将大规模集成电路的硅片加工进行一一介绍,并与太阳能电池硅片进行对比。

**1. 硅抛光片的几何参数及一些参数定义**

集成电路硅片的规格要求比较严格,必须有一系列参数来表示和限制。主要包括:硅片的直径或边长,硅片的厚度、平整度、翘曲度及晶向的测定,下面分别一一进行讨论。

1）硅片的直径（边长）

硅片的厚度是硅片的重要参数。如果硅片的直径（边长）太大，基于硅片的脆性，要求厚度增厚，这样就浪费昂贵的硅材料，而且平整度难以保证，对后续加工及电池的稳定性影响较大，再说单晶硅的硅锭直径也很难产生很大；直径或边长太小，厚度减小，用材少，平整度相对较好，电池的稳定性较好，但是硅片的后续加工会增加电极等方面的成本。一般情况下，太阳能电池的硅片是根据硅锭的大小设置直径或边长的大小，一般的圆形单晶、多晶硅硅片的直径为（76.2 mm）或（101.6 mm），而单晶正方形硅片的边长为 100 mm、125 mm、156 mm；多晶正方形硅片的边长为 125 mm、156 mm、210 mm。

2）硅片的平整度

硅片的平整度是硅片的最重要参数，它直接影响到可以达到的特征线宽和器件的成品率。对于太阳能硅片则影响转换效率和寿命，不同级别集成电路的制造需要不同的平整度参数，平整度目前分为直接投影和间接投影，直接投影的系统需要考虑的是整个硅片的平整度，而分步进行投影的系统需要考虑的是投影区域局部的平整度。太阳能硅片要求较低，硅片的平整度一般用 TIR 和 FPD 这两个参数来表示。

3）硅片的翘曲度

硅片的翘曲度是衡量硅片的参数之一，它也影响到可以达到的光刻的效果和器件的成品率。不同级别集成电路的制造需要不同的翘曲度参数，硅片的翘曲度一般用 BOW、TTV 和 WARP 这 3 个参数来表示。

太阳能电池所用硅片对这些参数的要求不是很高，通常只是对硅片的厚度进行控制。但是，平行度和翘曲度过大，在太阳能电池加工和组件加工过程中，会造成硅片碎裂，导致生产成本增加。

4）晶向的测定也是一个重要的参数

晶向是指晶列组的方向，它用晶向指数表示。半导体集成电路是在低指数面的半导体衬底上制作的。硅 MOS 集成电路硅片通常为（100）晶面的硅片，硅双极集成电路硅片通常为（111）晶面或（100）晶面的硅片。

硅片表面的晶体取向对于器件制造较为重要，在单晶切割、定位面研磨和切片操作之前都要进行晶向定向，使晶向及其偏差范围符合工艺规范的要求。晶向测定的方法主要是 X 射线法。X 射线法的精度较高，已经得到了广泛应用。

但是，对太阳能电池所用硅片通常不进行晶向的检查，只是对硅片的厚度进行控制。如晶向念头过大，会影响光电转换效率。

**2. 割断**

割断是指在晶体生长完成取出后，沿垂直于晶体生长的方向切去晶体硅头和硅尾无用的部分，即头部的籽晶和放肩部分以及尾部的收尾部分。一般利用外圆切割机进行切断，而大直径的单晶硅，一般使用带式切割机来割断。切断后所形成的是圆柱体，其截面是圆形；对于正方形硅片加工的硅棒，一样进行割断后所形成的是圆柱体，其截面是圆形。

**3. 滚圆或切方块**

无论是直拉单晶硅还是区熔单晶硅，由于晶体生长时的热振动、热冲击等一些原因，晶体表面都不是非常平滑的，整根单晶硅的直径有一定偏差起伏；而且晶体生长完成后的单晶硅棒表面存在扁平棱线，所以需要进一步加工，使得整根单晶硅棒的直径达到统一，以便在今后的材料和器件加工工艺中操作。一般是利用金刚石砂轮磨削晶体硅的表面，可以使得整根单晶硅的直径统一,并且能达到所需直径。而切方块也就不需要进行滚圆这个工序,只需先进行切方块处理,沿着晶体棒的纵向方向,也就是晶体的生长方向,利用外圆切割机将晶体硅锭切成一定尺寸的长方体硅片,其截面为正方形。

滚圆或切方块会在晶体硅的表面造成严重的机械损伤,因此磨削加工所达到的尺寸与所要求的硅片尺寸相比要留出一定的余量。对于轻微裂纹,会在其后的切片过程中引起硅片的微裂纹和崩边,所以在滚圆或切方块后一般要进行化学腐蚀等工序,去除滚圆或切方块的机械损伤。

### 4. 切片

在单晶硅滚圆或切方块工序完成后,接着需要对单晶硅棒切片。切片是硅片制备中的重要工序之一,微电子工业用的单晶硅在切片时,硅片的厚度、晶向、翘曲度和平行度是关键参数,需要严格控制。经过这道工序晶锭重量损耗了大约 1/3。

太阳能电池用单晶硅片的厚度为 $200\ \mu m$ 左右,也有报道硅片厚度可为 $150\ \mu m$ 左右。单晶硅锭切成硅片,通常采用内圆切割机或线切割机。内圆切割机是高强度轧制圆环状钢板刀片,外环固定在转轮上,将刀片拉紧,环内边缘有坚硬的颗粒状金刚石,如图 6-3 所示。切片时,刀片高速旋转,速度达到 $1\ 000 \sim 2\ 000\ r/min$。在冷却液的作用下,固定在石墨条上的单晶硅向刀片会做相对移动。这种切割方法,技术成熟,刀片稳定性好,硅片表面平整度较好,设备价格相对较便宜,维修方便。但是由于刀片有一定的厚度,在 $250 \sim 300\ \mu m$ 之间,约有 1/2 的晶体硅在切片过程中会变成锯末,所以这种切片方式的晶体硅材料的损耗很大;而且,内圆切割机切片的速度较慢,效率低,切片后硅片的表面损伤大。

另一种切片方法是线切割,通过粘有金刚石颗粒的金属丝的运动来达到切片的目的,如图 6-4 所示。线切割机的使用始于 1995 年,一台线切割机的产量相当于 35 台内圆切割机。通常线切割的金属直径仅有 $180\ \mu m$,对于同样的晶体硅,用线切割机可以使材料损耗降低,在 25% 左右,所以切割损耗小,而且线切割的应力小,切割后硅片的表面损伤较小;但是,硅片的平整度稍差,设备相对昂贵,维修困难。太阳能电池用单晶硅片对硅片平整度的要求并不高;因此线切割机比较适用于太阳能电池用单晶硅的切片。切片结束后,将硅片清洗,检测厚度、电阻率和导电类型。

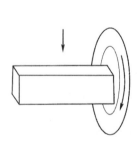

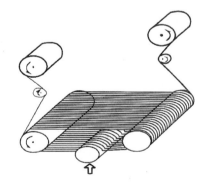

图 6-3　单晶硅正方形硅片的内圆切割示意图　　　图 6-4　单晶硅圆形硅片的线切割示意图

### 5. 倒角

倒角工艺是用具有特定形状的砂轮磨去硅片边缘锋利的崩边、棱角、裂缝等。硅片边缘锋利的崩边、棱角、裂缝等会给以后的表面加工和集成电路工艺带来以下一些危害:

① 使硅片在加工和维持过程中容易产生碎屑,这些碎屑会对硅片表面造成损伤,损坏光刻掩膜,使图形产生针孔等问题;

② 在硅片后续热加工(如高温氧化、扩散等)过程中,棱角、崩边、裂缝处的损伤会在硅片中产生位错,并且这些位错会通过滑移或增殖过程向晶体内部传播;

③ 在硅片外延工艺中,硅片边缘的棱角、崩边、裂缝的存在还会导致外延的产生。

**6. 化学腐蚀**

切片后,硅片表面有机械损伤层,目前利用 X 射线双晶衍射的方法来测量硅片的机械损伤层厚度。因此,一般切片后,在制备太阳能电池前,需要对硅片进行化学腐蚀,去除损伤层。每化学腐蚀一次,进行一次 X 射线双晶衍射,目的是考虑是否进一步进行化学腐蚀。

腐蚀液的类型、温度、配比、搅拌与否以及硅片放置的方式都是硅片化学腐蚀效果的主要影响因素,这些因素既影响硅片的腐蚀速度,又影响腐蚀后硅片的表面质量。目前使用较多的是氢氟酸、硝酸和乙酸混合的酸性腐蚀液,以及氢氧化钾或氢氧化钠等碱性腐蚀液。对于太阳能电池用单晶硅的化学腐蚀,一般利用氢氧化钠腐蚀液,腐蚀深度要超过硅片机械损伤层的厚度,为 $20 \sim 30~\mu m$。

在氢氧化钠化学腐蚀时,采用 $10\% \sim 30\%$ 的氢氧化钠水溶液,温度 $80 \sim 90~°C$,将硅片浸入腐蚀液中,腐蚀液不需搅拌,腐蚀后硅片的平行度较好;碱腐蚀后硅片表面相对比较粗糙。如果碱腐蚀的时间较长,硅片表面还会出现像金字塔结构的形状,称为"绒面",这种"绒面"结构有利于减少硅片表面的太阳光反射,增加光线的射入和吸收。所以在单晶硅太阳能电池实际工艺中,一般将化学腐蚀和绒面制备工艺合二为一,以节约生产成本。而酸腐蚀,主要是浓硝酸等,会产生一些如 $NO_x$ 等的有毒气体。

# 第二节 多晶硅的加工

通常高质量的铸造多晶硅应该没有裂纹、孔洞等宏观缺陷,晶锭表面要平整。铸造多晶硅呈多晶状态,晶界和晶粒清晰可见,一般晶粒的大小可以达到 10 mm 左右。

铸造完多晶硅后,一般是一个方形的铸锭,不需要进行割断、滚圆等工序,只是在晶锭制备完成后,切成面积为 125 mm×125 mm、156 mm×156 mm 的方柱体,最后利用线切割机切成硅片。相比单晶硅的硅片加工少两步主要工序,减少了生产成本,对于单晶来说,单晶还需要用多晶硅拉成单晶硅,而多晶硅的制备就不需要拉成单晶硅这一步,减少了成本。

图 6-5 铸造多晶硅的方形正面图

如图 6-5 所示为铸造多晶硅经过倒角、切片等工艺后的硅片方形正面图。

## 一、硅块的制备

### 1. 剖锭

由定向凝固法制备的多晶硅锭都是正方体形状,要将其制备为多晶硅片,首先就要将硅锭按硅片的尺寸切分为多块硅块,即剖锭。

1）硅锭的尺寸

为了在剖锭过程中使硅料的利用率达到最大，铸锭得到的硅锭尺寸都是有一定标准的。由于剖锭后得到的硅块横截面是由硅片的最终尺寸确定的，因此要先了解市场上常用的硅片尺寸。目前市场上最常见的多晶硅片尺寸有 156 mm×156 mm 和 125 mm×125 mm，所以硅锭尺寸应该能满足在生产不同尺寸的硅片都能有较高的硅料使用率。

现代工业上通过定向凝固法制备的硅锭一般为 270 kg 或 450 kg，尺寸分别为 660 mm×660 mm×260 mm 和 820 mm×820 mm×280 mm。270 kg 的硅锭若要制备 125 mm×125 mm 的硅片，可开方为 25 块硅块，若要制备 156 mm×156 mm 的硅片，可开方为 16 块硅块。同理，450 kg 的硅锭可开方为 36 块 125 mm×125 mm 的硅块或 25 块 156 mm×156 mm 的硅块。另外，由于硅锭边缘杂质较多，且晶界位错较多，因此硅锭边缘 20 mm 左右一般不用于制备硅块，会在剖锭时去除，作为边角料重新用于铸锭。剖锭的示意图如图 6-6 所示。

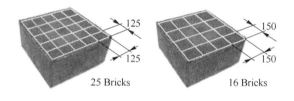

25 Bricks　　　　　16 Bricks

图 6-6　剖锭示意图

2）剖锭设备

目前常用的剖锭设备有线锯开方机和带锯开方机。而线锯开方机由于加工效率高、精度高、硅料损耗少等优点，已经基本代替带锯开方成为市场主流剖锭方法。线锯开方又分为普通钢线带动砂浆开方和金刚石线直接开方。近年来，金刚石线开方技术发展较快，已经被越来越多的企业所采用，但具体工艺效果和成本还需进一步改进。

（1）普通钢线开方

普通钢线开方是利用开方专用钢线编织成一定形状的线网，然后在线网上喷射开方专用砂浆，由钢线往复运动带动砂浆对硅锭进行研磨切割，将整个硅锭开方制备为一定数量的硅块。

普通钢线开方原理类似于多线切割硅片技术，较多线切割硅片技术更为简单，因为线网上钢线数目较少。开方速度要远远大于切片速度，钢线直径一般为切片钢线的 2～3 倍。砂浆要求也没有切片砂浆要求高，一般研磨粉粒径也为切片研磨粉的 1.5～2 倍，有些企业为了降低成本，可直接使用切片后的砂浆进行硅锭开方。

（2）金刚石线开方

金刚石线开方技术是近几年来发展起来的新技术，其采用金刚石线替代传统的普通钢线，无须使用切割砂浆，利用钢线上镶嵌的金刚石粉末对硅锭进行不断研磨切割。金刚石线开方技术的优点是开方速度快，单位产量较高；无须使用砂浆，开方时只需使用冷却液。但同时金刚石线价格较为昂贵，一般为普通钢线的 100 倍左右，且由于开方速度较快，因此稍有操作不当就容易导致断线。目前该技术还在不断改进阶段，虽已有一些企业采用，但推广程度还不及普通钢线开方技术广泛。

（3）带锯开方

带锯开方在单晶棒开方领域使用较为广泛，其采用镶嵌了金刚石粉末的锯片对单晶硅棒或多晶硅锭进行往复切割。其优点是操作简单,开方速度快;缺点是开方精度不高,产量较低,刀损较大,目前已经基本不在多晶硅锭开方时使用该方法。

**2. 硅块的去头尾**

1) 去头尾原则

开方得到的硅块必须去除一部分头部和尾部,这是由于硅锭的上部和下部聚集了大部分的杂质、位错和微晶等缺陷,这些缺陷会严重影响到太阳能电池的转换效率,因此在制备硅块时就要把这些不合格的部分去除。

判断硅块去头尾尺寸的依据主要有杂质阴影、电阻率、少子寿命等。杂质阴影主要由红外探伤测试仪测试,标准是将含有杂质阴影的部分全部去除。电阻率通过电阻率测试仪进行测试,硅锭的电阻率在铸锭前配料时会经过理论计算,但实际中有时会有些偏差,因此要将偏差部分全部去除。少子寿命通过少子寿命仪测试,将小于少子寿命标准的部分全部去除。最后,根据各个指标的检测结果,选择需要去除的最大尺寸来确定硅块的去头尾尺寸。

2) 去头尾设备

硅块去头尾常用设备为带锯切割机。带锯切割机最重要的部分就是锯条。过去的带锯条一概以高碳钢为材料,其切割速度和使用寿命都较低。双金属和硬质合金带锯条使锯切过程发生了永久性的惊人变革,从此以后,除了改进的硬齿焊接方法以外,锯齿结构、齿形、刃材和钢背的发展使带锯条以比较稳定的步伐向着提高生产力和锯条寿命的方向不断前进。涂层技术的发明大大增强了锯刃的坚韧性而使之可以使用较高的锯切和进给速度,并防止锯刃过度摩擦和发热。带锯条上涂镀保护膜可明显提高生产效率而不降低锯条的使用寿命。制造商现在生产多种先进且用途特殊的[如氮化钛(TiN)和氮化钛铝(AlTiN)]涂层锯条,这些涂层大大增加了生产力并延长寿命。由于硅的硬度较大,太阳能电池硅块去头尾采用的带锯多为镶嵌了金刚石的锯条,这使得带锯的效率大大提高,但使用成本也较为昂贵。

**3. 硅块的磨面倒角**

1) 磨面

开方后的多晶硅块尺寸并不十分精确,且表面粗糙,存在一定的损伤,若直接加工为硅片,会在生产加工过程中产生大量崩边、边缘、隐裂等不良缺陷。因此切片前需要对硅块四个面进行磨面,一是修正硅块尺寸,二是去除由线开方造成的表面线痕,降低损伤层深度,得到光滑表面。目前常用的磨面方法有金刚砂研磨轮磨面和软刷研磨轮磨面两种方法,如图 6-7 所示。

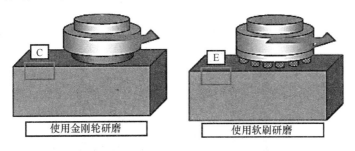

使用金刚轮研磨　　　使用软刷研磨

图 6-7　硅块磨面示意图

金刚砂研磨轮磨面是目前应用最广的磨面方法,其优点是修正硅块尺寸效果好,磨面效率高;但缺点是处理后硅块表面粗糙度大,对硅块有机械应力损伤,容易产生新的损伤层。软刷研磨轮磨面最近行业中研究较多,也逐渐开始应用于工业生产中,其优点是处理后硅块表面粗糙度小,对硅块机械应力损伤小,可去除大部分硅块原先的损伤层;但缺点是修正硅块尺寸能力不足,研磨轮磨损较快等。两种方法各有好处,且可以很好地互补,因此目前已有将两种方法同时使用的设备开始应用于工业生产中。

2)倒角

磨面完的硅块要进行倒角处理,也有工艺是对硅块先倒角后磨面处理。倒角的目的是去除硅块四边锋利的棱角,避免硅块在运输和切片过程中产生不必要的崩边缺角。

倒角用到的设备一般也是金刚砂研磨轮,倒角角度为标准的 45°斜角,宽度一般为 1~2 mm。

## 二、硅片的制备

### 1. 多线切割技术

目前太阳能电池多晶硅片都是由多线切割技术制备的。多线切割相比传统的内圆切割技术加工效率高,损耗小,非常适合大批量硅片加工等优势,在太阳能电池硅片制备及其他半导体材料切割上得到了广泛应用。本节将对多线切割的相关原理、技术特点和相关设备做详细说明。

1)加工原理

线切割系统的切割原理是使用自由磨料而非固定磨料,因此往复式切削系统比传统的单向切削系统具有一定的优势。虽然对于同种材料来说,传统的单向系统可以有更大的行程和线的移动速度,只有通过线的往复运动,才可达到理想的研磨效果。连续的供线系统和旧线回收系统,可以避免线的破损,还可促使线的张紧以保证钢线的刚性和张力,这有利于保持切片精度。同时,最大限度地利用钢线可以有效降低消耗。多线切割机为单线往复式切割,包括独创的垂直平衡滑动系统、弧形摇摆切割系统、砂浆喷嘴半浸入系统和线轮半同步递减可变速系统。该设备在全面考虑到上述优缺点的基础上,既具有往复系统的长处也保持了单向式系统的优点。钢线与工件间近似点接触状态、带动研磨砂对硅棒进行研磨式切割。由于拉力都集中在接触部,可以进行高精度、高速度切割。如图 6-8 所示,钢线从放线轮通过伺服电动机控制张力,经过多个导向轮转到摇动头。在槽轮上卷上设定好圈数后,经过多个到导向轮,再通过伺服电动机控制回收侧张力,由超薄大直径太阳能级硅片线切割工艺及其悬浮液特性研究回收拉杆将金属线整齐排在回收轮上。实际转动时,供线轮、槽轮、收线轮一起高速运转。在金属线运行的同时,摇动头带动槽轮做周期性往复摇摆进行切割。

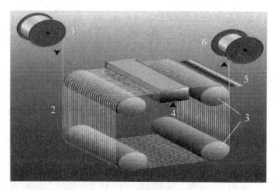

图 6-8 多线切割示意图

1—放线轮;2—线网;3—导向轮;4—工件;5—浆料喷嘴;6—收线轮

2)多线切割机控制系统

（1）垂直平衡滑动系统

① 垂直平衡滑动系统采用低周期、长行程工作方式,使整个机械长度得到完全利用,延长了机械部件的使用寿命,也使砂浆的渗入和切削粉的排出更加顺畅。

② 额定的钢线速度可以提高每小时的工作负荷,加快砂浆渗入速度并充分利用悬浮液的黏度优势,最终可以提高生产率。

③ 导轮由可变速的减速器驱动,该减速器与按照切割线的运动轨迹运转的环形皮带半同步。该系统可避免线的张力发生变化以及断线的发生,从而提高线的使用寿命。

④ 垂直平衡滑动系统与线轮一起往复运动可以消除收线轮皮带与放线轮皮带之间的运动差异,以防止张力发生变化。

上面③、④ 所述的优点对钢线设置了较低的安全系数(安全系数 2.0),线的刚性可以允许较高的张力。

（2）弧形摇摆切割体系

① 钢线与工件之间的接触由传统的直线接触变为点接触,从而使负荷更加集中,这样可以最大限度地张紧钢线以提高其刚性,使接触部位的负荷更加集中,从而提高切片速度,减少工作时间。

② 传统的多线切割机砂浆向接触部位的浸入主要依靠悬浮液的黏度;而悬浮液的黏度受温度影响很大。改进的系统中,摇摆所提供的空间使砂浆可以稳定、可靠地浸入钢线与工件的接触部位,可以提高切片精度,减少工作时间。

③ 切割线的弧形摇摆不仅促进了切割运动,而且与切割运动同步可保证对切割面有一个合理的研磨作用,从而提高了切片精度,并可减少后道工序的加工量。

④ 砂浆可以更轻易地排出,更加有助于上述效果的发挥。

⑤ 对于传统的线切割机,由于线与工件是直线接触而使切割速度发生变化,结果使研磨作用发生变化并导致切片精度下降。改进的多线切割机,近似于点接触的切割方式,可以保证一个稳定的平均切割速度,该速度不会随工件切割部位直径的变化而发生任何变化,从而可以保证稳定的研磨作用并提高切片精度。

（3）切割线弯曲度控制系统

① 如果切片速度(工作台上移速度)设置超常、研磨剂老化或者工件的切割部位经常发生变化,由此引起的切割线的弯曲可以由一接近传感器进行监视,并将线的弯曲度控制在预先设定的范围内,从而避免切片精度和生产率的下降或工作失败。

② 如果对切片精度有较严格的要求,则必须严格设置切片速度以保证稳定的切割作业。如果对生产率更加看重,则必须缩短切片周期,可以适当设置切片速度并允许线弯曲传感器间歇地工作。

综上所述,可以进行不同的实验以适应不同的工作目的。通过观察操作面板上的切割线弯曲传感器信号的开关情况来改变工作台速度控制数据的设置,可以很容易地对切割速度进行调节。

（4）长线存储系统

由于线轴的容量较大,保证了长线的连续使用,既节省了更换线轴的时间也没了线头的困扰。如果发现供线轮上的线较少,可以对收线轮上用过的线做反方向运动以重复使用,这样操作的前提是切割线不发生断线。

（5）切割线机械张紧系统

由于切割线张紧系统使用的是配备在卷轮系统上的机械重力系统,该结构非常简单,可以提供稳定的张紧力,而不会受到任何电气因素、机械磨损以及老化等的影响。

(6) 砂浆喷嘴、半浸入系统

① 由于两个砂浆喷嘴位于工作导轮的外面,可以将其安装在任何方便的位置,并且可以与切割线非常靠近,从而保证稳定的工件温度,确保砂浆的多种作用。

② 带有狭长开口的喷嘴向上面对切割线安装并且非常接近切割线,砂浆流出后均匀地喷到切割线的整个工作区域,并随切割线浸入切割部分,使研磨作用均匀一致,并提高切片精度和生产率。

③ 砂浆由非常靠近切割线表面的喷嘴喷出,在切割线表面与工件之间的砂浆具有一定黏度,切割线的高速运动使得砂浆浸入切割线与工件之间。结果促进了研磨效果,提高了工作效率和生产率。较薄的切片厚度和轻微的线倾斜不会有任何影响。砂浆的黏度和表面张力对切片效果有利。

④ 虽然会有一些切削粉末或者工件的碎片混入砂浆中进入喷嘴,但从工件滚轮外部喷出的砂浆可以防止外来物进入到滚轮的 V 形槽中。滚轮旋转产生的离心力使外来物被甩到滚轮之外,这可以防止发生跳线。由于切割线从两个喷嘴喷出的砂浆中通过,并且二者距离非常接近,所以可以得到较好的研磨和切割效果,从而确保了工作效果、滚轮间最小的间距和线的刚性。由于砂浆不是封闭的,它进入滚轮与工件之间并且很容易被甩出,因此可以补偿相对的温度差异,提高工作精度。

(7) 砂浆旁路和自搅拌系统

① 由砂浆泵打出的部分砂浆通过一条旁路到达喷嘴喷向砂浆罐的内壁,可以引起砂浆的旋转运动以达到自搅拌效果,所以砂浆泵可以通过一套系统同时完成砂浆供给和搅拌功能。因此,砂浆罐的尺寸可以减小,还可促进双层砂浆罐的内层与外层之间的热交换。

② 砂浆旁路与自搅拌系统可以防止砂浆在罐底和泵的叶轮保护套外部等处的沉积,加强搅拌效果。

③ 砂浆罐为双层结构,内层在泵的叶轮套以上为圆柱体,而在泵的叶轮套以下则为圆锥体,这可以消除死角防止磨料的沉积。外罐为冷水或温水的循环通道,用于控制砂浆的温度。所有的砂浆管道和空气管道均使用快速接口进行连接,以方便更换备用罐和清洗工作。砂浆泵电动机可以改变转速来调整砂浆的流出量,砂浆的流出量也与砂浆黏度有关,可用于在待机时间内对砂浆进行搅拌时尽量减少砂浆或调整泵的流出量。

(8) 计算机控制系统

① 多线切割机都配有计算机控制系统,该系统可以更好地适应各种操作进程和程序的变化。

② 各种数字显示的参数和数字键的使用允许对机器作以下设置:自动收线轮的转速;主线轮低速旋转;供线和收线轮速度;钢线张力;砂浆流速;摇摆角度和速度;工作台运动速度;待机时间;线轮上的线存储,用户的一些特殊要求。

3) 多线切割机机械结构

一般来说,多线切割机都是由主框架、绕线室、切割室、浆料供应系统、冷却系统、电气控制系统组成的,如图 6-9 所示。不同设备厂家生产的线切机在设备尺寸和线网布置方面会有稍许不同。目前瑞士机和日本机占据了多线切割设备的几乎全部市场。瑞士机的特点是精度高、产量大、稳定性好,但同时价格也较高,主要厂家有 HCT 和梅耶博格(Meyer Burger);日本机的特点是体积小,使用成本低,价格也较低,主要厂家有 NTC 和安永。表 6-2 是 MB DS264 多线切割机和 NTC PV800 型多线切割机的主要参数对比。

图 6-9 多线切割机效果图

**表 6-2 MB DS264 多线切割机和 NTC PV800 型多线切割机的主要参数对比**

| 多线切割设备 | MB DS264 | NTC PV800 |
| --- | --- | --- |
| 最大工件尺寸 | W200 mm×H200 mm×L820 mm×1 | W156 mm×H156 mm×L840 mm×1 |
| 钢丝行走方式 | 双向或单向行走 | 双向或单向行走 |
| 钢丝速度 | 最高 900 m/min | 最高 900 m/min |
| 进刀装置冲程 | 最高 265 mm | 最高 380 mm |
| 裁切送给速度 | 0～10 mm/min | 0.1～2.5 mm/min |
| 快速送给、快速返回速度 | 最高 200 mm/min | 最高 500 mm/min |
| 最大钢丝储线量 | 800 km(钢线线径 $\phi0.14$) | 500 km(钢丝线径 $\phi0.14$) |
| 主辊重量 | 130 kg × 2 | 400 kg× 2 |
| 主辊直径 | $\phi320$ mm | $\phi350$ mm |
| 砂浆罐容量 | 390 L | 360 L |
| 浆料流量 | 最大 160 L/min | 最大 200 L/min |
| 机械尺寸(宽×深×高度) | 5 183 mm×2 524 mm×3 408 mm | 4 600 mm×2 700 mm×3 490 mm |
| 机械重量 | 16 100 kg | 17 000 kg |

4)主要辅料辅材

（1）碳化硅

碳化硅（SiC）又称碳硅石,还可以称为金刚砂或耐火砂,是用石英砂、石油焦（或煤焦）、木屑为原料通过电阻炉高温冶炼而成,炼得的碳化硅块,经破碎、酸碱洗、磁选和筛分或水选而制成各种粒度的产品。工业用碳化硅于 1891 年研制成功,是最早的人造磨料。在陨石和地壳中虽有少量碳化硅存在,但迄今尚未找到可供开采的矿源。在当代 C、N、B 等非氧化物高技术耐火原料中,碳化硅为应用最广泛、最经济的一种。

碳化硅晶体结构分为六方或菱面体的 α-SiC 和立方体的 β-SiC（称立方碳化硅）。α-SiC 由于其晶体结构中碳和硅原子的堆垛序列不同而构成许多不同变体,已发现 70 余种。β-SiC 于 2 100 ℃ 以上时转变为 α-SiC。

工业碳化硅因所含杂质的种类和含量不同,而呈浅黄、绿、蓝乃至黑色,透明度随其纯度不同而异。目前我国工业生产的碳化硅分为黑色碳化硅和绿色碳化硅两种,均为六方晶体,比重为 $3.20\sim3.25$,显微硬度为 $2\,840\sim3\,320\,kg/mm^2$。其中,黑碳化硅是以石英砂、石油焦和优质硅石为主要原料,通过电阻炉高温冶炼而成。有金属光泽,含 SiC 95%以上,其硬度介于刚玉和金刚石之间,机械强度高于刚玉,性脆而锋利,其韧性高于绿碳化硅,大多用于加工抗张强度低的材料,如玻璃、陶瓷、石材、耐火材料、铸铁和有色金属等。绿碳化硅是以石油焦和优质硅石为主要原料,添加食盐作为添加剂,通过电阻炉高温冶炼而成。含 SiC 97%以上,其硬度高于黑碳化硅,但机械强度不如黑碳化硅,自锐性好,大多用于加工硬质合金、钛合金和光学玻璃,也用于珩磨汽缸套和精磨高速钢刀具。此外还有立方碳化硅,它是以特殊工艺制取的黄绿色晶体,用以制作的磨具适于轴承的超精加工,可使表面粗糙度从 Ra32~0.16 $\mu m$ 一次加工到 Ra0.04~0.02 $\mu m$。

碳化硅由于化学性能稳定、导热系数高、热膨胀系数小、耐磨性能好,除用作磨料外,还有很多其他用途,例如,以特殊工艺把碳化硅粉末涂布于水轮机叶轮或汽缸体的内壁,可提高其耐磨性而延长 1~2 倍的使用寿命;用于制成的高级耐火材料,耐热震、体积小、重量轻而强度高,节能效果好。低品级碳化硅(含 SiC 约 85%)是极好的脱氧剂,用它可加快炼钢速度,并便于控制化学成分,提高钢的质量。此外,碳化硅还大量用于制作电热元件——硅碳棒。

碳化硅微粉是最主要的用于多线切割机上的磨料之一,线切割用的碳化硅为绿碳化硅,适合于切割比较硬而且脆的材料。线切割是由导轮带动细钢线高速运转,由钢线带动砂浆形成研磨的切割方式。在线切割机的切割过程中,悬浮液夹裹着碳化硅磨料喷落在细钢线组成的线网上,依赖于细钢线的高速运动,把研磨液运送到切割区,对紧压在线网上的工件进行研磨式切割,随着碳化硅磨料对工件的一次次刻划,逐渐把多余的材料带走,是一种类似于研磨的切削方法,这种机制也被称为自由研磨切割加工。

目前国内线切割主要使用型号为 1200♯或 1500♯的碳化硅,而国外已经开始使用 2000♯碳化硅进行线切割。颗粒度越小的碳化硅,对硅片表面的损伤越小,硅片厚度较均匀,且切割硅损失少;但小颗粒碳化硅切割能力较弱,因此会影响生产效率。表 6-3 是不同型号碳化硅的规格标准。

表 6-3　不同型号碳化硅标准

| 规格 | 粒度分布($\mu m$) | | | | | |
| --- | --- | --- | --- | --- | --- | --- |
| | D100≥ | D94≥ | D50 | D3≤ | D0≤ | 标准偏差≤ |
| 2000♯ | 1.52 | 4.00 | 6.7±0.60 | 13.00 | 19.00 | 3.0 |
| 1500♯ | 2.20 | 4.50 | 8.0±0.60 | 15.00 | 23.00 | 3.0 |
| 1200♯ | 2.20 | 5.50 | 9.5±0.80 | 17.00 | 27.00 | 2.8 |
| 1000♯ | 3.20 | 7.00 | 11.5±0.80 | 19.00 | 32.0 | 2.8 |
| 800♯ | 3.20 | 9.00 | 14±0.80 | 23.0 | 38.0 | 2.8 |

| 规格 | 堆积密度≤ | 化学成分% | | | 磁性物≤% | pH 值 |
| --- | --- | --- | --- | --- | --- | --- |
| | $g/cm^3$ | SiC≥ | F·C≤ | $Fe^2O^3$ | | |
| 2000♯ | 0.82 | 98.00 | 0.2 | 0.2 | 0.08 | 6.0~7.5 |
| 1500♯ | 0.84 | 98.00 | 0.18 | 0.18 | 0.08 | 6.0~7.5 |
| 1200♯ | 0.93 | 98.50 | 0.18 | 0.18 | 0.08 | 6.0~7.5 |
| 1000♯ | 0.96 | 98.50 | 0.15 | 0.15 | 0.08 | 6.0~7.5 |
| 800♯ | 1.03 | 99.00 | 0.15 | 0.15 | 0.08 | 6.0~7.5 |

（2）切割液

目前用于硅片多线切割用的切割液主要成分为聚乙二醇 200～300。为改善切割液的性能，会另外添加一些胺碱、渗透剂、醚醇类活性剂、螯合剂等添加剂，而这些添加剂也是切割液性能的主要影响因素，一般都为各个切割液生产厂家的核心技术机密。

① 聚乙二醇（PEG）。聚乙二醇 $[HO(CH_2CH_2O)_nH]$ 是一种环氧乙烷衍生物，是以环氧乙烷为主要原料，经乙氧基化反应后，再做相应的处理获得的产品。聚乙二醇产品无毒，无刺激性，具有良好的水溶性，并与许多有机组分有良好的相溶性。它们具有优良的润滑性、保湿性、分散性、黏接性和抗静电性。在化妆品、制药、化纤、橡胶、塑料、造纸、油漆、电镀、农药、金属加工及食品加工等行业有着广泛应用。

用于硅片切割的 PEG 分子量一般在 200～300 之间，为无色黏稠液体，密度为 1.12～1.13 $g/cm^{-3}$，黏度 20～70 cp，在 130 ℃左右容易被氧化。

选择 PEG200 作为切割液的主要成分，主要是因为其是一种黏度适当的分散剂，具有高悬浮、高润滑、高分散、高冷却等特性，可以吸附于固体颗粒表面而产生足够高的位垒和电垒，不仅阻碍颗粒互相接近、聚结，也能促使固体颗粒团开裂散开，可保证线切割液的悬浮性能。同时，在固体颗粒团受机械力作用出现微裂缝时，能渗入到微细裂缝中去定向排列于固体颗粒表面而形成化学能的劈裂作用，有利于切割效率的提高。

② 胺碱。常用的胺碱有羟乙基乙二胺和三乙醇胺等。胺碱是一种有机醇，能使线切割液呈微碱性，可与硅发生化学反应，如式：$Si+2OH^-+H_2O \longrightarrow SiO_3^{2-}+2H_2\uparrow$，胺碱产生的氢氧根离子与硅反应，均匀地作用于硅片的被加工表面，提高了研磨速率且缓和了单纯、剧烈的机械作用，可使硅片剩余损伤层小，减小了后面工序加工量，有利于降低生产成本。碱性线切割液对金属有钝化作用，避免线切割液腐蚀设备和线锯，减少断线率。

③ 渗透剂。渗透剂兼有润滑剂作用，有良好的起泡力和消泡力，能极大地降低线切割液的表面张力，使线切割液具有良好的渗透性，使线切割液很容易渗透到线锯与硅棒之间，具有减小浆料、切屑与切削表面之间的摩擦作用，有效地降低机械损伤，提高晶棒的利用率。良好的渗透性促使线切割液及时均匀的作用于线锯与硅棒之间，保证其化学作用的连贯性及一致性，并可充分发挥线切割液的冷却作用，防止硅片表面热应力的积累。同时也可以防止线锯的金属离子在温度过高的情况下向硅片表面扩散，降低金属离子对硅片的污染。

④ 醚醇类活性剂。醇醚类活性剂属于非离子表面活性剂，具有增强线切割液的润滑作用，可起到降低切片机械摩擦力、减少磨损；同时能够将切屑和切粒粉末托起，使活性剂分子取而代之吸附于硅片表面，并能阻止切屑和切粒粉末再沉积，有利于硅片的清洗。

⑤ 螯合剂。螯合剂的作用主要是去除金属离子。重金属（主要为铜铁）是深能级杂质，容易复合半导体器件中电子和空穴，使少子寿命大大下降，漏电流增大，这些重金属杂质在硅中尤其是在高温下有很大的扩散系数，当硅片在高温下反复加工时，杂质就扩入衬底内层，使其漏电流增大。且金属杂质极易在晶体中的缺陷处沉淀，在沉淀周围产生应力或使 PN 结扭曲，这是经常造成 PN 结漏电流增大，击穿软的主要原因。螯合剂含有两个或多个能"给予"电子对的原子，且这些原子之间要相间两个或多个其他原子。这些能"给予"电子对的原子与金属离子络合成环状的螯合物。从而使金属离子不再向硅片内扩散，一般来说，能"给予"电子对的原子越多，形成的环越多，螯合物越稳定，金属离子越不易逃逸。目前，通常使用的螯合剂是乙二胺四乙酸。

（3）钢线

切割钢线一般是以高纯度高碳钢为原料，经由多道回火及冷拉拔工艺制成，表面镀有黄铜，专用于切割高硬度的晶体材料。切割钢线应缠绕整齐，钢线排列均匀，每盘是由一根钢线组成，切割钢线不允许焊接，否则会严重影响钢线的破断拉力。切割钢线都是缠绕在一次性或循环的工字轮上，根据用户工艺要求定制不同绕线长度，但最长不能超过工字轮类型的最大的容量，常用长度有 380 km，640 km 和 720 km。

切割钢线一般都采用真空包装，每个工字轮托盘均内置有干燥剂，托盘真空包装打开前，在温度及湿度合适的仓库环境下可存放 6～12 个月。打开托盘真空包装前，需将托盘移送至使用环境下，以避免温差导致水汽凝结，严禁裸手触摸钢线。打开钢线后，应检查切割钢线表面应镀有连续、均匀的黄铜层，不应有漏镀或明显的色差存在，且无伤痕、油污、锈蚀和其他杂质，这些都是为了防止由于钢线的表面性质和洁净度缺陷影响钢线的带砂能力，从而影响切割良品率。目前市场上最常用的钢线为 110～130 $\mu m$，具体技术参数如表 6-4 所示。

表 6-4　常用切割钢线技术参数

| 产品规格 | | | |
|---|---|---|---|
| 项目 | 110 $\mu m$ | 120 $\mu m$ | 130 $\mu m$ |
| 直径/$\mu m$ | 110±3 | 120±3 | 130±3 |
| 椭圆度/$\mu m$ | 最大值 3 | 最大值 3 | 最大值 3 |
| 破断拉力/N | 最小值 30 | 最小值 40 | 最小值 47 |
| 抗拉强度/N·$mm^{-2}$ | 最小值 3 450 | 最小值 3 800 | 最小值 4 000 |

**2. 硅片制备流程工艺**

1）粘硅块

准备切割的硅块必须先与线切割机的托板进行粘接。由于线切割过程存在一定的线弓角度，因此切割深度往往大于硅棒的实际边长，为了保护切割机托板，需要在托板和硅块之间粘接一块玻璃板或树脂板作为垫板。另外，为了切割起始时稳定线网，一般会在硅块上表面粘接一根 PVC 条，使线网先切割 PVC 条，从而起到线网定位和稳定的作用。目前常使用环氧树脂粘合剂粘接硅块和垫板，其一般由环氧树脂黏合剂与硬化剂混合而成，具有低毒或无毒，对于硅块和垫板具有较强的黏合性，且用热水易剥离。粘胶前需要清洗硅块和垫板的表面，主要为了去除影响粘合的有机杂质，湿气等物质。黏合剂要仔细并足量涂满垫板，不能留有气泡，粘合剂在开盖后尽快使用，以免变质，影响切割硅片质量。具体流程如下：

（1）用超声清洗机将硅块、托板和垫板清洗干净并吹干，然后在粘结部位用丙酮擦净晾干；

（2）将配好的环氧树脂黏合剂均匀地涂在托板上，然后将垫板与托板粘合；

（3）将配好的环氧树脂黏合剂再均匀地涂在垫板上，然后将硅块和垫板粘合；

（4）将多余的环氧树脂黏合剂涂抹在一根宽度约为 2 mm，与硅块同长度的 PVC 条上，然后将 PVC 条粘合在硅块上表面的中间位置；

（5）将全部物件粘合好后，在硅块上放置两个 10 kg 左右的砝码，将各部分物件压紧，直至粘合剂变硬干涸。

（6）配制粘合剂和粘硅块时动作要快，应在 10 分钟左右完成，以防止粘合剂干涸。为了不使粘合剂沾在托板和硅块非粘胶表面上，可在托板上铺一层纸，并及时擦去沾在硅块非粘胶表面上的胶迹。

2）切割步骤

使用多线切割机时，机器的钢线和硅棒在砂浆作用下近乎点接触状态，张力都集中加在接触部，可以进行高精度、高速度研磨式切割。钢线从供线轮通过伺服电动机控制张力，经过多个导向滑轮转到主锟导轮上。在主锟导轮绕行一定圈数后，再经过多个导向滑轮，通过伺服电动机控制回收侧张力，由回收拉杆将金属线整齐排在回收轮上。实际转动时，供线轮、主锟导轮、回收轮一起高速运转。在金属线水平运行的同时，工作台带动硅棒缓慢地竖直向下运动，接触后由金属线带动砂浆进行研磨切割。进行线切割初期，需要根据具体的情况设定工艺参数。切割步骤如下：

（1）配制砂浆：1200♯或1500♯的 SiC 砂与切割液配制成浓度为50％左右的砂浆；

（2）设定工艺参数：根据晶棒的直径设定工作台的速度、供线速度、钢线张力、线的运行方式；

（3）清洗：用配好的砂浆将线轮及周围冲洗干净；

（4）装料：将单晶棒卡在工作台上，用螺丝拧紧，以避免切割时使金属垫板移动而造成硅片的破碎；

（5）定位：设置工作台的起始位置及终止位置，然后将工作台复位；

（6）检测：主要检测线是否有出槽现象，若有及时修正，否则会造成碎片；

（7）切片：按下切片按钮，机器将自动切片，等到终止位置，机器将自动报警，表明切片完毕；若中间警报则表明有断线现象，或有碎片出现；

（8）复位：待切完报警时，按复位按钮时工作台复位；

（9）卸料：将切完的单晶棒卸下，然后进行脱胶、清洗、烘干。

3）硅片预清洗（脱胶）

刚切割完的硅片仍然粘接在托板上，且表面全部被砂浆覆盖。因此，必须先对硅片进行清水喷淋，将大部分砂浆去除，然后再在热水或特殊的药水中，将硅片与垫板之间的黏合剂软化，从而使硅片与垫板分离。硅片的预清洗有手动设备和自动设备，但基本原理相似。需要注意的是此工序处理不当，会导致硅片的破裂，以及影响后序硅片的清洗效果，因此在喷淋过程压力不能过大，同时脱胶温度要适当，以免产生较多破片及花斑片。一般流程如下：

（1）将线切完的硅块转移至预清洗车间，观察硅块有无异常情况，清点核对碎片数目，并记录数据。

（2）预清洗时，首先检查单个槽位水压是否达到要求（压力过小冲洗砂浆不干净，压力过大容易损坏硅片）。

（3）将硅块放入冲洗槽内冲洗，按照先线切先冲洗的原则，保证硅块从线切到预清洗槽时间不超过30分钟，避免砂浆在硅片上停留太久产生花斑片。

（4）冲洗过程中如有掉片，应及时将硅片取出，整片放入插片槽中，碎片放在碎片盒中。

（5）冲洗至硅块上无污水流下时，即可将硅块移至脱胶槽中进行脱胶。

（6）将硅块在脱胶槽中翻转至方向朝上，槽内水温一般为50～60℃，可使用纯水直接脱胶，或放入一定量的脱胶剂。将硅片之间用不锈钢钢条隔开，防止硅片脱胶后产生倒片。隔开的时候应注意，不要将钢条强行隔下去，造成崩边等现象，而应适当调整位置，正好插入缝隙处。

（7）将脱胶后的硅片小心拿起，将硅片表面的胶条擦拭干净，然后存放至水槽中，注意每次拿放硅片的数量不能太多，防止由于人为失误造成硅片损坏。

（8）脱胶槽和放置硅片的水槽应定时换水，防止水质变差而产生花斑片。

（9）预清洗后，对现场进行"6S"处理，将硅片表面的树脂条和胶条收集起来放到垃圾盒里，碎片放入碎片盒中。对预清洗设备里的碎片应定时清理，集中放置在碎片盒里，处理后可作为原硅料重新铸锭。

4）硅片清洗

预清洗完的硅片表面还有许多杂质，要得到清洁的硅片就必须对每片硅片进行严格的清洗。一般来说，清洗前的硅片表面污染物杂质主要分为颗粒、有机物杂质、金属污染物三类：（1）颗粒杂质主要是残留的切割浆料中的碳化硅、铁粉、硅粉等，另外还可能黏附一些细小的钢线、PVC 条等杂质。（2）有机物杂质主要为残留的切割液，以及切割机中渗出的润滑油及人为接触后残留的皮肤油脂等。这些物质通常干燥后在硅片表面形成花斑，影响外观及电池转换效率。（3）金属污染物是由于切割硅片时的瞬间高温使一些金属离子渗入硅片外表面，它们在硅片上以范德华引力、共价键以及电子转移三种表面形式存在。这种沾污会破坏极薄的氧化层的完整性，增加漏电流密度，结果导致形成微结构缺陷或雾状缺陷。太阳能电池硅片主要采用碱性清洗剂进行清洗，因为在碱性条件下，固体小颗粒比较容易脱离硅片，且碱液能够对硅片表面有微弱腐蚀，可去除渗入硅片外表面的诸多杂质。

目前市场上的硅片清洗设备基本都能达到全自动生产，设备工艺主要有槽式和链式两种。槽式清洗机根据需求不同分为 7 槽、9 槽和 11 槽等，清洗时先将硅片插入专门的插片篮中，再将几个插片篮一起放入清洗篮中，清洗篮由机械手顺序放入各个清洗槽内进行清洗，每个清洗槽根据工艺不同可放入清洗剂或纯水，通过超声及溢流等方式对硅片进行清洁，最后烘干卸片。链式清洗机主要由若干根链条带动硅片前进，同时喷洒清洗剂及纯水对硅片进行清洗，最后进入烘干隧道烘干。

5）硅片分拣

清洗完的硅片需要对其质量进行逐一检测，对不同质量问题的硅片进行分类，以满足客户需求，并为硅片制备技术改善提供参考。硅片的缺陷主要分为外观不良及内在电学性能不良，主要缺陷有超厚、超薄、崩边、缺角、裂片、总厚度差异（TTV）、线痕、台阶、花斑、电阻率异常、少子寿命异常等。目前国外大多采用全自动检片设备进行硅片分拣，但该设备价格昂贵；国内由于人工成本较低，因此多采用人工检片与设备检测相结合的方法。以 $200\ \mu m$ 厚度硅片为例，行业中常用检测标准如表 6-5 所示。

表 6-5　常用硅片检测标准

| 检测指标 | 标准 |
| --- | --- |
| 硅片厚度 | $200\ \mu m \pm 10\ \mu m$ |
| 崩边 | $< 1 \times 0.5\ mm$ |
| 缺角 | 基体硅片尺寸＞2/3 |
| 裂片 | 基体硅片尺寸＜2/3 |
| TTV | $30\ \mu m$ |
| 线痕 | $< 15\ \mu m$ |
| 台阶 | $< 30\ \mu m$ |
| 花斑 | 肉眼观察 |
| 电阻率 | $1 \sim 3\ \Omega \cdot cm, 3 \sim 6\ \Omega \cdot cm$（客户要求） |
| 少子寿命 | $> 2\ \mu s$ |

6）硅片包装

硅片的包装需要注意两个方面，一是保证包装的硅片为同一质量标准，且数量无误；二是选用合适材质的包装材料，防止硅片在运输途中破碎。保证硅片质量和数量需要严格品质监管流程；包装材料一般选用抗震缓冲性能好的软性材料，如珍珠棉、宝丽龙片等，采用硅片自动包装机，以每匣50片或100片进行封装，再将3~6匣硅片放入泡沫包装盒密封包装，包装盒上的标签要求粘贴整齐美观，向上并朝同一方向，最后封装入箱。

一般来说，在包装盒上至少印有如下产品标志：① 企业名称；② 产品型号或标记；③ 制造日期；④ 质量认证书；⑤ 硅锭编号；⑥ 氧、碳含量；⑦ 少子寿命；⑧ 电阻率。外包装箱应标有"小心轻放"及"防腐、防潮"字样，箱内有产品清单。外包装箱上贴有标签，标签内容包括产品名称、型号、数量、日期以及包装编号等。外包装箱上的标签要求粘贴整齐美观、向上并朝同一方向。封口时，封口胶成十字形，并要求美观平整。

# 第三节　硅片的清洗

硅片的清洗很重要，它影响电池的转换效率，如器件的性能中反向电流迅速加大及器件失效等。因此硅片的清洗很重要，下面主要介绍清洗的作用和清洗的原理。

## 一、清洗的作用

（1）在太阳能材料制备过程中，在硅表面涂有一层具有良好性能的减反射薄膜，有害的杂质离子进入二氧化硅层，会降低绝缘性能，清洗后绝缘性能会更好；

（2）在等离子边缘腐蚀中，如果有油污、水气、灰尘和其他杂质存在，会影响器件的质量，清洗后质量大大提高；

（3）硅片中杂质离子会影响PN结的性能，引起PN结的击穿电压降低和表面漏电，影响PN结的性能；

（4）在硅片外延工艺中，杂质的存在会影响硅片的电阻率不稳定。

## 二、清洗的原理

要了解清洗的原理，首先必须了解杂质的类型，杂质分为三类：一是分子型杂质，包括加工中的一些有机物；分子型杂质吸附的特点是他们与硅片表面的接触，通常是依照静电引力来维持，是一种物理吸附现象。由于天然或合成油脂、树脂和油类的分子一般以非极性分子存在，它是靠杂质的中性分子与硅片原子没有被平衡的那部分剩余力相互吸引而结合的。结合的力与分子型晶体结构中分子与分子间存在的范德瓦耳斯引力是一样的。这种吸引力比较弱，它随着分子间距的增加很快被削弱，所以这种力所涉及的范围只不过在 $2 \times 10^{-8} \sim 3 \times 10^{-8}$ cm，也就是像分子直径那么大小的距离。因此要彻底清除这些分子型杂质是比较容易的。分子型杂质的另一个重要特点是：像油脂等，大多是不溶于水的有机化合物，当它们吸附在硅片表面时将使硅片表面出现疏水性，从而妨碍了去离子水或酸、碱溶液与硅片表面的有效接触，使去离子水或酸、碱溶液无法与硅片表面或其他杂质粒子相互作用，因此无法进行有效的化学清洗。

二是离子型杂质，包括腐蚀过程中的钠离子、氯离子、氟离子等；离子型杂质吸附多属于化学吸附的范畴。其主要特点是杂质离子和硅片表面之间依靠化学键力相结合，这些杂质离子与硅片表面的原子所达到的平衡距离极小,以至于可以认为这些杂质离子已成为硅片整体的一部分。根据化学吸附杂质的本性,有的可以是晶格自由电子的束缚中心,充当电子的陷阱,起着受主的作用。有的可以作为自由空穴的束缚中心,起着施主的作用,在实验中曾观察到,由于化学吸附杂质的存在,导致表面电荷量发生变化,从而引起半导体脱出功和表面电导率的相应改变,因此这种表面杂质离子是导致硅片表面界面态发生变化的一种原因。此外,这些化学吸附的杂质粒子并不是固定地束缚在晶体表面的某些位置上,它还或多或少的具有沿硅片表面移动的能力。当这些杂质离子与晶格原子间的吸附能大于硅片表面势垒高度时,这些离子就有可能沿着硅片表面移动,而不会与表面脱离,这就是硅片表面杂质离子的迁移现象。这种迁移与环境温度的高低以及外加电场的大小有关,当温度升高或外加电场增大时,这种现象就更加明显。因此硅片表面杂质离子的沾污也可能是造成器件性能不稳定和可靠性低劣的原因之一。由于化学吸附力较强,所以对这种杂质离子的清除较之分子型杂质困难得多。

三是原子型杂质,如金、铁、铜和铬等一些重金属杂质。原子型杂质吸附和离子型杂质吸附一样,同属于化学吸附范畴,其吸附力较强,比较难以清除。兼之金、铂等重金属原子不容易和一般酸、碱溶液起化学反应,因此必须采用诸如王水之类的化学试剂,使之形成络合物并溶于试剂中,然后才用高纯去离子水冲除。吸附在硅片表面的重金属原子可以成为表面复合中心,如果经过高温热处理,还会扩散入硅片体内,成为体内复合中心,降低体内少子寿命。无论吸附在硅片表面或者扩散入硅片体内的重金属原子,都对器件的性能有严重影响,使器件参数变坏,甚至造成产品不合格。

通过上面的分析可以清楚,吸附在硅片表面的杂质大体上可分为分子型、离子型、原子型3种情况。分子型杂质粒子与硅片表面之间的吸附力较弱,清除这类杂质粒子比较容易。它们多属油脂类杂质,具有疏水性的特点,这种杂质的存在,对清除离子型和原子型杂质具有掩蔽作用。因此在对硅片进行化学清洗时,首先应该把它们清除干净。清除分子型吸附的油脂类物质,一般可采用四氯化碳、三氯乙烯、甲苯、丙酮、无水乙醇等有机溶液去除,也可采用硫酸碳化、硝酸或碱性双氧水氧化等方法去除。

离子型和原子型吸附的杂质属于化学吸附杂质,其吸附力都较强。在一般情况下,原子型吸附杂质的量较小,而且它们不与一般酸、碱发生化学反应,必须用王水或酸性双氧水才能溶除。王水和酸性双氧水还能溶除离子型杂质,因此在化学清洗时,一般都采用酸、碱溶液或碱性双氧水先清除掉离子型吸附杂质,然后用王水或酸性双氧水再来清除残存的离子型杂质及原子型杂质。最后用高纯去离子水将硅片冲洗干净。再加温烘干后就可得到洁净表面的硅片。

综上所述,清洗硅片的一般工艺程序为

→去油→去离子→去原子→去离子水冲洗

### 三、常用的清洗方法

目前最常用的清洗方法有:化学清洗法、超声清洗法和真空高温处理法。

**1. 化学清洗法**

目前常用的化学清洗步骤有:

(1) 有机溶剂(甲苯、丙酮、酒精等)→去离子水→无机酸(盐酸、硫酸、硝酸、王水)→氢氟酸→去离子水

(2) 碱性过氧化氢溶液→去离子水→酸性过氧化氢溶液→去离子水

下面讨论各种步骤中试剂的作用。

（1）有机溶剂在清洗中的作用。用于硅片清洗常用的有机溶剂有甲苯、丙酮、酒精等。在清洗过程中，甲苯、丙酮、酒精等有机溶剂的作用是除去硅片表面的油脂、松香、蜡等有机物杂质。所利用的原理是"相似相溶"。

（2）无机酸在清洗中的作用。

硅片中的杂质如镁、铝、铜、银、金、氧化铝、氧化镁、二氧化硅等杂质，只能用无机酸除去。有关的反应如下：

$$2Al+6HCl===2AlCl_3+3H_2\uparrow$$
$$Al_2O_3+6HCl===2AlCl_3+3H_2O$$
$$Cu+2H_2SO_4===CuSO_4+SO_2\uparrow+2H_2O$$
$$2Ag+2H_2SO_4===2Ag_2SO_4+SO_2\uparrow+2H_2O$$
$$Cu+4HNO_3===Cu(NO_3)_2+2NO_2\uparrow+2H_2O$$
$$Ag+4HNO_3===AgNO_3+2NO_2\uparrow+2H_2O$$
$$Au+4HCl+HNO_3===H[AuCl_4]+NO\uparrow+2H_2O$$
$$SiO_2+4HF===SiF_4\uparrow+2H_2O$$

如果 HF 过量则反应为　$SiO_2+6HF===H_2[SiF_6]+2H_2O$

$H_2O_2$ 的作用：在酸性环境中做还原剂，在碱性环境中做氧化剂。在硅片清洗中对一些难溶物质转化为易溶物质。如：

$$As_2S_5+20\ H_2O_2+16NH_4OH===2(NH_4)_3AsO_4+5(NH_4)_2SO_4+28H_2O$$
$$MnO_2+\ H_2SO_4+\ H_2O_2===MnSO_4+2H_2O+O_2\uparrow$$

（3）RCA 清洗方法及原理

在生产中，对于硅片表面的清洗中常用 RCA 方法及基于 RCA 清洗方法的改进，RCA清洗方法分为Ⅰ号清洗剂（APM）和Ⅱ号清洗剂（HPM）。Ⅰ号清洗剂（APM）的配置是用去离子水、30％过氧化氢、25％的氨水按体积比为：5∶1∶1 至 5∶2∶1；Ⅱ号清洗剂（HPM）的配置是用去离子水、30％过氧化氢、25％的盐酸按体积比为：6∶1∶1 至 8∶2∶1。其清洗原理是：氨分子、氯离子等与重金属离子如：铜离子、铁离子等形成稳定的络合物如：$[AuCl_4]^-$、$[Cu(NH_3)_4]^{2+}$、$[SiF_6]^{2-}$。

清洗时，一般应在 75～85 ℃条件下清洗、清洗 15 分钟左右，然后用去离子水冲洗干净。Ⅰ号清洗剂（APM）和Ⅱ号清洗剂（HPM）有如下优点：

① 这两种清洗剂能很好地清洗硅片上残存的蜡、松香等有机物及一些重金属如金、铜等杂质；

② 相比其他清洗剂，可以减少钠离子的污染；

③ 相比浓硝酸、浓硫酸、王水及铬酸洗液，这两种清洗液对环境的污染很小，操作相对方便。

**2. 超声波在清洗中的作用**

目前在半导体生产清洗过程中已经广泛采用超声波清洗技术。超声波清洗有以下优点：

（1）清洗效果好，清洗手续简单，减少了由于复杂的化学清洗过程中而带来的杂质的可能性；

（2）对一些形状复杂的容器或器件也能清洗。

超声波清洗的缺点是当超声波的作用较大时，由于振动摩擦，可能使硅片表面产生划道等损伤。

超声波产生的原理:高频振荡器产生超声频电流,传给换能器,当换能器产生超声振动时,超声振动就通过与换能器连接的液体容器底部而传播到液体内,在液体中产生超声波。

**3. 真空高温处理的清洗作用**

硅片经过化学清洗和超声波清洗后,还需要将硅片真空高温处理,再进行外延生长。

真空高温处理的优点:

(1) 由于硅片处于真空状态,因而减少了空气中灰尘的沾污;

(2) 硅片表面可能吸附的一些气体和溶剂分子的挥发性增加,因而真空高温易除去;

(3) 硅片可能沾污的一些固体杂质在真空高温条件下,易发生分解而除去。

# 第四节　浆料回收技术

## 一、浆料回收工艺简介

### 1. 浆料回收基本情况

太阳能电池硅片切割过程用到了大量的切割浆料,随着切割过程的进行,大量硅粉和钢线上的金属屑末进入浆料,且浆料中的刃料碳化硅会由于不断研磨而破碎,导致浆料切割能力下降,形成废砂浆,需要更换才能继续切割。废砂浆是硅微粉、碳化硅、铁屑及切削液的混合物。据统计,年产量 1 GW 的太阳能电池硅片厂一年要产生约 65 000 t 废浆料。随着晶硅片产量的迅速增加,在切割过程中使用的晶硅片切割刃料和切削液形成了越来越多的废砂浆。废砂浆是一种工业垃圾,如果不进行处理,将会产生严重的污染;同时,废砂浆中的碳化硅微粉又是一种资源类物品,如不加以回收利用则会形成较大的资源浪费。目前上规模的企业都建有自己的浆料回收系统,浆料回收已经成为降低太阳能电池硅片成本的最主要途径之一。

浆料回收的目的是将切割后废浆料中的切割液和有用的切割刃料进行回收提纯,使其能够重新满足太阳能晶硅片切割要求。其中切割液的回收较为简单,只需将废浆料中的切割液与固渣进行固液分离;而切割刃料的回收较为复杂,因为切割完后有大量的硅微粉和金属屑末混入废浆料中,而且原先的刃料经过切割后会有一部分大颗粒破碎变为小颗粒,而不再适合再次切割,因此要回收得到合格的切割刃料,必须将这些硅微粉、金属屑末以及小颗粒的刃料全部去除。

目前市场上的浆料回收技术主要分为在线物理法和离线化学法。在线物理法主要是利用特定的颗粒分级设备先将废浆料中的小颗粒与大颗粒进行分离,有用的大颗粒刃料以固渣形式分离出来,而硅微粉和金属屑末的粒径都较小,因此会连同小颗粒的刃料一起进入切割液中,再经过精密的固液分离设备得到澄清的切割液,最终再掺入一定量的新液和新砂,与得到的大颗粒固渣和回收液配制成浆料重新用于硅片切割。该方法工艺简单,设备占地面积小,产品直接是配制好的切割浆料,可与线切割机配合使用。由于完全是物理分离,没有废液产生,唯一的废弃物为废浆料中的无用小颗粒,因此较为环保。但该方法废浆料处理量较低,得到的浆料杂质含量偏高,且设备成本较高,目前在欧美、日韩及中国台湾等环保要求严格的国家和地区应用广泛。

离线化学法在将废浆料粗略固液分离后,再分别对切割液和固渣进行处理。液相一般再经过澄清过滤,离子交换及脱水等处理,得到合格的回收液产品。固渣一般先用碱去除残留的硅粉,再用酸去除残留的金属屑末,最后对得到的刃料进行干燥,分级处理,得到合格的回收粉。该方法废浆料处理量大,得到的产品杂质含量低,质量较稳定,可分别对外销售回收液或回收刃料产品。但由于该方法使用了酸碱等化学品,除废浆料中的小颗粒废渣外,还会有一定的废水产生,需另外配套一组废水处理工序。

以上两种方法各有优缺点,企业需要结合自身特点进行选择。目前国内浆料回收企业多结合了两种方法的优点进行生产,如离线化学法粗滤后的固渣在化学处理前一般先进行颗粒分级,将大部分硅微粉和金属屑末去除,以减少后续酸碱用量,从而减少废水排放。总之,今后浆料回收技术的发展方向是得到质量更加稳定的产品,使硅片切割时回收砂和回收液的比例能够提高;同时提高产品回收率,降低浆料回收工艺成本,减少废水排放,并拓展新领域,以提高废浆料中小颗粒废渣的附加值。

**2. 浆料回收技术现状**

对切割废料浆的回收,研究人员做了大量工作,也申请了许多相关的专利。在切割废料浆的回收方法和专利中,大部分都是回收浆料中的聚乙二醇和碳化硅,而对于浆料中高纯硅的回收方法还不够成熟。现行的回收工艺主要流程如图 6-10 所示。概括起来主要分为两大步骤,即固液分离和固体提纯。

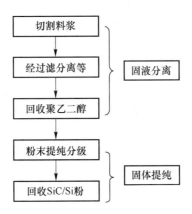

图 6-10 废浆料回收工艺流程图

近几年来国内外相关专利在固液分离和固体提纯两个主要步骤中采取的相应的解决方案,如表 6-6 所示。

**表 6-6 国内外废浆料回收技术专利一览**

| 申请年 | 发明人 | 固液分离的简要步骤及方法 | 固体提纯的简要步骤及其方法 |
| --- | --- | --- | --- |
| 2001 年 | Zavatarri, Fragiacomo | (1) 将切割料浆加热降低其黏度;<br>(2) 利用筛网过滤得到可利用的切割液 | (1) 将过滤后的滤饼加水形成悬浮液,进行旋流分离得到碳化硅粉;<br>(2) 将碳化硅粉干燥后可回收利用 |
| 2006 年 | Fragiacomo | (1) 对切割料浆先离心分离,得到滤液;<br>(2) 将滤液经过稀释、过滤、微滤和蒸馏后得到聚乙二醇 | (1) 将滤饼进行旋流分离得到含有不同粒径的料浆;<br>(2) 经过滤、化学蚀刻、干燥得碳化硅 |

| 申请年 | 发明人 | 固液分离的简要步骤及方法 | 固体提纯的简要步骤及其方法 |
|---|---|---|---|
| 2007 年 | Zavatarri | (1) 将切割料浆加水降低黏度,经板框过滤机压滤,得到含少量硅粉的液体混合物;<br>(2) 将液体混合物经更精细压滤机处理得到液体;然后在 80 ℃下将水分蒸干即得聚乙二醇 | (1) 对一次板框过滤后得到的滤饼,用 NaOH 和 HCl 等化学蚀刻剂去除硅及金属,再次过滤后得到碳化硅;<br>(2) 加水将碳化硅分散,再利用旋流分离器去除其中失效的小粒径碳化硅粒;干燥后回收碳化硅磨料 |
| 2007 年 | 周寿赠,周正,曹孜 | (1) 将料浆加热至 35～85 ℃,搅拌后打入微孔过滤机进行固液分离;<br>(2) 上述过程中加压,通过一次膜过滤回收聚乙二醇 | (1) 将滤渣用清水浸泡,再进行碱洗和酸洗得到碳化硅;<br>(2) 将碳化硅经加热、干燥、冷却后得到碳化硅微粉,然后进行分级回收 |
| 2008 年 | 金柏林,陈钧,陈丕烈 | (1) 将料浆用稀盐酸处理后搅拌成易流动的混合料,加热进行固液分离,固体即为碳化硅和硅的混合物;<br>(2) 将液体进行蒸馏、冷凝、脱水后得到聚乙二醇 | (1) 将脱除聚乙二醇和水的固体混合物用水清洗;<br>(2) 再用硝酸和氢氟酸的混合酸处理,回收硅和碳化硅 |
| 2009 年 | 张捷平 | 采用可实现固液分离的设备对料浆进行固液分离,得到聚乙二醇 | (1) 用无机或有机试剂对固体清洗;<br>(2) 用湿法或干法分级,使碳化硅和杂质分离,对碳化硅碱式或酸式除杂;<br>(3) 对碳化硅干燥、筛分进行回收 |
| 2009 年 | 杨建锋,高积强,陈畅,杨军,张文辉 | (1) 将料浆先固液分离,液体废弃;<br>(2) 将固体进行清洗沉淀,经离心分离得到混合固体 | (1) 通过气流浮选,得到硅、碳化硅和金属的混合粉料;<br>(2) 在混合粉料中加入密度介于硅和碳化硅间的液体进行浮选和重选,使硅与碳化硅和金属分离;<br>(3) 通过磁选得到碳化硅、硅粉 |
| 2009 年 | 奚西峰,宋涵 | (1) 对料浆先加入降黏剂,利用离心沉降,对料浆二级沉降,得到二级悬浮液和二级固体颗粒;<br>(2) 将二级悬浮液经微孔过滤、膜过滤、蒸馏回收聚乙二醇 | (1) 将沉降后得到的固体颗粒,进行碱洗、酸洗、清水冲洗等得到碳化硅颗粒,烘干;<br>(2) 将碳化硅用干法分级筛选得到符合要求的碳化硅 |

### 3. 国内废浆料回收企业状况

表 6-7 为切割废料浆回收企业状况,其中的部分厂家为国外公司在中国的分公司。

表 6-7 废浆料回收企业状况

| 企业及其所在地 | 主要回收的物质 | 主要回收方法 |
|---|---|---|
| 佳宇电子材料科技有限公司(连云港) | 切割液、碳化硅 | (1) 采用离心分离、压滤、沉降得到上清液提取聚乙二醇;<br>(2) 下层浊液经化学清洗、干燥、分组、包装、提纯后得到硅料和碳化硅 |

续　表

| 企业及其所在地 | 主要回收的物质 | 主要回收方法 |
|---|---|---|
| 宝维纳环保科技有限公司(广州) | 切割液 | 固液分离、脱色、酸洗、分级,最后得到符合要求的切割液 |
| 正申科技有限公司(北京) | 碳化硅粉 | 见周寿赠等人的专利 |
| 赛锡科技有限公司(德国赛锡和瑞士梅耶博格集团)(保定) | 切割液 | 回收切割液 |
| 扬州佳明太阳能新材料有限公司(江苏) | 切割液、碳化硅粉 | 通过固液分离、固体净化等得到碳化硅粉或和切割液 |
| 超声电器有限公司(张家港) | 切割液 | 对切割液中的硅、分散剂、杂质净化得到符合要求的切割液 |

从表6-6中可以看出,切割废料浆的回收企业主要是回收料浆中的聚乙二醇和碳化硅粉,相对回收工艺比较简单,易于实现工业化的回收。

## 二、浆料的检测

### (一)黏度

**1. 定义**

液体在流动时,在其分子间产生内摩擦的性质,称为液体的黏性,黏性的大小用黏度表示,是用来表征液体性质相关的阻力因子。黏度又分为动力黏度、运动黏度和条件黏度。黏度随温度的不同而有显著变化,但通常随压力的不同发生的变化较小。液体黏度随着温度升高而减小。

**2. 测量方法**

黏度测定有动力黏度、运动黏度和条件黏度三种测定方法。

(1)动力黏度:$\eta t$ 是二液体层相距1厘米,其面积各为1平方厘米相对移动速度为1厘米/秒时所产生的阻力,单位为克/厘米·秒。1克/厘米·秒=1泊,一般工业上动力黏度单位用泊来表示。

(2)运动黏度:在温度 $t$ ℃时,运动黏度用符号 $\gamma$ 表示,在国际单位制中,运动黏度单位为斯,即每秒平方米($m^2/s$),实际测定中常用厘斯(cst),表示厘斯的单位为每秒平方毫米(即 $1\ cst = 1\ mm^2/s$)。运动黏度广泛用于测定喷气燃料油、柴油、润滑油等液体石油产品深色石油产品、使用后的润滑油、原油等的黏度,运动黏度的测定采用逆流法。

(3)条件黏度:指采用不同的特定黏度计所测得的以条件单位表示的黏度,各国通常用的条件黏度有以下三种:

① 恩氏黏度又称恩格勒(Engler)黏度。是一定量的试样,在规定温度(如50 ℃、80 ℃、100 ℃)下,从恩氏黏度计流出200 mL试样所需的时间与蒸馏水在20 ℃流出相同体积所需要的时间(秒)之比。温度一定时,恩氏黏度用符号 $E_t$ 表示,恩氏黏度的单位为条件度。

② 赛氏黏度,即赛波特(sagbolt)黏度。是一定量的试样,在规定温度(如100 ℉、122 ℉或210 ℉等)下从赛氏黏度计流出200 mL所需的秒数,以"秒"单位。赛氏黏度又分为赛氏通用黏度和赛氏重油黏度[或赛氏弗罗(Furol)黏度]两种。

③ 雷氏黏度即雷德乌德(Redwood)黏度。是一定量的试样,在规定温度下,从雷氏度计流出 50 mL 所需的秒数,以"秒"为单位。雷氏黏度又分为雷氏 1 号(Rt 表示)和雷氏 2 号(用 RAt 表示)两种。

上述三种条件黏度测定法,在欧美各国常用,我国除采用恩氏黏度计测定深色润滑油及残渣油外,其余两种黏度计很少使用。三种条件黏度表示方法和单位各不相同,但它们之间的关系可通过图表进行换算。同时恩氏黏度与运动黏度也可换算,这样就方便灵活得多了。

黏度的测定有许多方法,如转桶法、落球法、阻尼振动法、杯式黏度计法、毛细管法等。对于黏度较小的流体,如水、乙醇、四氯化碳等,常用毛细管黏度计测量;而对黏度较大流体,如蓖麻油、变压器油、机油、甘油等透明(或半透明)液体,常用落球法测定;对于黏度为 0.1~100 Pa·s 范围的液体,也可用转筒法进行测定。

**3. 黏度的单位**

(1) 动力黏度单位换算如下:

1 厘泊(1 cP)=1 毫帕斯卡·秒 (1 mPa·s)

100 厘泊(100 cP)=1 泊 (1P)

1 000 毫帕斯卡·秒 (1 000 mPa·s)=1 帕斯卡·秒 (1 Pa·s)

(2) 动力黏度与运动黏度的换算

$$\eta = \nu \cdot \rho$$

式中:$\eta$—试样动力黏度(mPa·s);

　　　$\nu$—试样运动黏度(mm²/s);

　　　$\rho$—与测量运动黏度相同温度下试样的密度(g/cm³)。

(二)SiC 颗粒测试

**1. 粒度测试的基本知识**

颗粒是在一定尺寸范围内具有特定形状的几何体。颗粒不仅指固体颗粒,还有雾滴、油珠等液体颗粒。颗粒的概念似乎很简单,但由于各种颗粒的形状复杂,使粒度分布的测试工作比想象的要复杂得多。因此要真正了解各种粒度测试技术所得出的测试结果,明确颗粒的定义是很重要的。

只有一种形状的颗粒可以用一个数值来描述它的大小,那就是球形颗粒。如果我们说有一个 50 $\mu$m 的球体,仅此就可以确切地知道它的大小了。但对于其他形状的物体甚至立方体来说,就不能这样说了。对立方体来说,50 $\mu$m 可能仅指该立方体的一个边长度。对复杂形状的物体,也有很多特性可用一个数值来表示。如重量、体积、表面积等,这些都是表示一个物体大小的唯一的数值。如果有一种方法可测得火柴盒重量,就可以用公式:

$$重量 = \frac{4}{3}\pi \times r^3 \times \rho$$

由上式可以计算出一个唯一的数(2r)作为与火柴盒等重的球体的直径,用这个直径来代表火柴盒的大小,这就是等效球体理论。也就是说,测量出粒子的某种特性并根据这种特性转换成相应的球体,就可以用一个唯一的数字(球体的直径)来描述该粒子的大小了。这使我们无须用三个或更多的数值去描述一个三维粒子的大小,尽管这种描述虽然较为准确,对于达到一些管理的目的而言是不方便的。

但是,我们用等效法描述颗粒大小时,会产生了一些有趣的现象,就是等效结果依赖于物体的形状变化。当形状变化后使颗粒体积增大时,等效后的球体直径并不呈相同的比例增大。

我们用圆柱体和它的等效球体来说明这种现象。它们的体积以及等效直径的计算方法如下：

圆柱体积 $V_1 = \pi \times r^2 \times h = 10\,000\,\pi\,(\mu m)$

球的体积 $V_2 = \dfrac{4}{3}\pi \times X^3$

因为圆柱体积 $V_1 =$ 球体体积 $V_2$，所以下式将得到等效球体半径 $X$：

$$X = \sqrt[3]{\dfrac{3V_1}{4\pi}} = \sqrt[3]{\dfrac{3 \times 10\,000\,\pi}{4\pi}} = \sqrt[3]{7\,500} = 19.5\,(\mu m)$$

则等效球体直径 $= X + X = 19.5\,\mu m + 19.5\,\mu m = 39\,\mu m$

也就是说，一个高 $100\,\mu m$，直径 $20\,\mu m$ 的圆柱的等效球体直径为 $39\,\mu m$。我们再看比它大一倍的圆柱体（即一个高 $200\,\mu m$，直径 $20\,\mu m$ 的圆柱）等效球体直径为 $49.3\,\mu m$，如表 6-8 所示。可见，等效颗粒的直径与实际颗粒的某个方向的尺寸并不成比例增加或减少，这也是粒度测试数据有时与一般直观方法（或直观感觉）不一致的原因之一。但无论如何，等效粒径将随颗粒的体积变化而变化，可以而且只能根据等效球体判断实际颗粒是变大了还是变小了，这是目前几乎所有粒度测试仪器和方法的基本原理。

**表 6-8　圆柱尺寸与等效球径关系**

| 圆柱尺寸 | | 比率 | 等效球径 |
|---|---|---|---|
| 高度 | 底面直径 | | |
| 20 | 20 | 1 : 1 | 22.9 |
| 40 | 20 | 2 : 1 | 28.8 |
| 100 | 20 | 5 : 1 | 39.1 |
| 200 | 20 | 10 : 1 | 49.3 |
| 400 | 20 | 20 : 1 | 62.1 |
| 10 | 20 | 1 : 2 | 18.2 |
| 4 | 20 | 1 : 5 | 13.4 |
| 2 | 20 | 1 : 10 | 10.6 |

**2. 不同测试方法对结果的影响**

如果我们在显微镜下观察一些颗粒的时候，可清楚地看到此颗粒的二维投影，并且可以通过测量很多颗粒的直径来表示它们的大小。如果采用了一个颗粒的最大长度作为该颗粒的直径，则确实可以说此颗粒是有着最大直径的球体。同样，如果采用最小直径或其他某种量如 Feret 直径，则就会得到关于颗粒体积的另一个结果。因此必须意识到，不同的表征方法将会测量一个颗粒的不同的特性（如最大长度、最小长度、体积、表面积等），而与另一种测量尺寸的方法得出的结果不同。对于一个单个颗粒可能存在的不同的等效结果。其实每一种结果都是正确的，差别仅在于它们分别表示该颗粒其中的某一特性。这就好像你我量同一个火柴盒，你量的是长度，我量的是宽度，从而得到不同的结果一样。由此可见，只有使用相同的测量方法，我们才可能直接地比较粒度大小，这也意味着对于像砂粒一样的颗粒，不能作为粒度标准。作为粒度标准的物质必须是球状的，以便于各种方法之间的比较。

**3. 数量分布与体积分布**

1991 年 10 月 13 日发表在《新科学家》杂志中发表的一篇文章称，在太空中有大量人造物体围着地球转，科学家们在定期的追踪它们的时候，把它们按大小分成几组。如果观察一下表 6-9 中的第三列，我们可推断在所有的颗粒中，99.3% 是极其的小，这是以数量为基础计算的百分数。但是，如果观察第四列，一个以体积为基础计算的百分数，我们就会得出另一个结论：几乎所有的物体都介于 10～1 000 cm 之间。可见数量与体积分布是大不相同的，我们采用不同的分布就会得出不同的结论。一般地，激光法和沉降法得到的粒度分布数据是体积（或重量）分布；图像法和库尔特法得到的粒度分布是数量分布。

表 6-9

| 尺寸(cm) | 数量 | 数量百分数 | 体积百分数 |
|---|---|---|---|
| 10～1 000 | 7 000 | 0.2 | 99.96 |
| 1～10 | 17 500 | 0.5 | 0.03 |
| 0.1～1 | 3 500 000 | 99.3 | 0.01 |
| 合计 | 3 524 500 | 100 | 100 |

#### 4. 激光法粒度测试技术

目前，在颗粒粒度测量仪器中，激光衍射式粒度测量仪已得到广泛应用，特别是在国外，该种仪器已取得一致公认。其显著特点是：测量精度高、反应速度快、重复性好、可测粒径范围广、可进行非接触测量等。

国内对于该类型仪器的研究和生产都相对不足。而我国的市场需求量又十分巨大，每年都需大量进口国外的仪器。国外仪器比较昂贵，价格最低的也在 5 万美元左右。保守一点估计，我国每年至少需 100 台，那么每年用于该类型仪器的外汇最少也有 500 万美元。

近年来我们研制成功了多种型号的激光粒度测量仪。它们的只要性能与国外同类产品相当，而价格却不到其十分之一左右。

我们所研制的激光粒度测量仪的工作原理基于夫朗和费(Fraunhofer)衍射和米(Mie)氏散射理论相结合。物理光学推论，颗粒对于入射光的散射服从经典的米氏理论。米氏散射理论是麦克斯韦电磁波方程组的严格数学解，夫朗和费衍射只是严格米氏散射理论的一种近似。适用于当被测颗粒的直径远大于入射光的波长时的情况。夫朗和费衍射假定光源和接收屏幕都距离衍射屏无穷远，从理论上考虑，夫朗和费衍射在应用中要相对简单。

低能源半导体激光器发出波长为 0.632 8 $\mu$m 的单色光，经空间滤波和扩束透镜，滤去杂光形成直径最大 10 mm 的平行单色光束。该光束照射测量区中的颗粒时，会产生光的衍射现象。衍射光的强度分布服从夫朗和费衍射理论。在测量区后的傅里叶转换透镜是接收透镜（已知透镜的范围），在它的后聚焦平面上形成散射光的远磁场衍射图形。在接收透镜后聚焦平面上放置一多环光电检测器，它接收衍射光的能量并转换成电信号输出。检测器上的中心小孔（中央检测器）测定允许的样品体积浓度。在分析光束中的颗粒的衍射图是静止的并集中在透镜光轴的范围。因此颗粒动态的通过分析光束也没有关系。它的衍射图在任何透镜距离总是常数。透镜转换是光学的，因此极快。

#### 5. 沉降法粒度测试技术

沉降法粒度测试技术是指通过颗粒在液体中沉降速度来测量粒度分布的仪器和方法。这里主要介绍重力沉降式和离心降式这两种光透沉降粒度仪的原理与使用方法。此外移液管和沉降天平也属这类的装置，因为现在用得较少，所以这里不做介绍。沉降粒度分析一般要将样品与液体混合制成一定浓度的悬浮液。液体中的颗粒在重力或离心力等的作用下开始沉降，颗粒的沉降速度与颗粒的大小有关，大颗粒的沉降速度快，小颗粒的沉降速度慢，根据颗粒的沉降速度不同来测量颗粒的大小和粒度分布。但是，在实际测量过程中，直接测量颗粒的沉降速度是很困难的。所以通常用在液面下某一深度处测量悬浮液浓度的变化率来间接地判断颗粒的沉降速度,进而测量样品的粒度分布。当最大颗粒没有从液面降到测量区以前,该处的浓度处在一个恒定状态;当最大颗粒降至测量区后,该处浓度开始下降,随着沉降过程的进行,浓度将进一步下降,直到所有预期要测量的颗粒都沉降到测量区以下,测量过程就结束了,如图 6-11 所示。

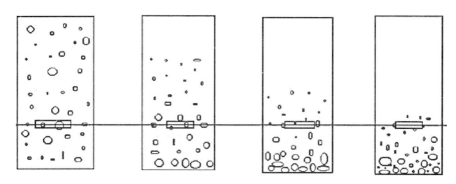

图 6-11　颗粒在液体中的沉降状态示意图

那么,颗粒的沉降速度与粒经之间的关系是怎样的呢? Stokes 定律告诉我们,在一定条件下,颗粒在液体中的沉降速度与粒径的平方成正比,与液体的黏度成反比。这样,对于较粗样品,就可以选择较大黏度的液体做介质来控制颗粒的在重力场中心沉降速度;对于较小的颗粒,在重力作用下的沉降速度很慢,加上布朗运动、温度,以及其他条件变化的影响,测量误差将增大。为克服这些不利的因素,常用离心手段来加快细颗粒的沉降速度。所以在目前的沉降式粒度仪中,一般都采用重力沉降和离心测降结合的方式,这样既可以利用重力沉降测量较粗的样品,也可以用离心沉降测量较细的样品。此外也有一种采用改变测量区深度的描沉降式仪器,分动态和静态两种,属于重力沉降范畴。

新式沉降式粒度仪是一种传统理论与现代技术相结合的仪器。它采用计算机技术、微电子技术和甚至互联网技术,在仪器智能化、自动化等方面都有很大进步。它的种类也很多,如常见有 BT-1500、SA-CP4、SG5100 等。沉降式仪器有如下特点:

(1) 操作、维护简便,价格较低。

(2) 连续运行时间长,有的可达 12 小时以上。

(3) 运行成本低,样品少,介质用量少,易损件少。

(4) 测试范围较宽,一般可达 $0.1 \sim 200 \, \mu m$,重复性和准确(真实)性较好。

(5) 测试时间较短,单次测量时间一般在 10 分钟左右。

(6) 对环境的要求不高,在通常室温下即可运行。

由于实际颗粒的形状绝大多数都是非球形的,因而不可能用一个数值来表示它的大小。因此和其他类型的粒度仪器一样,沉降式粒度仪所测的粒径也是一种等效粒径,称为 Stokes 直径。Stokes 直径是指在一定条件下与所测颗粒具有相同沉降速度的同质球形颗粒的直径。当所测颗粒为球形时,Stokes 直径与颗粒的实际直径是一致的。总之,沉降式粒度仪是一种应用范围广泛的一种仪器,很好地了解它的原理、使用条件、仪器特性等方面的知识,就能更好地使用它,发挥它应有的作用。

总之,沉降式粒度仪是一种应用范围广泛的一种仪器,很好地了解它的原理、使用条件、仪器特性等方面的知识,就能更好地使用它,发挥它应有的作用。

**6. 库尔特分析法**

电阻法(库尔特)颗粒计数器是根据小孔电阻原理,又称库尔特原理,测量颗粒大小的。由于原理上它是先逐个测量每个颗粒的大小,然后再统计出粒度分布的,因而分辨率很高,并能给出颗粒的绝对数目。其最高分辨率(通道数)取决于仪器的电子系统对脉冲高度的测量精度。该仪器特别适合测量的对象有:

(1) 对分辨率要求很高,或者对粒度分布宽度特别关注的粉体,如磨料微粉、复印粉等。

(2) 液体中的稀少颗粒。

**7. 显微图像法**

显微图像法包括显微镜、CCD 摄像头(或数码相机)、图形采集卡、计算机等部分组成。它的基本工作原理是将显微镜放大后的颗粒图像通过 CCD 摄像头和图形采集卡传输到计算机中,由计算机对这些图像进行边缘识别等处理,计算出每个颗粒的投影面积,根据等效投影面积原理得出每个颗粒的粒径,再统计出所设定的粒径区间的颗粒的数量,就可以得到粒度分布了。

由于这种方法单次所测到的颗粒个数较少,对同一个样品可以通过更换视场的方法进行多次测量来提高测试结果的真实性。除了进行粒度测试之外,显微图像法还常用来观察和测试颗粒的形貌。

# 第七章　硅电池片的制备工艺

近年来,太阳能电池片生产技术不断进步,生产成本不断降低,转换效率不断提高,使光伏发电的应用日益普及并迅猛发展,逐渐成为电力供应的重要来源。太阳能电池片是一种能量转换的光电元件,它可以在太阳光的照射下,把光的能量转换成电能,从而实现光伏发电。生产电池片的工艺比较复杂,一般要经过硅片检测、表面制绒、扩散制结、去磷硅玻璃、等离子刻蚀、镀减反射膜、丝网印刷、快速烧结和检测分装等主要步骤。本章介绍的是晶硅太阳能电池片生产的一般工艺与设备。

## 第一节　硅片检测

硅片是太阳能电池片的载体,硅片质量的好坏直接决定了太阳能电池片转换效率的高低,因此需要对来料硅片进行检测。该工序主要用来对硅片的一些技术参数进行在线测量,这些参数主要包括硅片表面不平整度、少子寿命、电阻率、P/N 型和微裂纹等。该组设备分自动上下料、硅片传输、系统整合部分和四个检测模块。其中,光伏硅片检测仪对硅片表面不平整度进行检测,同时检测硅片的尺寸和对角线等外观参数;微裂纹检测模块用来检测硅片的内部微裂纹;另外还有两个检测模组,其中一个在线测试模组主要测试硅片体电阻率和硅片类型,另一个模块用于检测硅片的少子寿命。在进行少子寿命和电阻率检测之前,需要先对硅片的对角线、微裂纹进行检测,并自动剔除破损硅片。硅片检测设备能够自动装片和卸片,并且能够将不合格品放到固定位置,从而提高检测精度和效率。

## 第二节　硅片的腐蚀及绒面制作

晶体硅太阳能电池一般是利用硅切片,由于在硅片切割过程中线切的作用,使硅片表面有一层 $10\sim20~\mu m$ 的损失层,在太阳能电池制备时需要首先利用化学腐蚀将表面机械损伤层去除,然后制备表面制绒结构(或称表面织构化),以增加硅片对光的吸收,降低反射。

对于单晶硅而言,选择择优化学腐蚀剂的碱性溶液,就可以在硅片表面形成金字塔结构,成为绒面结构,以增加光的吸收。

不同晶粒成的铸造多晶硅片,由于硅片表面具有不同的晶向,利用非择优腐蚀的酸性腐蚀剂,在铸造多晶硅表面制造类似的绒面结构,增加对光的吸收。

### 一、单晶硅片制绒

在单晶硅太阳能电池的制备过程中,经常利用碱溶液对电池表面进行"织构",以形成陷光,增强对光的吸收。在 NaOH 溶液中制备硅片时,由于各个晶面的腐蚀速率不同,在硅片表面会形成类"金字塔"形绒面。碱溶液浓度、添加剂用量、反应温度以及时间等都会影响到绒面的形成。图 7-1、图 7-2 为单晶硅片制绒前后的绒面。

图 7-1　制绒前显微镜观察图

图 7-2　制绒后显微镜观察图

**1. 绒面形成原理**

实验表明,不同浓度的碱溶液(NaOH,KOH 等)对(100)晶面和(111)晶面的腐蚀速度不一样,适当浓度的碱溶液可以在单晶硅表面得到金字塔结构,使光产生二次或多次反射,可以对不同波长的光都有较好的减反射作用,具有这种结构的作用的表面称为绒面。其化学反应方程式是

$$2NaOH + Si + H_2O \rule[0.5ex]{1.5em}{0.4pt} Na_2SiO_3 + 2H_2 \uparrow$$

经过上述化学反应,生成物 $Na_2SiO_3$ 溶于水被去除,从而硅片被化学腐蚀。因为在硅晶体中,(111)面是源自最密排面,腐蚀的速率最慢,所以腐蚀后 4 个与晶体硅(100)面相交的(111)面构成了金字塔形结构,如图 7-3 所示。

各向异性腐蚀,即在不同的晶面上有不同的溶解速率,是在碱性溶液中硅刻蚀的一个典型的特征。对于单晶硅,由于各个晶面的原子密度不同,与碱进行反应的速度差异也很大,书中将单晶硅的(100)面与(111)面的腐蚀速率之比定义为"各向异性因子"(Anisotropic Factor,AF)。

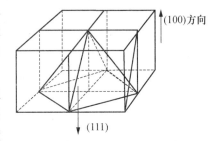

图 7-3　金字塔形多面体结构

碱溶液浓度、反应温度和添加剂用量都会影响 AF,当 AF=1 时,硅片各晶面的腐蚀速度相似,得到的表面是平坦的、光亮的,有抛光的作用;当 AF=10 时,对各向异性制备绒面效果最佳。从本质上讲,绒面形成过程是:NaOH 溶液对不同晶面的腐蚀速度不同,(100)面的腐蚀速度比(111)面大数十倍以上,所以(100)晶向的单晶硅片经各向异性腐蚀后最终在表面形成许许多多表面为(111)的四面方锥体,而这些类"金字塔"方锥体之间的硅已被 NaOH 所腐蚀。

通过碱溶液的异性腐蚀可以制备得到"金字塔"形的绒面结构,碱溶液浓度、反应温度、腐蚀时间和添加剂用量影响了 AF 值,对制备绒面效果有一定的影响,其中反应时间和添加剂的用量对制备得到的绒面表面陷光效果影响显著,在工业中要对这两个主要因素进行控制。

#### 2. 绒面反射原理

绒面具有受光面积大和反射率低的特点。其粗略解释如下：

如图 7-4 所示，金字塔形角锥体的总表面积 $S_0$ 等于四个边长为 $a$ 的正三形面积 $S$ 之和

$$S_0 = 4S = 4 \times 1/2 \times 3(1/2)/2 \times a \times a \doteq 3(1/2)a^2$$

由此可见绒面的面积比光面提高了 1.732 倍。

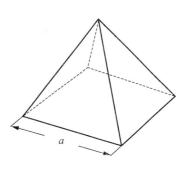

图 7-4　金字塔形角锥体图

如图 7-5 所示，对垂直于太阳能电池平面的入射光，在 (111) 面的上部将产生"二次入射"。而靠近沟槽底部的入射光将产生"三次入射"。如果具有反射率 $R$ 的表面上反射与角度的依赖性可以忽略，那么，$n$ 次入射后的反射率将为 $R^n$。对于硅在 (100) 晶面上用碱溶液腐蚀制作的绒面，角锥体表面为 (111) 面，与底面为 $54.73°$，计算得到所有垂直入射光将得到至少两次入射机会，$11.1\%$ 的在沟槽底部的入射光将经历三次入射，致使反射率大大降低。相应于具有两次入射的入射光，其入射角分别为 $i_1$ 和 $i_2$，三次入射的入射角为 $i_3$。根据单晶硅绒面角间的确定关系，可计算出其值分别为

$$i_1 = 54.73° \quad i_2 = 15.80° \quad i_3 = 86.33°$$

由几何光学知，光在两种介质界面上满足反射定律和折射定律，又 $n_1 = 1$，$n_2 = 3.7$。由此可计算出折射到达硅底面的入射角 $i_1 = 41.98°$。而光由折射率高的光密媒质进入折射率低的光疏媒质时，使得折射角为 $90°$ 的入射角 $i_c = 15.68°$，由于 $i_1 = 41.98° > i_c = 15.68°$，因此垂直入射到单晶硅表面的光经界面折射到底面的入射光发生全射现象。由此说明单晶硅绒面电池是好的光陷阱。

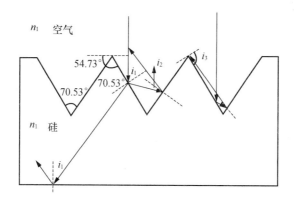

图 7-5　金字塔型绒面多次光反射

#### 3. 单晶制绒工艺流程

（1）插片

片盒保持干净，片盒底部衬以海绵，将硅片插入片盒中，每盒最多插 25 片硅片。禁止手与片盒、硅片直接接触，必须戴塑料洁净手套或乳胶手套操作。每插 100 张硅片，需更换手套。操作中严禁工作服与硅片和片盒接触。

（2）上料

硅片插完后，取出片盒底部的海绵，扣好压条。化学药剂称重上料。将已插好硅片的片盒整齐、有序的装入包塑的不锈钢花篮中，片盒之间有适当的间隔。

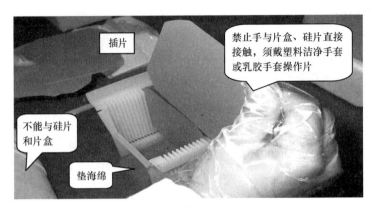

插片

禁止手与片盒、硅片直接接触，须戴塑料洁净手套或乳胶手套操作片

不能与硅片和片盒

垫海绵

图 7-6　插片

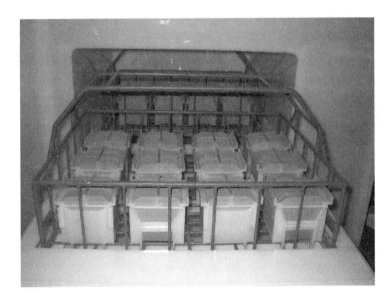

图 7-7　上料

（3）参数设置

加热制绒液体到设定温度以后，根据本班目标生产量在控制菜单上进行参数设置（包括碱蚀、喷淋、鼓泡漂洗时间和产量的设置）。

（4）粗抛

经过 1 号槽，清洗液用 1% 的稀 NaOH，目的去除切片留下的机械损伤层。

（5）制绒

经过 2-4 号槽，清洗液用 1% 的稀 NaOH、和 $Na_2SiO_3 \cdot 9H_2O$，其中异丙醇起表面湿润作用，$Na_2SiO_3 \cdot 9H_2O$ 作为表面活性剂，以加快硅的腐蚀。

（6）清洗

制绒后用去离子水清洗，再经过氢氟酸槽，去除上面工序留下的硅酸钠以及氧化物，再经过去离子水清洗，进入盐酸槽，去除硅片表面的金属离子，最后再经去离子水清洗。

氢氟酸作用：$Na_2SiO_3$（无色黏稠的液体）$+2HF \rightleftharpoons H_2SiO_3$（不溶于水的白色胶状物）$+2NaF$

$$SiO_2 + 6HF \rightleftharpoons H_2SiF_6 + 2H_2O$$

（7）甩干

从槽中取出硅片，然后把盛放硅片的花篮放在甩干机中甩干，根据实际情况设定甩干时间。往甩干机中放置硅片时，要把放置的花篮对称放置，以防甩干机工作时运转不稳。

图 7-8 硅片甩干机

（8）检测

清洗好的硅片要对减薄量和绒面进行检测。所用仪器是：电子天平秤和电子显微镜。

## 二、多晶硅片制绒

为了提高太阳能电池的转换效率，降低表面的光反射，增加光的有效吸收是十分必要的。单晶 Si 太阳能电池的表面通过碱溶液在(100)晶向的各向异性腐蚀可以形成随机分布的金字塔结构，增加了光吸收。由于多晶 Si 有很多晶粒构成，而且晶粒的方向随机分布，利用各向异性腐蚀方法形成的表面织构产生的效果不是特别理想。为了在多晶 Si 表面获得各向同性的表面织构，研究了各种表面织构的工艺，包括机械刻槽、反应离子腐蚀（RIE）、酸腐表面织构及形成多孔 Si 等。在这些工艺中，机械刻槽要求 Si 片的厚度至少 200 μm，RIE 则需要相对复杂和昂贵的设备。因此，酸腐表面织构由于工艺简单、成本低，是适合大规模生产的表面织构方法。图 7-9、图 7-10 是多晶硅片制绒前后的显微镜观测图。

图 7-9 制绒前显微镜观测图

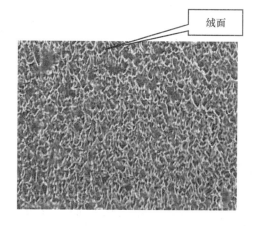

图 7-10 制绒后显微镜观测图

绒面

### 1.酸腐表面织构原理

酸腐蚀液主要由 $HNO_3$、$HF$、$H_2O$ 和 $CH_3CH_2OH$ 组成,其中 $HNO_3$ 是强氧化剂,在酸性腐蚀液中易得到电子被还原为 $NO_2$ 气体,而硅作为还原剂参加反应,在此被氧化为 $SiO_2$,$SiO_2$ 与溶液中的 $HF$ 进行反应,生成 $H_2SiF_6$ 而溶解在水中。如果腐蚀液中缺乏氧化剂,那么在纯 $HF$ 中的反应是氢离子被还原,氢离子放电很慢,所以硅表面在纯 $HF$ 溶液中的腐蚀十分缓慢。加入 $CH_3CH_2OH$ 能够带走硅片表面的气体,使硅片表面腐蚀均匀。缓冲剂 $H_2O$ 可以减缓腐蚀速率。腐蚀液除了包含氧化剂硝酸、络合剂氢氟酸外,还有缓和剂和附加剂等。缓和剂的作用是,控制反应速率,使硅表面光亮。添加剂是加快腐蚀反应的速率,一般为强氧化剂、还原剂或一些金属的盐类。

采用 $HF(40\%)$、$HNO_3(65\%)$、$H_3PO_4(85\%)$ 和由去离子水稀释的混合酸腐蚀液来获得各向同性的表面织构,腐蚀液的配比(体积比)为 $12:1:6:4$。其腐蚀机制为:$HNO_3$ 作为氧化剂成分,在 Si 片表面形成 $SiO_2$ 层;$HF$ 作为络合剂,去除 $SiO_2$ 层;$H_3PO_4$ 作为腐蚀液的催化剂和缓冲剂来控制腐蚀速率,并不影响表面织构。

酸腐蚀主要依靠 $HNO_3$ 和 $HF$ 的作用,反应方程式为

$$Si+4HNO_3+H_2O = SiO_2+4NO_2\uparrow+2H_2O$$

$$SiO_2+4HF = SiF_4\uparrow+2H_2O(易挥发的四氟化硅气体)$$

$$SiF_4+2HF = H_2SiF_6(可溶、易挥发)$$

由图 7-10 可知,经过酸腐蚀,在铸造多晶硅的表面形成大小不等的球形结构,它们同样可以使太阳光的光程增加。

# 第三节 扩 散

常规硅太阳能电池工艺中,形成电池 PN 结的主要方法是扩散。它是一种由热运动所引起的杂质原子和基本原子的输运过程。由于热运动,把原子从一个位置输运到另一个位置,使基体原子与杂质原子不断地相互混合。我们知道,太阳能电池的心脏是一个 PN 结。我们需要强调指出,PN 结是不能简单地用两块不同类型(P 型和 N 型)的半导体接触在一起就能形成的。要制造一个 PN 结,必须使一块完整的半导体晶体的一部分是 P 型区域,另一部分是 N 型区域。也就是在晶体内部实现 P 型和 N 型半导体的接触。我们制造 PN 结,实质上就是想办法使受主杂质在半导体晶体内的一个区域中占优势(P 型),而使施主杂质在半导体内的另外一个区域中占优势(N 型),这样就在一块完整的半导体晶体中实现了 P 型和 N 型半导体的接触。

我们制作太阳能电池的多晶硅片是 P 型的,也就是说在制造多晶硅时,已经掺进了一定量的硼元素,使之成为 P 型的多晶硅。如果把这种多晶硅片放在一个石英容器内,同时将含磷的气体通入这个石英容器内,并将此石英容器加热到一定的温度,这时施主杂质磷可从化合物中分解出来,在容器内充满着含磷的蒸汽,在硅片周围包围着许许多多的磷分子。我们用肉眼观察硅片时,认为晶片是密实的物体,实际上硅片也是像海绵一样充满着许多空隙,硅原子并不是排列得非常严实,它们之间存在着很大的缝隙。因此磷原子能从四周进入硅片的表面层,并且通过硅原子之间的空隙向硅片内部渗透扩散。当硅晶体中掺入磷后,磷原子就以替代的方式占据着硅的位置。理想晶体中原子的排列是很整齐的,然而在一定的温度下,构成晶体的这些原子都围绕着自己的平衡位置不停地振动,其中总有一些原子振动得比较厉害,可以具

有足够高的能量,克服周围原子对它的作用,离开原来的位置跑到其他地方去,这样就在原来的位置上留下一个空位。替位或扩散是指杂质原子进入晶体后,沿着晶格室位跳跃前进的一种扩散。这种扩散机构的特征是杂质原子占据晶体内晶格格点的正常位置,不改变原材料的晶体结构。在靠近硅晶片表面的薄层内扩散进去的磷原子最多,距表面越远,磷原子越少。也就是说,杂质浓度(磷浓度)随着距硅表面距离的增加而减少。从以上分析中可以看到,浓度差别的存在是产生扩散运动的必要条件,环境温度的高低则是决定扩散运动快慢的重要因素。环境温度越高,分子的运动越激烈,扩散过程进行得就越快。当然,扩散时间也是扩散运动的重要因素,时间越长,扩散浓度和深度也会增加。硅晶片是 P 型的,如果扩散进去的磷原子浓度高于 P 型硅晶片原来受主杂质浓度,这就使 P 型硅晶片靠近表面的薄层转变成为 N 型了。由于越靠近硅晶片表面,硼原子的浓度越高,因此可以想象:在距离表面为 $X_j$ 的地方,那里扩散进去的磷原子浓度正好和硅晶体中原来的硼原子浓度相等。在与表面距离小于 $X_j$ 的薄层内,磷原子浓度高于原来硅晶片的硼原子浓度,因此这一层变成了 N 型硅半导体。在与表面距离大于 $X_j$ 的地方,由于原来硅晶片中的硼原子浓度大于扩散进去的磷原子浓度,因此仍为 P 型。由此可见,在与表面距离 $X_j$ 处,形成了 N 型半导体和 P 型半导体的交界面,也就是形成了 PN 结。$X_j$ 即为 PN 结的结深。

这样就可以利用杂质原子向半导体晶片内部扩散的方法,改变半导体晶片表面层的导电类型,从而形成 P、N 结,这就是用扩散法制造 PN 结的基本原理。

## 一、扩散方程

P-N 结是太阳能电池的心脏,扩散制结则是关键工艺。扩散是物质分子或原子热运动引起的一种自然现象。粒子浓度差别的存在是产生扩散运动的必要条件。对于太阳能电池的扩散工艺而言,由于扩散形成的 P-N 结平行于硅片表面,而且扩散深度很浅,因此可以近似认为扩散仅仅沿着垂直于硅片表面而进入体内的方向($X$ 方向)进行。扩散方程为

$$\frac{\partial N(x)}{\partial t} = D \frac{\partial^2 N(x)}{\partial x^2}$$

式中,$t$ 为扩散的时间,$D$ 为扩散温度下杂质的扩散系数,$N(x)$ 硅片中各点的杂质浓度。上式描述在扩散过程中,硅片中各点的杂质浓度随时间的变化规律。对于不同的初始条件和扩散条件,该方程有不同形式的解。在平面器件生产中有两种扩散分布较为常见:恒定表面杂质浓度的余误差函数分布和限定杂质源的高斯函数分布。

在太阳能电池的扩散工艺中,影响扩散的重要因素有:扩散温度、扩散时间和扩散气氛(携带有杂质源)。而需要测量的参数常有:扩散到硅片体内的杂质总量(通过方块电阻 $R_\square$ 来反映)、扩散的深度(即 PN 结的结深 $X_j$)、硅片的表面杂质浓度 $N_s$ 和硅片体内的杂质分布 $N(x)$。

## 二、磷扩散工艺原理

$POCl_3$ 是目前磷扩散用得较多的一种杂质源。一般用氮气通过杂质源瓶来携带扩散杂质,并通过控制气体的流量来控制扩散气氛中扩散杂质的含量。$POCl_3$ 在室温下是无色透明的液体,有很高的饱和蒸汽压,在 $600\ ℃$ 发生如下的分解反应:

$$5POCl_3 \longrightarrow 3PCl_5 + P_2O_5$$

在扩散气氛中常常通有一定量的氧气,可使生成的 $PCl_5$ 进一步分解,使五氯化磷氧化成

$P_2O_5$，从而可以得到更多的磷原子沉积在硅片表面上。另外也可避免 $PCl_5$ 对硅片的腐蚀作用，可以改善硅片表面，反应式如下：

$$4PCl_5 + 5O_2 \longrightarrow 2P_2O_5 + 6Cl_2\uparrow$$

在有氧气存在时，三氯氧磷热分解的反应式为

$$4PCl_3 + 5O_2 \Longrightarrow 2P_2O_5 + 6Cl_2\uparrow$$

生成的 $P_2O_5$ 在扩散的温度下继续与硅反应得到磷原子，其反应式如下

$$2P_2O_5 + 5Si \longrightarrow 5SiO_2 + 4P\downarrow$$

由于 $POCl_3$ 的饱和蒸汽压很高，淀积在硅片表面的磷原子完全可以达到在该扩散温度下的饱和值（即该温度下磷在硅中的固溶度），并不断地扩散进入硅本体，形成高浓度的发射区。在 1 100 ℃下，磷在硅中固溶度为 $1.3 \times 10^{21}/cm^3$ 左右。因此，$POCl_3$ 气氛中扩散可以获得很高的表面杂质浓度。磷扩散装置（图 7-11）是一种恒定源扩散装置，除了具有设备简单，操作方便，适合批量生产，扩散的重复性、稳定性好等优点以外，还具有如下的优点：

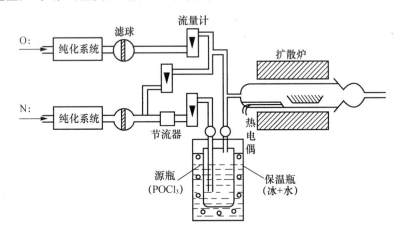

图 7-11  $POCl_3$ 扩散模式的装置示意图

（1）封闭的、管式炉的工艺过程容易保持洁净。

（2）双面扩散有很好的吸杂效应。

（3）掺杂源中的氯在工艺过程中有清洁作用。

（4）掺杂剂的沉积非常均匀。

因此该扩散模式是工业化生产中较为常见的方式。

## 三、扩散制结工艺过程

扩散制结工艺流程如图 7-12 所示。

### 1. 清洗

所做清洗用的化学品为 $C_2H_2Cl_3$，熟称 TCA，初次扩散前，扩散炉石英管首先连接 TCA 装置，当炉温升至设定温度，以设定流量通 TCA60 分钟清洗石英管。清洗开始时，先开 $O_2$，再开 TCA；清洗结束后，先关 TCA，再关 $O_2$。清洗结束后，将石英管连接扩散源瓶，待扩散。

### 2. 饱和

每班生产前，需对石英管进行饱和。炉温升至设定温度时，以设定流量通小 $N_2$（携源）和 $O_2$，使石英管饱和 20 分钟后，关闭小 $N_2$ 和 $O_2$。初次扩散前或停产一段时间以后恢复生产时，需使石英管在 950 ℃通源饱和 1 小时以上。

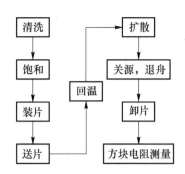

图 7-12  扩散制结工艺流程图

**3. 装片**

戴好防护口罩和干净的塑料手套,将清洗甩干的硅片从传递窗口取出,放在洁净台上。用吸笔依次将硅片从硅片盒中取出,插入石英舟。

**4. 送片**

用舟叉将装满硅片的石英舟放在碳化硅臂浆上,保证平稳,缓缓推入扩散炉。

**5. 回温**

打开 $O_2$,等待石英管升温至设定温度。

**6. 扩散**

打开小 $N_2$,以设定流量通小 $N_2$(携源)进行扩散。三氯氧磷($POCl_3$)液态源扩散 $POCl_3$ 是无色透明的液体具有强烈的刺激性气味,承装在玻璃瓶中。

**7. 关源,退舟**

扩散结束后,关闭小 $N_2$ 和 $O_2$,将石英舟缓缓退至炉口,降温以后,用舟叉从臂浆上取下石英舟。并立即放上新的石英舟,进行下一轮扩散。如没有待扩散的硅片,将臂浆推入扩散炉,尽量缩短臂浆暴露在空气中的时间。

**8. 卸片**

等待硅片冷却后,将硅片从石英舟上卸下并放置在硅片盒中,放入传递窗。

**9. 方块电阻测量**

利用四探针测试法对扩散制结后的硅片进行方块电阻的测量。

## 四、扩散参数的控制

扩散时的温度和时间是控制电池结深的主要因数,测定扩散结深可以判定扩散温度及时间是否适当。表面薄层电阻是表征杂质总量的一个参数,由此可以判定扩散源的浓度和匹配是否适当。

**1. 扩散温度与时间**

扩散温度应该远低于被扩散半导体材料的熔点,否则扩散时半导体材料会产生显著的挥发。

通常,在不影响 PN 结特性的前提下,扩散温度选择高一些,可以缩短扩散时间,有利于生产。对于浅扩散的情况,温度选择要适当,既不能使温度过高,使扩散时间过短,以致难以控制工艺;又不利温度过低,而使扩散时间延长到不适当的地步。在一定的温度下,扩散时间与结深的关系如图 7-13 所示。在恒定表面浓度扩散时,时间增加 $\Delta t$,扩散进入硅中的杂质总量 $Q$

相应增加,结深增加了 $\Delta x_j$。在恒量表面杂质源扩散时,扩散进入硅中的杂质总量 $Q$ 始终不变,扩散时间增加,表面浓度 $N_s$ 下降,结深增加。

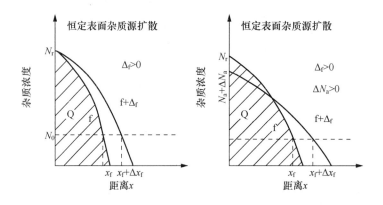

图 7-13　扩散时间对于结深的影响

在生产上,与时间的控制比较,温度的控制更困难些。计算指出,在 1 180 ℃扩硼时,若时间误差±10%,结深误差±5%;而温度误差±1 ℃,结深误差也是±5%。时间控制 1 分钟误差也是容易事,但温度精确到±1 ℃是件困难的事,所以应当精心注意到温度控制及选用好的扩散炉。

**2. 扩散结深的测定**

一般半导体器件的 PN 结的结深很浅,约为微米数量级。对太阳能电池来说,还要小一个数量级。因此,要在扩散片的侧面直接测出扩散结深是很困难的。通常采用磨角染色法或者阳极氧化法和滚槽法等间接手段来测量结深。

(1) 磨角染色法

把扩散过的硅片用加热的腊或松香等粘牢在磨角器上,如图 7-14 所示,在光滑的玻璃板上加磨料研磨,抛光成光滑平面。磨出的斜角一般在 1°～5°之间,通常为 2°。

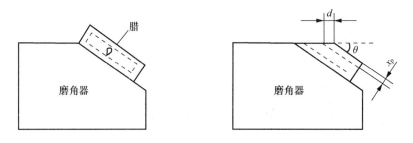

图 7-14　扩散片子的磨角抛光

为了把所磨斜面上的 PN 结显示出来,常用硫酸铜溶液染色法或氢氟酸溶液染色法。常用的 PN 结染色剂如表 7-1 所示。硫酸铜染色的原理是根据硅的电化学电位比铜低,故硅能从染色液中把铜置换出来,并在硅片表面形成红色铜镀层。又因为 N 型硅的电化学电位比 P 型硅低,所以适当控制反应时间使 N 型区镀上铜(红色),而 P 型区仍未镀上铜,如时间过长,P 型区也将镀上铜(红色),致使 PN 结界线会分辨不清。染色液中加少量氢氟酸的目的是去除硅片表面的氧化物。氢氟酸太多容易引起反应加速。

表 7-1 常用 PN 结染色剂表

| 序号 | 方法 | 结果 | 注意事项 | 备注 |
|---|---|---|---|---|
| 1 | 浓 HF 加 0.1% 浓 HNO₃ 滴于 PN 结上 | P 型区变暗 | 稍不纯的 HF 更能显示 | 常用方法 |
| 2 | 滴浓浓于 HF 于 PN 结上并加强光照 | 染色 P 型 | | |
| 3 | 用蒸馏水稀释 HF 滴于 PN 结上,再加一反偏压 | N 型区变黑 | | |
| 4 | 0.5gCu(NO₃)₂·3H₂O 溶于 500 升去离子水中再加 2 升 HF,化学镀 Cu 再加光照约一分钟 | Cu 沉积于 N 型区 | HF 过多易引起反应加速,致不易控制 Cu(NO₃)₂ 过多,则引起结的界面出现锯齿形 | |
| 5 | 3%～7% 的 CuSO₄ 溶液,再加几滴 HF,再加强光照 | 同上 | | 常用方法 |

使反应速率难以控制。硫酸铜过多会引起界面层不整齐,使测量困难。一种常用配方是:

$$[CuSO_4 \cdot 5H_2O] : [48\% HF] : H_2O = 5 \text{ g} : 2 \text{ mL} : 50 \text{ mL}$$

把磨角后的硅片浸入上述溶液中,灯光照射 30 s 左右即可。

染完色后,把硅片放在干涉显微镜下测量斜面的干涉条纹,如图 7-16 所示。若对基体是 N 型的硼扩散层来说,数出 P 型区斜面的干涉条纹数 $n$,则结深 $x_j$ 可按下式计算:

$$X_j = n \frac{\lambda}{2}$$

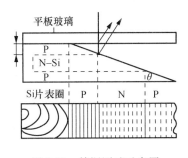

图 7-15 结深测试示意图

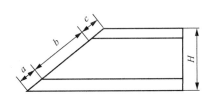

图 7-16 磨斜角法示意图

**(2)阳极氧化去层法**

太阳能电池的结深很浅,仅 0.5 μm 左右,采用磨角染色法测量时,由于磨角困难而难获准确数据。阳极氧化去层法是较能满足浅结测量要求的一种方法。

图 7-17 是阳极氧化去层法装置示意图。在室温下,用阳极氧化法在硅片表面生长一定厚度的二氧化硅层,然后用氢氟酸去掉二氧化硅层,测量其薄层电阻,再氧化一层二氧化硅层,用氢氟酸去掉后测方块电阻。如此重复会发现表面薄层电阻增加,并趋向无穷大。若在第 $n$ 次测量中发现薄层电阻突然变小,那么结深就是第 $n$ 次去掉氧化层后的位置。

阳极氧化法的溶液可用四氢糖醇和亚硝酸钠的混合液或磷酸等溶液,用铂片做阴极。硅片被吸在阳极上,在两个电极间加 100 V 电压,一分钟后可在硅片表面生长出 80 nm 厚的二

氧化硅层。由于生成的二氧化硅的分子数等于去掉的硅原子数,所以:

$$SiO_2 \text{的重量}/SiO_2 \text{的分子量} = Si \text{的减少重量}/Si \text{的原子量}$$

在硅片表面,除去的硅层表面积和生长二氧化硅层的表面积相同,所以,从硅片上除去的硅厚度为结深 $X_j$:

$$X_j = 0.43n \times 80 \text{(nm)}$$

该法的测量误差小于 35 nm。

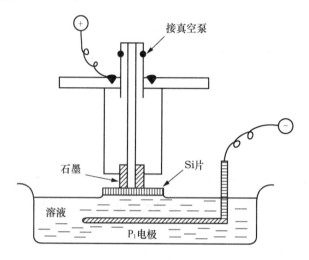

图 7-17　阳极氧化装置示意图

### 3. 薄层电阻的测定

硅片表面扩散的薄层电阻可用四探针法测量。测量装置如图 7-18 所示。测量头是由四根彼此相距为 $S$ 的钨丝探针组成,针尖要在同一平面同一直线上。测量时,将探针压在硅片的表面,外面两根探针通电流 $I$,测量中间两根探针间的电压。若被测样品的几何尺寸比探针间距 $S$ 大许多倍,薄层电阻为

$$R_\square = \frac{\pi}{\ln 2} \cdot \frac{V}{I} = 4.532\,4 \cdot \frac{V}{I}$$

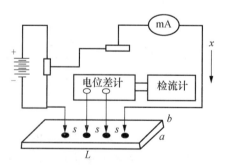

图 7-18　四探针法测量薄层电阻原理图

实际的硅片是有一定大小,所以采用校正因子 $C$ 表示:

$$R_\square = C \frac{V}{I}$$

校正因子 $C$ 根据被测硅片的尺寸和探针的间距而定,对不同的长度 $L$、宽度 $a$、厚度 $b$ 和探针的间距 $S$,$C$ 的数值有不同参考值。

**4. 表面浓度 $N_s$ 的计算**

根据测到的结深 $x_j$ 和薄层电阻 $R_\square$ 可以进一步查表计算表面浓度 $N_s$,简述如下:

(1)根据单晶的电阻率查表或图,得到基体掺杂浓度 $N_b$;

(2)从测得的 $x_j$ 和 $R_\square$ 计算出薄层的平均电导率 $\overline{\sigma}$

$$\overline{\sigma} = \frac{1}{\rho} = \frac{1}{R_\square} \cdot \frac{1}{x_j}$$

(3)根据　查表中 $X/X_j = 0$ 的曲线得到 $N_s$,$X$ 指距表面的距离,对于不同的扩散方法曲线有区别。

# 第四节　刻蚀、去磷硅玻璃

扩散后的硅片表面、周边以及背面都会形成 N 型层和磷硅玻璃,必须去除硅片四周边缘的 N 型层,消除硅太阳能电池短路。同时要去除扩散后硅片表面的磷硅玻璃,提升电性能。

## 一、刻蚀及去 PSG 目的

### 1. 刻蚀目的

由于在扩散过程中,即使采用背靠背的单面扩散方式,硅片的所有表面(包括边缘)都将不可避免地扩散上磷。PN 结的正面所收集到的光生电子会沿着边缘扩散有磷的区域流到 PN 结的背面,而造成短路。此短路通道等效于降低并联电阻。经过刻蚀工序,硅片边缘的带有的磷将会被去除干净,避免 PN 结短路造成并联电阻降低。

### 2. 去 PSG 目的

在扩散过程中,$POCl_3$ 与 $O_2$ 反应生成 $P_2O_5$ 淀积在硅片表面。$P_2O_5$ 与 Si 反应又生成 $SiO_2$ 和磷原子,这样就在硅片表面形成一层含有磷元素的 $SiO_2$,称为磷硅玻璃。磷硅玻璃的存在使得硅片在空气中表面容易受潮,导致电流的降低和功率的衰减。磷硅玻璃死层的存在大大增加了发射区电子的复合,会导致少子寿命的降低,进而降低了 $V_{oc}$ 和 $I_{sc}$。同时磷硅玻璃的存在使 PECVD 后产生色差,在 PECVD 工序将使镀的 $Si_xN_y$ 容易发生脱落,降低电池的转换效率。去除原理是,利用 HF 与 $SiO_2$ 能够快速反应的化学特性,使硅片表面的 PSG 溶解。氢氟酸能够溶解二氧化硅是因为氢氟酸与二氧化硅反应生成易挥发的四氟化硅气体。若氢氟酸过量,反应生成的四氟化硅会进一步与氢氟酸反应生成可溶性的络合物六氟硅酸。

主要反应方程式　　　　　　$4HF + SiO_2 \Longrightarrow SiF_4 + 2H_2O$

## 二、刻蚀种类

刻蚀主要有干法刻蚀和湿法刻蚀两大类。目前使用较多的是湿法刻蚀。

### 1. 干法刻蚀

即等离子体刻蚀,等离子刻蚀是在低压状态下,反应气体 $CF_4$ 的母体分子在射频功率的激发下,产生电离并形成等离子体。等离子体是由带电的电子和离子组成,反应腔体中的气体在电子的撞击下,除了转变成离子外,还能吸收能量并形成大量的活性基团。活性反应基团由于扩散或者在电场作用下到达需刻蚀的部位表面,在那里与被刻蚀材料表面发生化学反应,并形成挥发性的反应生成物脱离被刻蚀物质表面,被真空系统抽出腔体。

### 2. 湿法刻蚀

利用滚轴,将硅片边缘和背面与反应液面接触,采用硝酸和氢氟酸与硅片反应,将边缘和背面多余的 N 型层去除。再通过氢氟酸与硅片正面的磷硅玻璃反应,将磷硅玻璃去除。

边缘刻蚀原理反应方程式:$3Si + 4HNO_3 + 18HF \Longrightarrow 3H_2[SiF_6] + 4NO_2 \uparrow + 8H_2O$

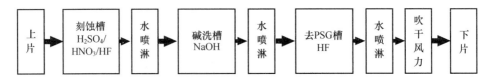

图 7-19　湿法刻蚀的工艺过程

### 三、湿法刻蚀流程

湿法刻蚀是集去周边 PN 结和去 PSG 于一体的工艺过程,所用设备与清洗制绒设备类似,整个过程一共有七个槽,槽与槽之间有以下关系:

(1)"一化一水",硅片每经过一次化学品,都会经过一次水喷淋清洗。

(2)除刻蚀槽和第一道水喷淋之间,其他的槽和槽之间都有吹液风刀。

(3)除刻蚀槽外,其他化学槽和水槽都是喷淋结构,去 PSG 氢氟酸槽是喷淋结构,而且片子进入溶液内部。

(4)最后一道水喷淋(第三道水喷淋)由于要将所有化学品全部洗掉,所以水压最大。相应的,最后的吹干风刀气压最大。

# 第五节　减反射膜的制备技术

## 一、减反射原理

硅太阳能电池对 $0.5\sim1.1~\mu m$ 波长范围内的光,有高达 35% 的光能量被表面反射而损失,为了减少这部分损失,往往在表面上镀上一层减反射膜,可以提高光电流和光电转换效率约 30%。

利用真空蒸发法、气相生长法或其他化学方法,在已做好的太阳能电池正面镀上一层或多层透明介质膜,一方面,可对电池的表面起到钝化作用和保护作用;另一方面,这层膜也具有减少光反射的作用。如图 7-20 所示,当一束平面单色光,以入射角 $\theta$ 由入射介质入射到薄膜上,在薄膜的两界面之间进行多次反射,再从薄膜两面分别彼此平行地射出。其中 $n_0$ 为入射介质折射率,$n_1$ 为薄膜折射率,$n_s$ 为衬底折射率。

对于硅太阳能电池,由于消光系数可以近似考虑为 0,则 $n_{si}(0.60)=3.88$。若要使硅太阳能电池的表面反射率最小,单层减反膜必须满足:

$$n_1 d = \frac{1}{4}\lambda_0 \qquad (7-1)$$

$$n_1 = \sqrt{n_0 n_s(\lambda)} \qquad (7-2)$$

如果光直接从空气入射电池,即 $n_0=1$,则介质膜 $n_1\approx1.97$ 为最佳,但是它仅仅对特定波长 $\lambda_0=0.60~\mu m$ 的单色光为最佳。对于一般的复色光源,邻近特定波长 $\lambda_0=0.60~\mu m$ 的光,在确定的介质材料和厚度下,由于式(7-2)不能完全满足反射系数最小,反射光只能部分被抵消,对于离 $\lambda_0=0.60~\mu m$ 较远波长的光,介质起不到减反射作用。

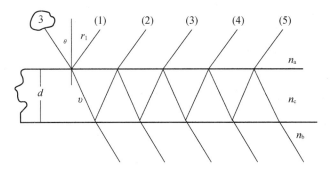

图 7-20  减反射膜的光学原理图

实际上的硅太阳能电池总要在前表面覆盖玻璃或硅橡胶等保护材料,因此,统一取 $n_0 =$ 1.5。$\lambda_0 = (0.53 \sim 0.6)\mu m$ 间。$n_s$ 值取 $(0.5 \sim 0.6)\mu m$ 间的 $n_s$ 的算术平均值。硅太阳能电池最佳匹配中心波长为 $0.59~\mu m$,$d = 60.7~nm$,$n_{si} \approx 2.42$。理论计算得到的反射率曲线,如图 7-21 中绿线所示。

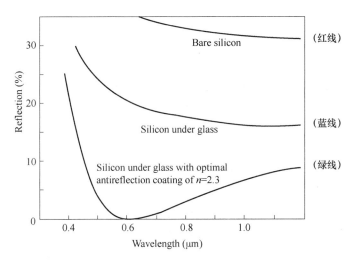

图 7-21  镀减反射膜后理想情况下的反射率曲线

## 二、减反射膜的材料及制备

在选择减反射涂层物时应考虑如下因素:

(1) 在需要降低反射率的波段内,薄膜应该是透明的。

(2) 应能很好地粘附在基体上,热膨胀系数与基体材料接近。

(3) 应具有较高的机械强度。

(4) 不受高能粒子、温度交变和化学腐蚀的影响。

(5) 不应增加电池表面的复合速度。

(6) 最好具有导电性能。

比较好减反射膜材料有二氧化钛($TiO_2$)、二氧化锆($ZrO_2$)、二氧化钍($ThO_2$)、二氧化铈($CeO_2$)和一氧化硅($SiO$)等。减反射膜的厚度可以通过仪表控制,粗略地估计可以直接观察硅片表面的色彩来判断。良好的减反射膜在阳光下应该是很暗的。

晶体硅太阳能电池的工业化生产中,常用的减肥射层材料是 $Si_3N_4$ 和 $TiO_2$,一般使用等离子体增强化学气相沉积(PECVD)的方法沉积 $Si_3N_4$ 减反射膜和常压化学气相沉积(APCVD)的方法沉积 $TiO_2$ 减反射膜。PECVD 法沉和 $Si_3N_4$ 减反射膜的原理是:在低压下,令射频发生器产生高频电场,使电极间的气体发生辉光放电,产生非平衡等离子体。这时反应气体的分子、原子和离子均处于环境温度,而电子却被电场加速,获得很高能量,将反应气体分子激活。使原本高温下才发生的反应在低温时就能发生。制备氮化硅所用的气体是硅烷和氨气,在一定衬底温度下,在等离子气氛下所发生的化学反应为

$$SiH_4 + NH_3 \longrightarrow SiN + H^+$$

反应过程中所产生的氢离子和硅片上的悬挂键结合,对硅片实现了钝化。PECVD 法制备氮化硅膜的淀积温度低,对多晶硅中的少子寿命影响较小,生产能耗低,工艺重复性好,氮化硅膜不仅是十分理想的减反射膜,而且还可以达到表面钝化和体钝化的效果。氮化硅薄膜具有良好的绝缘性和致密性,可以大大减轻 $Na^+$ 对器件的不良影响。作为减反射膜,氮化硅具有良好的光学性能,光的波长在 632 nm 时,氮化硅膜的折射率在 1.8 和 2.25 之间,而最理想的封装太阳能电池减反射膜的折射率在 2.1 和 2.25 之间。相比之下,$TiO_2$ 减反射膜的折射率较高(2.0~2.7),减反射效果不如氮化硅膜理想。APCVD 沉积 $TiO_2$ 减反射膜的反应原理是:氮气携带钛酸异丙脂蒸气和水蒸气喷射到加热的硅片表面发生反应,生成二氧化钛膜,有机物挥发。

$$Ti(OC_3H_7)_4 + 2H_2O \longrightarrow TiO_2 + 4(C_3H_7)OH$$

从反应式中可以看出,在沉积二氧化钛的过程中没有氢离子产生,二氧化钛减反射膜没有对硅起到钝化作用。所以目前晶硅太阳能电池中减反射膜都是在硅片表面沉积一层氮化硅薄膜,利用光学增透原理,减少光线反射,并同时起到硅片表面的钝化作用,增加少子寿命,以提高太阳能电池的转换效率。

### 三、SiN 减反射膜和 PECVD 技术

在光伏企业中常用的减反射膜是 SiN,制备技术是等离子增强化学气相沉积 PECVD。其制备原理为:利用低温等离子体作能量源,样品置于低气压下辉光放电的阴极上,利用辉光放电(或另加发热体)使样品升温到预定的温度,然后通入适量的反应气体,气体经一系列化学反应和等离子体反应,在样品表面形成固态薄膜。图 7-22 为 SiN 减反射膜的制备过程。

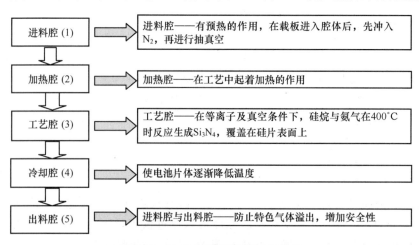

图 7-22 $Si_3N_4$ 减反射膜的制备过程

发生的反应方程式为

$$3SiH_4 \xrightarrow[400\,℃]{等离子体} SiH_3^- + SiH_2^{2-} + SiH^{3-} + 6H^+$$

$$2NH_3 \xrightarrow[400\,℃]{等离子体} NH_2^- + NH^{2-} + 3H^+$$

$$SiH_4 + NH_3 \xrightarrow[400\,℃]{等离子体} Si_xN_yH_z + H_2\uparrow$$

正常的 $SiN_x$ 的 Si/N 之比为 0.75，即 $Si_3N_4$。但是 PECVD 沉积氮化硅的化学计量比会随工艺不同而变化，Si/N 变化的范围在 0.75～2。除了 Si 和 N，PECVD 的氮化硅一般还包含一定比例的氢原子，即 $Si_xN_yH_z$ 或 $SiN_x:H$。

## 第六节　电极的制作及烧结

太阳能电池经过制绒、扩散及 PECVD 等工序后，已经制成 PN 结，可以在光照下产生电流，为了将产生的电流导出，需要在电池表面上制作正、负两个电极。制造电极的方法很多，而丝网印刷是目前制作太阳能电池电极最普遍的一种生产工艺。

电极制备质量对电池的串联电阻有显著的影响。电池中产生串联电阻的主要因数如图 7-23 所示，太阳能电池的串联电阻由以下各部分组成：

$$R_{series} = R_b + R_s + R_c + R_m$$

式中，$R_b$ 表示基体材料本身的体电阻；$R_s$ 表示太阳能电池扩散层的薄层电阻；$R_c$ 为金属－半导体的接触电阻和 $R_m$ 为电极材料电阻。制作电池的半导体材料的电阻率及型号选定之后，$R_b$ 就不变了。$R_s$ 是由扩散工艺决定的。而良好的电极材料、图形和制备工艺可以减小薄层电阻 $R_s$ 的影响及减小 $R_c$ 和 $R_m$ 的大小。

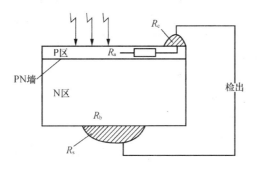

图 7-23　串联电阻示意图

### 一、欧姆接触

引出电极的金属材料与半导体之间形成一种无整流、无注入、低电阻的接触称为欧姆接触。

测定金属与半导体接触的电流—电压特性发现有两类不同的特性，如图 7-24 所示。图中 $a$ 为金属与半导体之间的接触，类似一般二极管特性，是一种整流接触。因而在半导体内产生非平衡载流子的注入效应。显然这种金属半导体的接触不可做太阳能电池的引出电极。图 7-24 中曲线 $b$、$c$ 属于一类，在正反向偏压时电流电压变化的规律相同。虽然它们的电阻值有差异，但没有形成 PN 结势垒，没有反向高阻。这类接触可称为欧姆接触。

如金属所接触的半导体有很高的掺杂浓度,金属与半导体接触的界面上能形成欧姆接触。因为材料浓度 $N_b > 10^{19}$ 个/厘米³时,PN 结的界面热垒宽度相当薄,此时电子的隧道作用显著,即导带底的电子可以穿过禁带宽度直接进入金属如图 7-25 所示,这时,在金属—半导体界面上的电压降落很小。

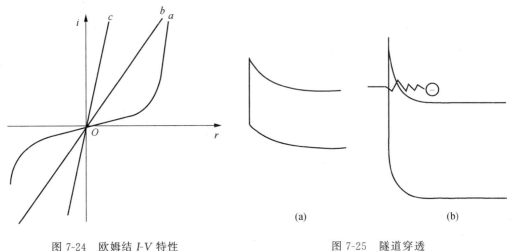

图 7-24    欧姆结 $I$-$V$ 特性                    图 7-25    隧道穿透
                                    (a)            (b)

常见欧姆接触方法:

① 使金属与半导体接触时,在接触附近用一定的方式引入大量的强复合中心,如粗化打毛,形成高复合接触。

② 在金属与半导体接触界面处,用扩散和合金的方法,掺入高浓度的施主或受主杂质,形成高掺杂接触。

太阳能电池的电极是与电池 PN 结两端形成良好欧姆接触的导电材料。习惯上把制作在电池光照面的电极称为上电极(或正面电极、栅电极),把制作在电池背面的电极称为下电极(或背电极)。通常,上电极制成窄细的栅线来减少扩散层的薄层电阻的影响,并由较宽的母线(主栅线)来汇总电流。而下电极则全部或绝大部分布满电池的背面,以便在电池背面制作 P⁺区,形成背场。对于 N⁺/P 型硅太阳能电池而言,下电极是负极,下电极是正极。

用于硅太阳能电池的电极材料应满足下列要求:

(1) 能与硅形成牢固的接触。

(2) 应是欧姆接触,接触电阻小。

(3) 有优良的导电性。

(4) 纯度适当。

(5) 化学稳定性好。

(6) 容易焊接,一般要求能被锡焊。

(7) 价格较低。

金属银的导电性能好,常常被用于制作工业硅太阳能电池的正电极,但也有价格昂贵的缺点。而由于铝价格便宜,纯度高,来源容易,工艺控制比较简单,而且铝与硅能很好地形成牢固的欧姆接触,因此铝常常被用来制作硅太阳能电池的背电极。此外,硅中掺铝可以形成 P⁺型半导体,因此用铝做电池的背电极,可以在电池背面形成 P⁺/P 高低结,产生背电场结构(BSF),俗称铝背场。但铝的导电性不是很好,而且不易焊接,因此,铝层上紧接印刷上两条银铝电极,以便于电池间的焊接。这就是所谓的银铝电极。

## 二、太阳能电池的收集电极

单位面积上电极栅线的条数，即电极栅线密度 $m$，对太阳能电池的串联电阻有重要的影响。随着栅线密度 $m$ 的增加，太阳能电池的串联电阻相应地减小。这也就是说，为了使扩散层的薄层电阻 $R_{sq}$ 不对太阳能电池的输出特性产生严重的影响，电极栅线之间的距离应有严格的限制。栅线间距 $d$ 应限制在以下范围内：

$$d < \sqrt{12kT/qJ_{sc}R_{sq}}$$

式中，$K$ 是波耳兹曼常数；$T$ 是热力学温度；$q$ 是电子的电荷量；$J_{sc}$ 为太阳能电池的短路电路密度；$R_{sq}$（也即 $R_{\square}$）为扩散层的方块电阻。可以用最大的 $J_{sc}$ 来估计 $d$ 的值。若取 $J_{sc}=50$ mA/cm²，那么在 $R_{\square}$ 为 50 Ω/□ 时，$d=3.5$ mm，栅线的密度 $m$ 至少为 3 条/cm。另外，对于正方形太阳能电池片，近似有：

$$R_s \approx R_{\square} \cdot \frac{1}{8} \cdot \frac{1}{m^2}$$

可见，$m$ 越大，$R_s$ 越小。在 $R_{\square}$ 小于 50 Ω/□ 的情况下，$m=4$ 条/cm 时，$R_s<0.5$ Ω，$m=5$ 条/cm 时，$R_s<0.3$ Ω，进一步增加 $m$，还可以使 $R_s$ 进一步减少。但是，栅线密度的增加，要求栅线的宽度应减小，对制栅线工艺的要求则进一步提高。

目前，对于尺寸 $(100 \times 100)$ mm² 的电池，细栅宽度为 125 $\mu$m（由于制作工艺水平所限，细栅不能做得更细），主栅宽度为 0.164 cm，细栅间距为 0.25 cm。

## 三、电极的制备技术

目前国内外电极制备技术有：化学镀镍制背电极、真空蒸镀法、光刻掩摸、激光刻槽埋栅、丝网印刷电极（含电极烧结）等。

### 1. 化学镀镍制背电极

这是一种老的制电极方法，借助于低亚磷酸盐使镍离子催化还原成金属。镍与硅能形成良好的欧姆接触，粘附性强，尤其与 N 型硅接触比铝好，但与 P 型硅接触一般情况下接触电阻大。化学镀镍是利用镍盐溶液在强还原剂（如次磷酸盐）的作用下，依靠硅片表面具有的催化作用，使次磷酸盐分解释放出初生态原子氢，将镍离子还原成金属镍，同时次磷酸盐分解析出磷，从而在硅片表面上得到镍磷合金的沉积镀层。镀层本身在镀镍溶液中具有自催化作用，原则上可以镀取任意厚度。化学镀镍多用在砂磨过的或蒸铝烧结过的硅片上制作背电极。

### 2. 真空蒸镀法

所谓真空镀膜，是指在高真空系统中，把蒸发源材料加热到蒸发温度，使其原子或分子获得足够的能量，脱离材料表面的束缚而蒸发到真空中成为蒸汽原子或分子，并以直线运动穿过空间，当遇到待沉积的基片（如硅片）时，就淀积在基片表面形成一层薄的金属膜，电极图形多采用掩蔽被镀件而形成一定形状的电极图形，蒸镀的同时进行热处理合金化，其目的是使金属与基片之间形成低阻的欧姆接触。

### 3. 光刻掩摸

光刻掩膜技术的典型特点是先在硅片上氧化得到一层 $SiO_2$ 作为掩膜，再在已生成二氧化硅层的硅片上涂一种光刻胶（光致抗蚀剂），将涂胶的硅片和已设计好栅线图形的掩膜板接触，经曝光、显影，在硅片上形成图形，再在一定腐蚀液中将硅片上没有光刻胶的二氧化硅层腐蚀掉，即形成扩散的窗孔，通过窗孔进行杂质扩散，最近通过真空蒸镀形成电极。采用光刻工艺可以做成遮光面积很小的电极、密栅电极等,是目前高效晶体硅太阳能电池电极制备的常见技术。

### 4. 激光刻刻槽埋栅电极

这项电极制备技术是 20 世纪 80 年代中期由新南威尔斯大学发明的,其特点是先在氧化物钝化层上使用高速激光刻槽或机械刻槽,这要求衬底相对较厚,然后在槽内(电极区域)浓磷扩散,电极间由于氧化层的掩蔽作用而抑制了磷的扩散,从而达到选择性扩散的目的,最后再在槽内化学镀前后金属电极。这项电极制备技术主要的优点是电极栅线质量好,电极制作可调控,如可采用电极宽度为 $20\,\mu m$,厚度为 $50\,\mu m$,减少遮光损失,降低串联电阻。此外,这种激光刻槽埋栅选择性发射结电池与表面氧化物钝化膜相匹配。缺点主要是镍铜会造成环境污染。目前这一技术已转让给几家,世界上规模较大的太阳能电池生产厂家如英国的 BP SO-LAR 和美国的 SOLAREX 等。

### 5. 丝网印刷电极

所谓丝网印刷是用涤纶薄膜等制成所需电极图形的掩模,贴在丝网上,在丝网印刷过程中,浆料添加到丝网上,由于浆料较高的黏度而"粘住"在丝网上;当印刷头在丝网掩模上加压刮动浆料时,浆料黏度降低并透过丝网;刷头停止运动后,浆料再"粘住"在丝网上,不再作进一步的流动。这样就在丝网下的硅片上印刷出所需的电极图形,并在红外链式烧结炉中进行预烘干和烧结,形成牢固的接触电极。图 7-26 为丝网印刷工艺流程。

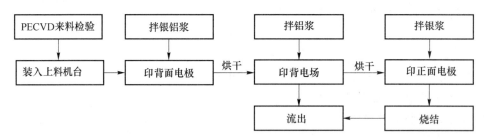

图 7-26　丝网印刷工艺流程

在 20 世纪 70 年代早期,美国 Spectrolab 公司首先将丝网印刷工艺引入地面用晶体硅太阳能电池的工业生产中,由于其成本低,生产率高,一直到现在这种方法仍是晶体硅太阳能电池生产的标准方式,直到 20 世纪 80 年代中期埋栅电极太阳能电池的出现,才有小部分晶体硅太阳能电池的生产不再使用丝网印刷的方法制作金属电极。丝网印刷电极是一种制作方便、简单的低成本高产出电极制备工艺,相关设备可以直接从厚膜微电子行业中获得,目前国际大多数晶体硅太阳能电池生产厂家都采用这种方法制作金属电极。使用其他制造技术如激光刻槽埋栅技术的还不到总产量的 10%。但丝网印刷方法难以生产出高效率的晶体硅太阳能电池,其原因主要有以下几点:丝网印刷工艺对金属电极栅线宽度的限制;金属浆料与硅之间相对高的接触电阻;在烧结过程中因金属栅线厚度收缩而形成的较低的高度比(aspect ratio)(高度/宽度),从而使得栅线具有较低的电导。另外,金属银浆的使用会增加丝网印刷工艺的成本。德国的 SolarCentre Erfurt 设置了一种使用热熔浆料(hot-melt ink)的丝网印刷电极设备,这种热熔浆料是 Ferro 公司生产的,在室温下是固体,其熔点为 $50\sim80\,^{\circ}C$,与常规丝网印刷所不同的是印刷时丝网被加热,印刷完后由于温度低于熔点浆料立即变成固体,省去了浆料在约 $-50\,^{\circ}C$ 时的干燥过程,并且由于浆料迅速干燥而避免了流淌,减少了浆料淌开,即减少了栅线的宽度,降低了遮光率。

晶体硅太阳能电池要通过 3 次印刷金属浆料,每次印刷的浆料首先被烘干,然后在红外链式烧结炉中进行共烧,同时形成上下电极的欧姆接触,这种共烧工艺是高效晶体硅太阳能电池的一项关键工艺,被晶体硅太阳能电池生产厂家普遍采用。为了获得好的填充因子,一般的结深超过 0.3 $\mu$m,表面浓度高于 $10^{20}$ atoms/cm$^3$,这样的结深是为了防止杂质(如银浆、玻璃料、附加剂)渗透到 PN 结的空间电荷区,以防止旁路电流的增加和结区的复合。高的磷表面浓度是为了获得低的接触电阻,然而短路电流不理想,其因是顶层的高复合。为了改变这一情况,采用选择性发射结构可利于收集电流。为了防止在烧结的时候杂质进入空间电荷区而在电极的下面高掺杂,这既有利于载流子的收集又有利于减低表面复合速度,从而提高短路电源。

广泛用于大规模工业生产的太阳能电池制造技术仍是丝网印刷技术,电池性能取决于硅片的电阻率和少子寿命,由丝网印刷技术生产的晶体硅电池的开路电压在 590~630 mV 之间,短路电流在 28~35 mA/cm$^2$ 之间,以及填充因子在 72%~80% 之间。

### 四、电极的烧结

电极的烧结对电极的制备质量具有决定性的作用。电极的质量与链式烧结炉中的温度分布、转送硅片的网带的前进速度(主要是影响烧结的时间)、硅片的清洁度、烧结炉的清洁度等因素有重要的关系。

1) 链式烧结炉中的温度分布

铝-硅合金最低共熔点温度为 572 ℃,银-铝合金最低共熔点温度为 567 ℃。在烧结背面铝背场时,如果温度达到 577 ℃,铝和硅很快就形成合金,而使得背面因扩散而形成的 N 型层再次复原为 P 型层,同时银-铝也合金化,形成背电极的欧姆接触。而当温度逐渐降低后,硅铝合金中的一部分铝会因饱和而析出来,剩下的铝则使得硅形成高掺杂的 P$^+$ 层,在电池的背面形成 P$^+$/P 高低结,产生铝背场结构(BSF)。

但正面银电极的烧结却相对比较困难,因为烧结温度过低,银电极栅线与硅片结合不牢,串联电阻增大。烧结温度过高,虽然牢固度增加,但可能会将正面 PN 结破坏,使得太阳能电池的并联电阻变小,电性能变坏,甚至可能将正面 PN 结烧穿,使太阳能电池失效。因此,正面银电极的烧结很关键。银-硅合金最低共熔点温度为 830 ℃,但适宜的烧结温度需要由实验决定。目前我们实验室链式烧结炉的最高温度范围在 720~780 ℃ 之间。

综上所述,链式烧结炉中的温度分布可以分为四个区域:温度逐渐上升的烘干区域(温度在 200~500 ℃),烧结背面电极的区域(温度在 200~650 ℃),烧结正面银电极的区域(温度在 650~780 ℃),冷却硅片的降温区域(温度自然降低)。

2) 转送硅片的网带的前进速度(烧结的时间)

转送网带的速度与恒温区温度应很好匹配,以保证有适当的恒温时间使硅片和金属电极之间温度达到平衡,同时保证金属电极的牢固度。但转送网带的速度也不能太慢,以避免硅片在高温的时间过长,而增加正面 PN 结被破坏的可能。具体的网带速度也需要由实验决定,以便使得在不削减正面 PN 结性能的前提下,使金属电极与硅片的接触达到最佳的烧结效果。

图 7-27 为烧结前电池片与烧结后的电池片。图 7-28 为制备好的正负电极的电池片。

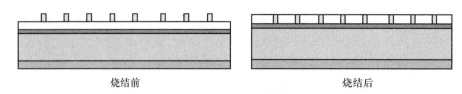

烧结前　　　　　　　　　　　　烧结后

图 7-27　烧结前电池片与烧结后的电池片

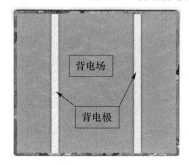
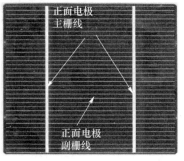

背面电极（正电极）　　　　　　　正面电极（负电极）

图 7-28　制备好的正负电极的电池片

# 第七节　高效太阳能电池

太阳能电池的短路电流、开路电压和填充因子都达到最大值时,可得到最大转换效率。事实上,它们相互关联并受到材料内在质量的影响,同时提高三者比较困难。一般情况下,可以单独改善某一项。

提高短路电流可以从光吸收及光谱响应两方面努力。虽然太阳光谱中的短波光的功率很大,可是常规硅电池短波响应很差。为了展宽太阳能电池光谱响应的峰区,研制出一种浅结的紫电池。绒面电池及采用双层减反射膜进一步提高短路电流。

提高电池的开路电压,能进一步提高电池的转换效率。具有背面电场的常规电池其开路电压、短路电流及填充因子都得到提高。

激光刻槽埋栅太阳能电池和钝化发射区电池（PERL）采用了一些新技术和新工艺,使电池效率大大提高。

## 一、紫电池

紫电池与常规电池比较,具有较结、密栅及“死层”薄的特征。其主要的工艺过程与常规电池相同。

### 1. 紫电池的特点

常规 $N^+/P$ 结光电池由于死层的影响,减少了光生载流子的收集,影响了短波响应。采用 $0.1 \sim 0.2~\mu m$ 的浅结,并将磷表面浓度控制在固溶度极限值以下,再用每厘米约 30 条的精细密栅电极制成的光电池可以克服死层的影响,提高电池的蓝—紫光响应和转换效率,这就是紫光电池或称为紫电池。

对于 $N^+/P$ 型电池,用三氯氧磷液态源扩散能制得性能良好的浅结,但要注意各工艺条件的配合,尤其需要精心选取扩散温度。实验指出,温度在 $830 \sim 850$ ℃,扩散时间 $30 \sim 40~min$,适当控制扩散时氮气和氧气的流量比及通氧气的时间,就可以很好地控制掺杂浓度分布,薄层电阻和结深,消除死层。

但是采用浅结,薄层电阻增大,要减小电池的串联电阻,就需用密栅电极。为了不影响短波光进入硅基体,必须用不吸收短波光的减反射膜。

**2. 离子注入掺杂**

离子注入掺杂是将杂质原子电离并将其用强电场加速,直接打入作为大靶的半导体基体。这是一种物理掺杂技术,适合于制作结深为 0.2 $\mu$m 以下的大面积浅结。用这种方法制造 P-N 结,可以得到较高的表面浓度,薄层电阻可以降低,可以使用常规栅线电极,均匀性和重复性较好,成品率较高。但高质量的杂质离子会使注入区产生损伤,需经退火加以恢复。

伴随离子注入的过程,晶体中将产生大量缺陷,同时注入的杂质往往处于间隙位置,因此,必须设法消除这些缺陷,并使注入的杂质原子转入替位位置以实现电激活。广泛使用的是热退火方法,一般是在真空或氮气气氛中,使硅片在一定温度下保持一段时间,然后自然冷却或慢速降温冷却,以达到热退火的目的。热退火是一种简单易行的退火方式,但难以完全消除晶格损伤,也就影响了电池的开路电压和注入层载流子的寿命,从而影响了离子注入硅光电池效率的提高。

**3. 密栅上电极的制作**

如前所述,顶层薄层电阻是串联电阻的主要部分。制造较浅的 PN 结势必导致方块电阻的增大,如当结深为 0.2~0.3 $\mu$m 时,方块电阻将增为每方块 100~150 $\Omega$。如仍采用普通的收集栅间距,则势必增大顶层的串联电阻。电池的串联电阻对电流的填充因子和转换效率影响非常显著。为了减少顶层的串联电阻,上电极条须加宽以减小栅间距,但加宽栅条,遮光面积增大,增加了入射光的损失,为此要满足遮光面积控制为 8% 左右的要求,只能增加栅线的条数和减细栅线的宽度。亦即光照表面必须制作密栅电极。当栅线细至 50 $\mu$m 以下时,用掩模真空蒸镀法制作电极就比较困难,需改用光刻的方法才能制成精细栅线上电极。

光刻密栅技术比较复杂,成本也高,所以对于结深为 0.15~0.25 $\mu$m 的浅结,采用 7~10 条/cm 的线密度,用真空蒸镀法制作电极也是比较适合的。

## 二、背场(BSF)太阳能电池

在电池的基体和底电极间用扩散、离子注入等方法建立一个同种杂质的浓度梯度,形成一个 P-P$^+$ 或 N-N$^+$ 高低结,这种电池称为背(电)场电池。背场电池的存在可以改善光电池的长波响应,提高开路电压和短路电流。背场结构电池示意图如图 7-29 所示,能带图如图 7-30 所示。

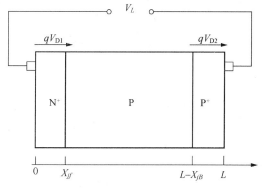

图 7- 29 BSF 结构示意图

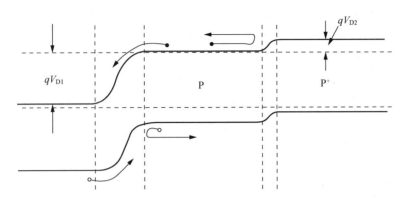

图 7-30　BSF 能带示意图

**1. 背场对太阳能电池的作用**

（1）提高短路电流和开路电压

如图，在 P 区产生的光电子，一部分向 $N^+$ 区扩散而被电池所收集，这部分的收集概率大小与背场无关，另一部分向 $P^+$ 区扩散。如果光生电子的扩散长度 $L_N$ 大于或等于电池的基区厚度 $W_P(L_N \geqslant W_P)$ 和入射光截止波长在太阳能电池中的吸收厚度 $d \geqslant W_P$，$P^+/P$ 高低结能将光生电子反射回 $N^+/P$ 结，提高长波响应，从而提高 $N^+/P$ 结收集概率。在 $P^+/P$ 高低结势垒区和在 $P^+$ 区中产生的光电子可以被这里的内建电场加速，增加有效扩散长度，因而也增加了这部分少子的收集概率，提高了电池的短路电流。在开路情况下，除 $N^+-P$ 结外，在 P-P 结两边还有被它的内建电场所分离的光生载流子的积累，形成一个 $P^+$ 端为正，P 边为负的电压，这个光电压与 $N^+-P$ 结两端的光电压相叠加，使总的光电压（即开路电压）有所提高。因 $P^+$ 区的掺杂浓度 $N_A^+$ 大于 P 区的掺杂浓度 $N_A$，在这种 $P^+/P$ 高低结处，其接触电势差与掺杂浓度的关系为

$$qV^{'} = kT\ln N_A^+/N_A$$

结合 BSF 能带示意图（图 7-30），则可得到这种电池的总的接触电势差 $V_D$ 为

$$qV_D = qV_{D1} + qV_{D2} = kt\ln(N_D^+ \cdot N_A^+)/n_i^2$$

在近似情况下，不考虑 P 区的影响，背场电池的开路电压可以近似写成：

$$V_{oc} \cong \frac{kT}{q}\ln\left[\frac{J_{sc}}{qn_i^2}\int_{L-x_{jB}}^{L}\frac{N_A^+}{D_n}dx\right]$$

式中，$n_i$ 为本征掺杂浓度。由此式可看出：因随着 $P^+$ 层掺杂浓度 $N_A^+$ 的提高，层内电子扩散系数 $D_n$ 减小，所以太阳能电池的开路电压会提高。对于电阻率为 10 Ωcm 的基片，有铝背场的晶体硅太阳能电池，相比无铝背场的晶体硅太阳能电池，开路电压 $V_{oc}$ 可以提高 40～60 mV。

另外由于背面 $P^+/P$ 高低结对 P 区少子（电子）有阻挡作用，可以减少背表面的复合，降低暗电流 $I_o$，提高太阳能电池开路电压 $V_{oc}$。

背场结构的上述优点对基区杂质浓度较小的薄电池能得到充分的体现，因为硅片减薄，由于透光损失和背欧姆接触的高复合速度表面接近于结，使短路电流和开路电压降低了。

（2）减小电池的厚度

我们知道，减少厚度会降低电池的开路电压和短路电流。但是有了背场以后，尽管电池仍做得较薄，但由于在基区中产生且向背表面扩散的那部分光生电子可被背电场反射回去重新收集，使背表面少子的复合速度降至很低，这样减少由于电池的减薄而降低的转换效率。

（3）提高填充因子

在背表面重掺杂层上制作金属欧姆接触电极，形成 P-P$^+$——金属的良好欧姆接触，减小了接触电阻，同时，从能带图上看，由于 P-P$^+$ 结有利于多子空穴向电极方向流动，因而降低了体电阻和接触电阻所引起的串联电阻，从而使电池的填充因子得到改善。

## 三、铝背场的制备及形成

背场电池中，N$^+$-P-P$^+$ 结构的电池较多，制作这种电池的背面电场的方法很多，如蒸铝烧结、扩散硼或注入硼、扩散铝或镓等。通常丝网印刷电极太阳能电池的背场是铝背场，铝背场的形式通常是采用合法来制作的，整个过程经过升温、恒温和降温三个阶段。首先通过丝网印刷将铝浆印刷在硅的表面，然后放进峰值温度高于577 ℃（铝硅合金的共晶温度）的链式烧结炉里进行烧结。高温度低于 577 ℃时，铝硅不发生作用，都保持原来的固定体态。当温度升高到共晶温度 577 ℃时，在交界面处，铝硅原子相互扩散，并在交界面处形成组分为 11.3％硅原子和 88.7％铝原子的溶液。随着时间的增加和温度的升高，铝硅熔化速度加快，并界面附近的熔液迅速增多，最后整个铝层变成铝硅熔体。随着温度的再增加，硅在合金中的溶解度也增加，因而熔体和固体硅的界面逐渐向硅片内延伸。恒温一段时间，使合金熔液中硅原子达到饱和，这时在该温度下铝硅有一定的百分比。在缓慢降温时，硅原子在熔液中的溶解度下降，铝硅原子同时从熔液中析出，形成硅原子的再结晶层。铝硅合金整个形成过程示意图如图 7-31 所示。

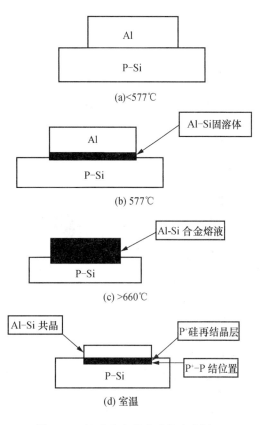

图 7-31　铝硅合金形成过程示意图

## 四、埋栅太阳能电池

20 世纪 80 年代中期，澳大利亚新南威尔士大学发明了激光刻槽埋栅太阳能电池。图 7-32 描述了该太阳能电池的结构。其主要工艺流程如下：

① 表面金字塔的形成；② 表面淡磷扩散；③ 表面氧化物（SiO$_2$）生长；④ 激光刻槽；⑤ 槽内化学腐蚀；⑥ 槽内浓磷扩散；⑦ 背面金属铝蒸发；⑧ 背面金属铝烧结；⑨ 化学镀前后面金属电极；⑩ 边缘切割。

激光刻槽埋栅电池的特点是：在发射结扩散后，用激光在前面刻出 20 $\mu$m 宽、40 $\mu$m 深的沟槽，将槽清洗后进行浓磷扩散。然后在槽内镀金属电极。电极位于电池内部，减少了栅线的遮光面积。在电池背面沉积约 2 $\mu$m 厚的铝层，并使背面铝和硅形成合金，背面铝合金可以吸除体内杂质和缺陷，并形成 P$^+$ 层，或称为背表面场，由于降低了少数载流子在背表面的复合速度，对暗电流起到了显著的抑制作用，使开路电压得到较大提高。该电池转换效率达到

21.1％。目前这一技术已转让给好几家世界上规模较大
的太阳能电池生产厂家，如英国的 BP SOLAR 和美国的
SLAREX 等。

### 五、PERL 太阳能电池

钝化发射区电池（Passivated Emitter Rear Locally-
diffused，PERL）也是澳大利亚新南威尔士大学发明的。
图 7-33 是该电池的结构示意图。

这种电池的前接触电极有相当大的厚/宽比和很小的
接触面积，整个背面铝合金接触用点接触来代替；用氧化

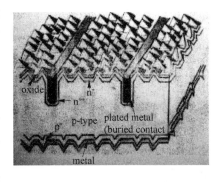

图 7-32　激光刻槽埋栅太阳能电池

层钝化电池的正、背面；采用表面织构化、双层减反射和背反射技术使电池具有极好的陷光效
应。这些综合措施使用电池效率达到 24.7％，接近理论值，是迄今为止单晶硅电池效率的最
高记录。

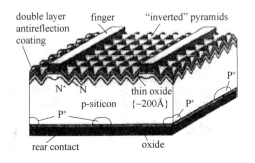

图 7-33　钝化反射区和背面局部扩散电池（PERL）结构示意图

目前，这种电池技术是制造实验室高效太阳能电池的主要技术之一。但是，这种电池的制
作过程相当烦琐，其中涉及好几道光刻工艺，所以不是一个低成本的生产工艺，很难将其应用
于大规模工业生产。

以上两种电池是单晶硅高效电池的典型代表。多晶硅材料由于制造成本低于单晶硅 CZ
材料，同时能直接制备出适合规模化生产的大尺寸方型硅锭，设备简单，制造过程简单、省电、
节约硅材料，因此此单晶硅电池具有更大降低成本的潜力。近 10 年来提高多晶硅电池效率的
研究工作取得了很大的进展。乔治亚（Geogia）工大光伏中心采用磷吸杂和双层减反射膜技
术，使电池的效率达到 18.6％；新南威尔士大学光伏中心采用类似 PERL 电池技术，使电池效
率达到 19.8％。

北京市太阳能研究所从 20 世纪 90 年代也进行了高效电池研究开发，取得了可喜的成
果。采用倒金字塔表面织构化、发射区钝化、背场等技术，使单晶硅效率达到 19.8％，激光
刻槽埋栅电池效率达到了 18.6％；在多晶硅电池研究方面也做了大量的研究工作，多晶硅
电池效率达到 14.5％。云南半导体器件厂与云南师范大学太阳能研究所合作的多晶硅电
池效率达 14％。

# 第八章　分析与测试技术

## 第一节　导电型号测试

硅半导体是 P 型硅还是 N 型硅,可以通过导电测试进行确定。导电型号的测量主要有两种方法:整流法和热电动势法。

### 一、整流法

将一个直流微安表、一个交流电源与半导体上的两个接触点串联起来,那么直流微安表所指示的电流的方向可以表示出半导体材料的导电型号,如图 8-1 所示。

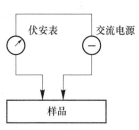

图 8-1　整流法导电型号测试仪示意图

### 二、热电动势法

热探针和 N 型半导体接触时,传导电子将流向温度较低的区域,使得热探针处电子缺少,因而其电势相对于同一材料上的室温触点而言是正的。同样道理,对 P 型半导体热探针相对于室温触点而言将是负的,热探针的结构可以是将小的加热线圈绕在一个探针的周围,也可用小型电烙铁,如图 8-2(a)所示。电势差可以用简单的微伏表测量,也可用更灵敏的电子仪器放大后测量,还可用共线三探针装置测量方法是:让电流在最边上的一个探针 1 和与其相邻的另一个探针 2 之间流动,使半导体内产生温度梯度,这样 2、3 两个探针将处于不同的温度而产生电势差,由此能判别型号,如图 8-2(b)所示。热电动势法测量装置的应用范围一般只限于低阻材料。如果电阻率足够高,热探针可能使材料处于本征状态。这样电子迁移率总是高于空穴迁移率,测量结果将都是指示出材料为 N 型。为了防止这种情况的产生,可用冷探针来代替热探针,其原理与热探针完全相同,此处不再重复。

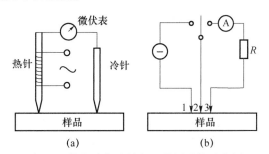

(a)　　　　　　　　　　(b)

图 8-2　热电动势法导电型号测试仪示意图

由于太阳能电池铸锭硅料电阻率一般都低于 20 Ω·cm,因此一般都用上述两种方法测量硅料的导电型号。在测量时探针上应该施加一定的压力,如果探针压强太小,则会产生错误读数。在电阻率大于 1 Ω·cm 的情形下,引线应采用屏蔽导线。电流表一般采用中心指零式,至少应有满刻度 200 μA 的灵敏度。

# 第二节 电阻率测试

电阻率是硅单晶重要的参数,不同的器件需要不同的电阻率硅片。一般情况下,晶体硅的电阻率、载流子浓度及掺杂浓度是相互关联的,只要测定其中之一即可确定其他两项。而电阻率的测试方法较为简单,因此常以电阻率来表征硅料的掺杂浓度。常用的电阻率测量方法有直接法、二探针法、三探针法、四探针法、多探针阵列、扩展电阻法、霍尔测量、涡流法、微波法、电容耦合测量等。对于晶体硅料的电阻率测量,生产中应用最普遍的是四探针法,对于硅片的电阻率测量,微波法等非接触式测量方法由于使用方便、不损坏样品,因而应用也越来越多。

由于温度及光照对半导体的电阻率有很大影响,因此对半导体电阻率测量时要特别注意这些问题,尤其对禁带宽带较小的硅等半导体更是如此。美国国家标准局介绍的方法中,建议将待测的样品放置在恒温的大铜块上以减小温度对电阻率测量的影响。光照一方面可以产生电子空穴对使电阻率降低,另一方面可以引入虚假的光电压影响测量精度,所以也必须对试样进行避光处理。

另一个值得注意的问题是热电效应。由于环境温度差或样品中有过大的电流流过都可能使试样中各部分的温度发生变化,从而产生温差电动势。它像光电压一样会对探针间的电压产生影响,使得测量的电阻率发生偏差。除了这两个影响测量精度的因素外,探针注入、交流感应信号等也是实际测量中必须注意的。

当然,工业生产中对硅料电阻率的检测精度要求并没那么高,以下对部分方法进行简单的介绍。

## 一、四探针法

四探针法是最常用的方法之一,它的优点是设备简单、操作方便、测量精确度较高,而且对样品的形状要求不高。但它的缺点是探针直接接触样品表面,对样品有一定的破坏作用。对硅料、晶锭或厚片,此问题不太严重;但对薄片样品特别是抛光片,这种测试往往使得硅片遭到破坏而不能继续使用。

顾名思义,四探针法中使用了四个探针,如图 8-3 所示。其中两个探针(A、D)通以电流 $I$,另外两个探针(C、B)用来测量电压 $V$。实际使用的四探针法中相邻两根探针间的距离相同,都为 $S$,而且四根探针的针尖在同一直线上。如果样品的尺寸为无穷大,那么对于这样的布置,其电阻率为

$$\rho = \frac{2\pi S V}{I}$$

实际上只要样品厚度及样品边缘与各探针之间的距离大于 $S$,应用此公式即可获得足够的精度,对不满足以上条件的样品

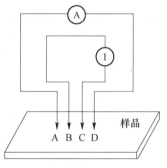

图 8-3 四探针法电阻率
测试仪示意图

需要引入一个形状因子 $B$，电阻率为 $\rho = \dfrac{2\pi SV}{BI}$。对各种不同形状及尺寸的样品，$B$ 有表可查。

四探针法除测量晶锭及硅片的电阻率外还可用来测量某些扩散层或外延层的薄层电阻，如 P 型衬底上的 N 型薄层或 N 型衬底上的 P 型薄层。这是因为在这些情形表面薄层与衬底间形成了 PN 结，通过衬底的电流要经过反向放置的 PN 结对，因而可以忽略。

## 二、非接触法

非接触法测量电阻率的方法很多，主要是利用电容耦合或电感耦合，所用波段也较广。它的主要好处就是不与样品发生接触，因而避免了接触过程中样品的损伤及玷污，使被测试的样品可以继续用来制造电器。另外它也可以与无接触厚度测量技术结合，可以在同一台设备上测量硅片厚度及电阻率。与接触法相比，不需要电极、针尖、控制压力等烦琐的工作步骤，使用十分方便。但由于这些测量大都需要高频小信号测量技术，加工精度不如接触法，因而直到 20 世纪 80 年代才得到较大的推广，目前非接触测量技术已经在许多厂家的生产线上得到使用。

电感耦合法的原理简单来说就是利用高频电场在硅片中生产的涡流使得回路的 $Q$ 值发生变化，即产生调谐损耗，硅片的电阻率不同损耗也不同，因此回路的 $Q$ 值也不同。利用现代高频测试技术，可以准确方便地测量出 $Q$ 值的微小变化，从而得到电阻率的数值。

非接触法的另一个例子是电容耦合法，将硅片或硅棒通过电容与高频源耦合，试样在电路中可等价为一个 RC 电路，因而使得电路的共振条件及 $Q$ 值发生变化，利用这些变化可以推算出电阻率的值。

随着计算机技术及单片机技术的发展，$Q$ 值、共振电容等与电阻率之间的复杂关系可以通过数字化方法求出，而且可以根据需要进行各种修正，测量精度不断提高，因此可以预见，非接触法由于其非破坏性这一优点，将越来越受到人们的重视。

## 三、扩展电阻法

在四探针法中，必须对探针排列不同及样本体积有限进行修正，利用扩展电阻探针可以将这种修正降至最小限度，对直径为 $d$ 的平均圆触点来说，经过理论分析可以得到它与电阻率为 $\rho$ 的半无限大介质接触后的接触电阻为

$$R_{SP} = \frac{\rho}{2d}$$

显然，即使针尖半径相同但所用材料不同，其与介质接触的接触半径也是不一样的。

如果触点是半径为 $r$ 的半球，如图 8-4 所示，则当半球刚好压入介质后其接触电阻为

$$R_{SP} = \frac{\rho}{2\pi r}$$

但实际上很难做到这样理想的情形，因此一般情况下针尖的形状介于上述两者之间，呈扁平形状。假定探针的杨氏模量为 $E_1$，介质的杨氏模量为 $E_2$，针尖上加的压力为 $F$，而针尖的半径为 $r$，那么针尖与介质接触后接触区的半径为

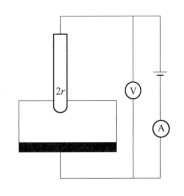

图 8-4　扩展电阻探针示意图

$$a = 1.2\left[\frac{F_r}{2}\left(\frac{1}{E_1} + \frac{1}{E_2}\right)\right]^{1/3}$$

虽然可以通过以上公式求出接触半径,从而可以从测量得到的扩展电阻得出探针所接触区域的电阻率,但实际由于受各种因素影响,这样做的误差较大,这些因素包括表面层、探针及样品的功函数不同引起的接触势垒、探针压力变化、压力引起的应力场导致的变化等,因而实际工作中一般通过测量已知电阻率的均匀材料的扩展电阻做出校正曲线、校正后的扩展电阻与电阻率的关系为

$$R_{SP} = \frac{K\rho}{4a}$$

式中,$K$ 为校正系数。

由于探针附近的电场与距离的平方成反比,因此电阻的贡献主要来自探针附近很小的区域,由此得到的电阻率也只反映了这个小区域的电阻率。这样虽然对测量大块样品的电阻率不利,但反过来可以进行微区电阻率测量,获得电阻率的空间分布图。利用它可以获得 $10^{-10}\,cm^3$ 体积内电阻率的变化,空间分辨率可达 20 nm,可用来作为一种测量半导体材料微区电阻率的测量手段。

扩展电阻仪(也称扩展电阻探针)的基本结构是将一根金属针尖(铱或钨钴合金等)作为探针放在样品正面,背面制成欧姆接触。假定针尖的头部为一半球形,则当样品厚度与探针头部的曲率半径相比很大时,由下式可以推得针尖与样品之间的电压与电流、电阻率、针尖直径的关系为

$$V = \frac{I\rho}{2\pi a} \text{ 或 } \rho = \frac{2\pi Va}{I}$$

式中,$V$ 为样品正面与背面之间的电压差,$I$ 为流过探针的电流,$a$ 为探针尖的曲率半径,$\rho$ 为样品在针尖附近的电阻率,因此当针尖在正面移动时,即可以通过测量 $I$ 得到样品各处电阻率的分布情况。

扩展电阻仪主要用于测量半导体材料内电阻率分布的均匀性,经过修正及对样品进行磨角处理,还可以测量外延层的电阻率及其深度分布。它可以测量的电阻率的范围很广,而且测量精度较高,重复性可优于 1%,但测量前要求对样品正面进行镜面抛光处理。

# 第三节　少子寿命检测

硅片的少子寿命即硅片体内少数载流子的复合寿命,是决定太阳能电池效率的重要参数。研究表明,太阳能电池的转换效率主要依赖于基体硅片的少子寿命。少子寿命越长,光照产生的过剩载流子越可能到达 PN 结,受 PN 结电场分离后对外产生光电流。同样,由于暗电流的降低可增加太阳能电池的开路电压。所以,大部分生产商都在生产前检验原始材料的一些关键性参数。光伏生产中最常见的测试就是少子寿命的测试。通过对原始材料的寿命测量预测成品太阳能电池的效率。在工业生产中,由于硅片是由硅块切片制得的,因此为了管控简便,只需对硅块进行少子寿命的测试,即可保证硅片少子寿命指标合格。

测量少数载流子寿命有许多方法,但通常分为两大类。第一类称为瞬态法或直接法。瞬态法利用脉冲电或闪光在半导体中激发出非平衡载流子,来调制半导体的电阻,通过测量电阻或两端电压的变化规律直接观察半导体材料中非平衡载流子的衰减过程,从而测定它的寿命。例如,对均匀半导体材料有光电导衰退法、双脉冲法、相移法;对 PN 结二极管有

反向恢复时间法、开路电压衰减法。第二类称为稳态法或间接法，是利用稳定光照的方法，使半导体中非平衡少子的分布达到稳定状态，然后测量半导体中某些与寿命有关的物理参数，从而推算出少子寿命。例如：扩散长度法、稳定光电导法、光磁效应法、表面光电压法等。在硅单晶质量的检测及器件检测工艺中应用最广的是光电导衰退法和表面光电压法，这两种测试方法已被列入美国材料测试学会（ASTM）的标准方法。但对太阳能电池的测试却没有标准测试方法的出台。

## 一、光电导衰减法（PCD）

光电导衰减是一种常见的测量少数载流子寿命的标准方法，主要用于测量单晶硅、锗的少数载流子寿命，根据测量手段的不同可分为直流光电导衰减、高频光电导衰减和微波光电导衰减。其中直流光电导衰减和微波光电导衰减都是测试少数载流子寿命的标准方法。直流光电导衰减虽然是一种无损的方法，但对样品的形状、表面情况有一定的要求。可测寿命的上限由样品的形状决定，而下限由光源的下降时间决定。直流光电导衰减法的测试原理如图 8-5 所示。

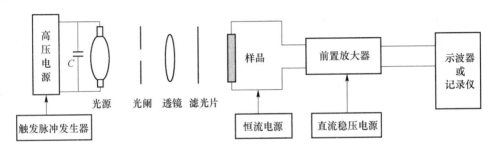

图 8-5　光电导衰减法测量载流子寿命的原理框图

## 二、表面光电压法（SPV）

Bardeen 和 Brattain 在 1953 年首次描述了 SPV 技术；1955 年 Garret 和 Brattain 提出了当光照在半导体上，半导体表面势垒将发生变化的基本理论；同年，Moss 考虑了表面光电压测量中光生载流子的扩散，称为"光电压"和"光伏效应"。1956 年，Brattain 和 Garret 在连续光照的情况下首次使用了"Surface Photovoltage"的名称；而 Morrison 利用斩波光照来容性检测电压。利用 SPV 来测量少子扩散长度，分别由 Moss 于 1955 年、Johnson 于 1957 年、Quilliet 和 Gosar 于 1960 年和 Goodman 于 1961 年提出。由于 Goodman 的工作，SPV 方法首次大规模地在半导体工业中应用。利用高扩散长度的样品放入待鉴定的熔炉中，加热后测量样品的扩散长度来决定熔炉的清洁度。表面光电压法可以无损检测硅多晶硅块、抛光片和外延片的少数载流子扩散长度及其在表面各点的分布，而且可以对成品的太阳能电池基体材料的少数载流子扩散长度进行测试。此法测试设备简单，对于电阻率在 $0.1 \sim 50 \ \Omega \cdot cm$ 之间的 N 型和 P 型样品，短至 2 ns 的少子寿命也可以测量。这也是 ASTM 认可的标准测试少子寿命的方法。表面光电压法的原理如下：一束平行光照射到硅片表面，在硅材料内部产生大量电子—空穴对。由于表面处晶格发生中断，在表面处形成表面势，光注入产生的过剩电子—空穴对受表面势影响，发生分离，从而建立表面光电压。一般认为，它是表面非平衡载流子浓度的函数，通过数学公式推导可以换算为少子的扩散长度和少子寿命。

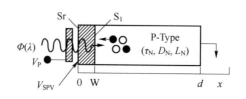

图 8-6　表面光电压法测少子寿命

　　表面光电压法的优点在于测得的扩散长度值与表面复合无关(仅限于小注入情况),因此不需要对样品进行任何表面处理。同时测试结果不受陷阱效应的影响。但它的缺点在于:① 样品的厚度必须四倍于少子的扩散长度;② 样品必须处于低注入水平。但一些文献对扩散长度大于样品厚度的情况也进行了探讨,使表面光电压法的适用范围得到了推广。

## 三、微波反射光电导衰减法(MWPCD)

　　微波反射光电导衰减法是 ASTM 认可的另一种标准方法,可测少子寿命的范围为 $0.25\ \mu s$ 到 1 ms。测量的下限由光源的截止特性和对衰减信号的最低分辨率所决定;测量上限由测试样品的尺寸和样品的表面钝化条件所决定。微波反射光电导衰减法的最大特点是可以非接触、无损地测量样品的少子寿命,受到广泛的应用。

　　用于测量材料的 MWPCD 方法可根据光源的不同分为两大类,第一类是瞬态方法,激励光源是脉冲光源,主要研究脉冲结束后材料中过剩载流子的演变。一般采用 Nd:YAG 激光器产生的 1 064 nm 的红外光,因为 Si 材料对这个波长的光吸收系数很小,可认为此时材料中的过剩载流子分布均匀。采用脉冲光源的微波反射光电导法也称为 TRMC 法(Time Resolved Microwave Conductivity)。它的优点在于过剩载流子的衰减过程直接反映了少数载流子的复合。第二类是稳态方法,通过对稳态光源加机械斩波器(低频)或光声耦合器(高频)进行调制而产生的调制光源。主要研究材料的频响与入射光之间的关系。此时检测部分中应加装锁相放大器代替示波器测量入射波和反射波之间的相差。调制光源比脉冲光源更容易实现,但其结果分析更加复杂。采用调制光源的微波反射光电导法又被称为 FRMC 法(Frenquency Resolved Microwave Conductivity)。

　　常见的微波光电导装置如图 8-7 所示。微波源经过环形器,通过天线将微波能量发射到样品表面,反射的微波信号被天线所收集,经过环形器到达检波器。检波器用来检测反射的微波信号。脉冲光源照到样品的表面,引起被测样品电导率发生变化,从而影响反射的微波能量。可以将样品放置在 $x-y$ 平台上,通过对样品的逐点扫描得到样品的少子寿命 Mapping 图。

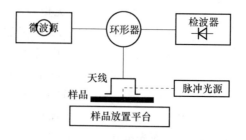

图 8-7　微波反射光电导衰减的实验装置

在测试过程中需保证样品处于小注入条件下，通常认为反射的微波能量正比于样品的电导率，有：

$$P(\sigma_0) \propto \sigma_0$$

$$P(\sigma_0 + \Delta\sigma) \propto \sigma_0 + \Delta\sigma$$

两式相减有：

$$\Delta P = P(\sigma_0 + \Delta\sigma) - P(\sigma_0) \approx \Delta\sigma \cdot \frac{\partial P}{\partial \sigma} \mid \sigma = \sigma_0$$

式中，$\sigma_0$ 表示样品的暗电导，$\Delta\sigma$ 表示光照后电导率的变化。对于 $\partial P/\partial\sigma$ 为常数，有

$$\Delta P \propto \Delta\sigma, \text{而} \ \Delta\sigma \propto \Delta n$$

所以

$$\Delta P \propto \Delta n$$

通常过剩载流子的衰减呈指数衰减形式，所以通过测量衰减曲线的指数系数可以求得少子寿命的值。

# 第四节　硅块、硅片检测技术与设备

## 一、硅块的红外探伤检测

红外线是太阳光线中众多不可见光线中的一种，又称为红外热辐射，由德国科学家霍胥尔于 1800 年发现，他将太阳光用三棱镜分解开，在各种不同颜色的色带位置上放置了温度计，试图测量各种颜色的光的加热效应。结果发现，位于红光外侧的那支温度计升温最快。因此得到结论：太阳光谱中，红光的外侧必定存在看不见的光线，这就是红外线，如图 8-8 所示。

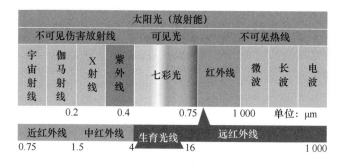

图 8-8　太阳光组成示意图

红外探伤是利用不同物质对红外线吸收能力的不同，来检测一种物质体内是否含有其他杂质的方法。对工件探伤时可分为两种方法：穿透法和反射法。穿透法的原理是：加热源对工件的一个侧面进行加热，同时在另一个侧面由红外摄像仪接收工件表面的温度场分布。如果工件内存在缺陷将会对热流的传播过程产生阻碍作用，在待测工件表面造成一个"低温区"，在红外摄像仪上接收到的热图像将是一个"暗区"。反射法的原理是：加热源对工件的一面进行加热，在同一面采用红外摄像仪接收红外热图像。如果工件中有缺陷，将阻碍热能的传播，造成能量积累（反射），使缺陷部位对应的工件表面形成一个"高温区"，在热图像中将是一个"亮区"。硅块的红外探伤检测主要利用的是透射法。

剖锭得到的硅块体内缺陷主要集中在头部和尾部，利用红外探伤法可以检测出其体内的缺陷情况，从而判断硅块去头尾的多少。红外探伤能够检测出的硅块内部的主要缺陷有夹杂

杂质点、隐裂和微晶等。其原理是在特定光源和红外探测器的协助下,红外探伤测试仪发射出的红外线能够穿透所测硅块,纯硅料几乎不吸收这个波段的波长,但是如果硅块里面有微粒、夹杂(通常为 SiC)、隐裂,如图 8-9 所示,则这些杂质将吸收红外光,反映到红外探测器的光敏元件上,从而获得红外热像图。这种热像图与物体表面的热分布场相对应,由于红外透射强度不同导致图像不同区域的明暗强度有所差别,从而显示出阴影,再通过配套软件自动生成三维模型图像,在成像系统中将呈现出来可以观察硅块的内部以及表面是否存在以上缺陷。

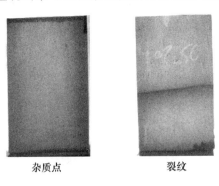

杂质点             裂纹

图 8-9  硅块红外探伤图

## 二、硅片厚度及 TTV 检测

硅片厚度和总厚度变化(TTV)的检测方法主要有分立点式和扫描式测量方法。分立点式测量法一般测量硅片表面 5 个特殊位置点的厚度,从而得到硅片的厚度和 TTV。这 5 个位置点分别为硅片中心点和距硅片边缘 6～10 mm4 个对称角的位置点(图 8-10)。硅片中心点厚度作为硅片的标称厚度,5 个厚度测量值中的最大厚度与最小厚度的差值称作硅片的 TTV。扫描式测量是将硅片放入基准环上支承,在硅片中心点进行厚度测量,测量值为硅片的标称厚度。然后测试探头按规定图形扫描硅片表面,进行厚度测量,自动指示仪显示出总厚度变化。扫描路径如图 8-11 所示。

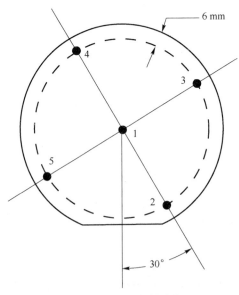

图 8-10  硅片厚度测试位置

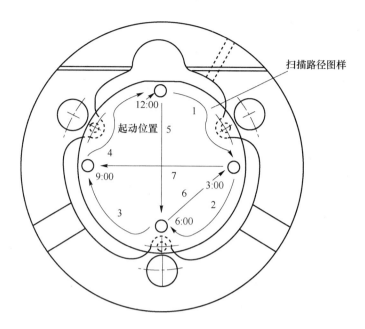

图 8-11 硅片厚度扫描路径

硅片厚度及 TTV 测试仪器又分为接触式测厚仪和非接触测厚仪。接触式测厚仪由带指示仪表的探头及支持硅片的夹具或平台组成,测厚仪应能使硅片绕平台中心旋转,并使每次测量定位在规定位置的 2 mm 范围内,测量时探头与硅片接触面积不应超过 2 mm。非接触式测量仪由一个可移动的基准环、带有指示器的固定探头装置、定位器和平板组成。基准环由一个封闭的基座和 3 个半球形支承柱所组成,皆由金属制造,其热膨胀系数在室温下不大于 $6 \times 10^{-6}/℃$;环的厚度至少为 19 mm,研磨底面的平整度在 0.25 μm 之内;外径比被测硅片直径大 50 mm。探头传感原理可以是电容的、光学的或任何其他非接触方式的,适于测定探头与硅片表曲之间的距离;规定非接触是为防止探头使试样发生形变。指示器单元通常可包括:① 计算和存储成对位移测量的和或差值以及识别这些数量最大和最小值的手段;② 存储各探头测量计算值的选择显示开关等。显示可以是数字的或模拟的(刻度盘),推荐用数字读出,来消除操作者引入的读数误差。

### 三、硅片表面粗糙度检测

表面粗糙度是指加工表面具有的较小间距和微小峰谷不平度。其两波峰或两波谷之间的距离(波距)很小(在 1 mm 以下),用肉眼难以区别,因此它属于微观几何形状误差。表面粗糙度越小,则表面越光滑。表面粗糙度的大小,对机械零件的使用性能有很大的影响。硅片的表面粗糙度大小可以表征线痕、台阶及硅片表面损伤程度等指标,因此测试硅片表面粗糙度十分有意义。表面粗糙度的测试结果主要有以下几种表达方式:① 轮廓算术平均偏差 $R_a$;② 轮廓均方根偏差 $R_q$;③ 轮廓最大高度 $R_y$;④ 微观不平度十点高度 $R_z$ 等。表面粗糙度评定的核心在于特征信号的无失真提取和对使用性能的量化评定,国内外学者在这一方面做了大量工作,提出了许多分离与重构方法。随着当今计算机处理技术、集成电路技术、机电一体化技术等的发展,出现了用分形法、Motif 法、功能参数集法、时间序列技术分析法、最小二乘多项式拟合法、滤波法等各种评定理论与方法,取得了显著进展。测试设备主要有手持式粗糙度仪和台式粗糙度仪。

### 四、全自动硅片分拣机

随着自动化程度的不断提高,国外大部分企业已经采用全自动硅片分拣设备对硅片进行检测,主要测试指标有硅片尺寸、崩边、隐裂、孔洞、表面杂质、表面脏污、硅片厚度、TTV、PN型、电阻率和少子寿命等,如图 8-12 所示。使用者可以依照检查及测量的结果自行定义分类规则,分类后的结果可以记录与输出,方便后续追踪与管理。图形化的操作界面配合测量结果的即时显示,让使用者可以清楚了解机台即时状况,也更容易操作。全自动硅片分检机的应用可以大大减少人力成本,但该种设备价格昂贵,在国内还没有普遍应用。

尺寸　崩边　表面脏污　　　　　　厚度（TTV）/阻值/PN

隐裂　杂质　孔洞　　锯痕　　　　少子寿命

图 8-12　硅片测试指标

# 参考文献

[1]  Watanabe T，Kojima M，Yamato K. Study of quartz crystal slicing technology by u-sing unidirectionalmulti-wire-saw[C]. Proceedings of the Annual IEEE International Frequency Contr ol Symposium，2001：329-337.

[2]  Clark W I，Shih A J，Hardin C W et al. Fixed abrasive diamond wire machining_part I process monitoring and wire tension force[J]. International Journal of Machine Tools and Manufacture，2003(43)：523-532.

[3]  Sugawara J，Hara H，Miz oguchi A. Development of fixed-abrasive-grain wire saw with less cutting loss[J]，SEI technical review，2004，58：7-11.

[4]  Clark W I ，Shih A J，Hardin CW et al. Fixed abrasive diamond wiremachining—part I process monitoring and wire tension force[J]. I nternational Journal of Machine Tools and Manufacture，2003(43)：523-532.

[5]  Sung cm. Brazed diamond grid a revolutionary design for diamond saws[J]，Diamond and related materials，1999(8) 1540-1543.

[6]  L. pirozzi，G. arabito，F. artuso. Selective emitters in buried contact silicon solar cells ；some low cost solutions[J ]. Solar Energy Materials & So2lar Cells，2001(65)：287-295.

[7]  S. Sivoththaman，W. Laureys，P. De Schepper. Selective emitters in Si by single step rapid thermal diffusion for photovoltaic devices [ J ]. IEEE Elec2 tron Device Letters，2000,21(6)：274-276.

[8]  邓丰,唐正林. 多晶硅生产技术[M]. 北京:化学工业出版社,2009.

[9]  黄有志,王丽. 直拉单晶硅工艺技术[M]. 北京:化学工业出版社,2009.

[10]  尹建华,李志伟. 半导体硅材料基础[M]. 北京:化学工业出版社,2009.

[11]  许振嘉. 半导体的检测与分析[M].2 版. 北京:科学出版社,2007.

[12]  杨德仁. 太阳能电池材料[M]. 北京:化学工业出版社,2006.

[13]  吴建荣,杨佳荣,昌金铭. 太阳能电池硅锭生产技术[J]. 中国建设动态阳光能源,2007(1):40-42.

[14]  郑嘉葳,左培伦. 晶圆切割技术——固定磨粒钻石根据切割研究[J]. 机械工业快讯(台湾),2005(5):37-41.

[15]  阙端麟. 硅材料科学与技术[M]. 杭州:浙江大学出版社,2000.

[16]  安其霖,曹国琛,李国欣,等. 太阳能电池原理与工艺[M]. 上海:上海科学技术出版社,1984.

[17]  刘恩科,朱秉升,罗晋生,等. 半导体物理学[M].4 版. 北京:国防工业出版社,1994.

[18]  安其霖,曹国琛,李国欣,等. 太阳能电池原理与工艺[M]. 上海:上海科学技术出版社,1984.

［19］ 刘恩科,朱秉升,罗晋生,等．半导体物理学［M］.4 版．北京:国防工业出版社,1994.

［20］ ［Stepen A. Campbell. 微电子制造科学原理与工程［M］. 曾莹,严利人,王纪民译.2 版.北京:电子工业出版社,2003.

［21］ 施敏(S. M. Sze)著．半导体器件物理［M］. 黄振刚,译．北京:电子工业出版社:1987.

［22］ Armin G. Aberle. Crystalline Silicon Solar Cell Ad2 vanced Surface Passivation and A-nalysis ［M］. Sydney Australia ： Center for Photovoltaic Engineering, University of New South Wales,1999.

［23］ 陈庭金,刘祖明,涂洁磊．多晶硅太阳能电池的表面和界面复合［J］. 太阳能学报,2000.

［24］ 彭银生,刘祖明,陈庭金．晶体硅太阳能电池表面钝化的研究［J］.云南师范大学学报(自然科学版),2004.

［25］ ［原小杰,毛赣如,郭维廉.PECVD 氮化硅抗反射膜的研究［ J］. 太阳能学报,1987.